영재학급, 영재교육원,
경시대회 준비를 위한

창의사고력
초등수학

팩토

연산 · 공간 · 논리추론

머리말

"

서로 다른 펜토미노 조각 퍼즐을 맞추어
직사각형 모양을 만들어 본 경험이 있는지요?

한참을 고민하여 스스로 완성한 후 느끼는 행복은 꼭 말로 표현하지 않아도 알겠지요. 퍼즐 놀이를 했을 뿐인데, 여러분은 펜토미노 12조각을 어느 사이에 모두 외워버리게 된답니다. 또 보도블록을 보면서 조각 맞추기를 하고, 화장실 바닥과 벽면의 조각들을 보면서 멋진 퍼즐을 스스로 만들기도 한답니다.
이 과정에서 공간에 대한 감각과 또 다른 퍼즐 문제, 도형 맞추기, 도형 나누기에 대한 자신감도 생기게 되지요. 완성했다는 행복감보다 더 큰 자신감과 수학에 대한 흥미가 생기게 되는 것입니다.

팩토가 만드는 창의사고력 수학은 바로 이런 것입니다.

수학 문제를 한 문제 풀었을 뿐인데, 그 결과는 기대 이상으로 여러분을 행복하게 해줍니다. 학교에서도 친구들과 다른 멋진 방법으로 문제를 해결할 수 있고, 중학생이 되어서는 더 큰 꿈을 이루는 밑거름이 되어 줄 것입니다.
물론 고민하고, 시행착오를 반복하는 것은 퍼즐을 맞추는 것과 같이 여러분들의 몫입니다. 팩토는 여러분에게 생각할 수 있는 기회를 주고, 그 과정에서 포기하지 않도록 여러분들을 도와주는 친구가 되어줄 것입니다.
자 그럼 시작해 볼까요?

"

Contents

Ⅰ 연산

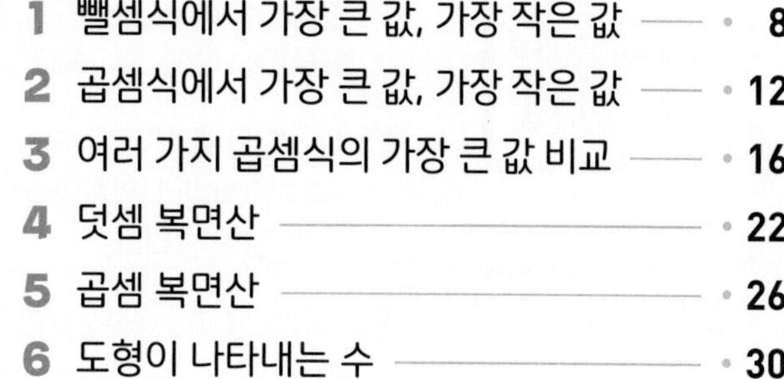

Ⅱ 공간

Ⅲ 논리추론

구성과 특징

팩토를 공부하기 前 » 진단평가

1. 매스티안 홈페이지 www.mathtian.com의 교재 자료실에서 해당 학년의 진단평가 시험지와 정답지를 다운로드 하여 출력한 후 정해진 시간 안에 풀어 봅니다.
2. 학부모님 또는 선생님이 정답지를 참고하여 채점하고 채점한 결과를 홈페이지에 입력한 후 팩토 교재 추천을 받습니다.

팩토를 공부하는 방법

① 원리 탐구하기

주제별 원리 이해를 위한 활동으로 구성되며, 주제별 기본 개념과 문제 해결의 노하우가 정리되어 있습니다.

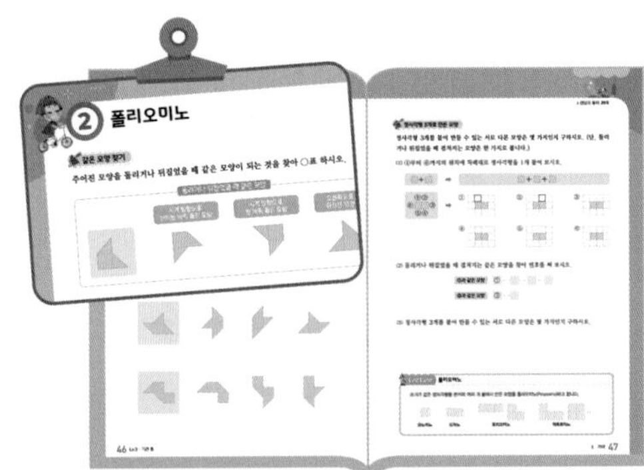

② 대표 유형 익히기

대표 유형 문제를 해결하는 사고의 흐름을 단계별로 전개하였고, 반복 수행을 통해 효과적으로 유형을 습득할 수 있습니다.

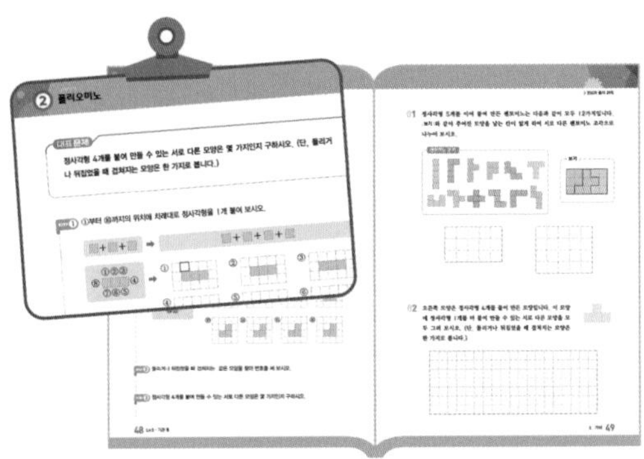

③ 실력 키우기

유형별 학습이 가장 놓치기 쉬운 주제 통합형 문제를 수록하여 내실 있는 마무리 학습을 할 수 있습니다.

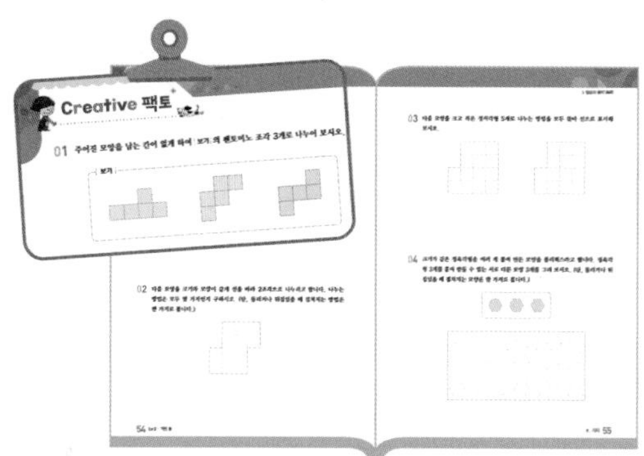

④ 경시대회 & 영재교육원 대비

- 각 주제의 대표적인 경시대회 대비, 심화 문제를 담았습니다.
- 영재교육원 선발 문제인 영재성 검사를 경험할 수 있는 개방형 · 다답형 문제를 담았습니다.

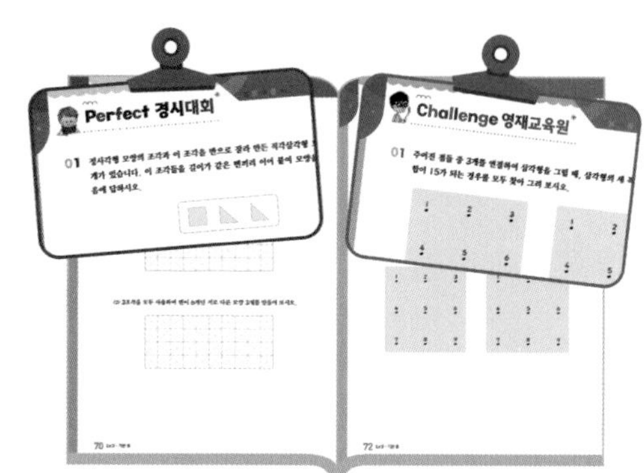

⑤ 명확한 정답 & 친절한 풀이

채점하기 편하게 직관적으로 정답을 구성하였고, 틀린 문제를 이해하거나 다양한 접근을 할 수 있도록 친절하게 풀이를 담았습니다.

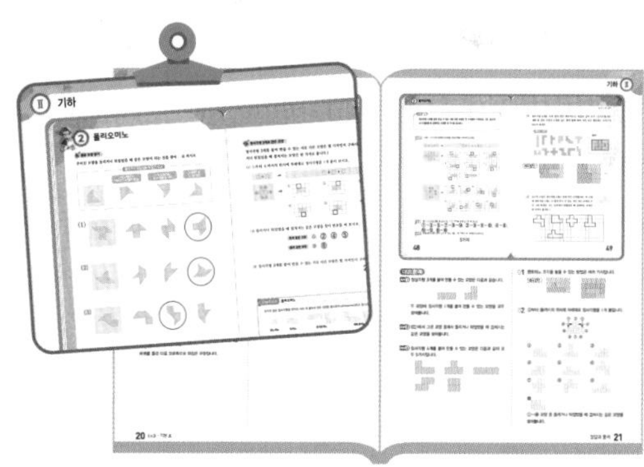

팩토를 공부하고 난 後 » 형성평가·총괄평가

1. 팩토 교재의 부록으로 제공된 형성평가와 총괄평가를 정해진 시간 안에 풀어 봅니다.
2. 학부모님 또는 선생님이 정답지를 참고하여 채점하고 채점한 결과를 매스티안 홈페이지 www.mathtian.com에 입력한 후 학습 성취도와 다음에 공부할 팩토 교재 추천을 받습니다.

I

연 산

학습 Planner

계획한 대로 공부한 날은 😀에, 공부하지 못한 날은 ☹에 ○표 하세요.

공부할 내용	공부할 날짜	확 인
1 뺄셈식에서 가장 큰 값, 가장 작은 값	월 일	😀 | ☹
2 곱셈식에서 가장 큰 값, 가장 작은 값	월 일	😀 | ☹
3 여러 가지 곱셈식의 가장 큰 값 비교	월 일	😀 | ☹
Creative 팩토	월 일	😀 | ☹
4 덧셈 복면산	월 일	😀 | ☹
5 곱셈 복면산	월 일	😀 | ☹
6 도형이 나타내는 수	월 일	😀 | ☹
Creative 팩토	월 일	😀 | ☹
Perfect 경시대회	월 일	😀 | ☹
Challenge 영재교육원	월 일	😀 | ☹

1 뺄셈식에서 가장 큰 값, 가장 작은 값

(세 자리 수)-(세 자리 수)에서 가장 큰 값

주어진 숫자 카드를 모두 사용하여 계산 결과가 가장 큰 값이 되도록 만들어 보시오.

보기

1 3 4 5 7 9

가장 큰 수, 작은 수 만들기

가장 큰 수: 9 7 5
가장 작은 수: 1 3 4

➡ 큰 수는 빼어지는 수에 작은 수는 빼는 수에 넣기

$$\begin{array}{r} 975 \\ -\ 134 \\ \hline \end{array}$$

➡ 가장 큰 값

$$\begin{array}{r} 975 \\ -\ 134 \\ \hline 841 \end{array}$$

3 5 6 1 8 9

가장 큰 값

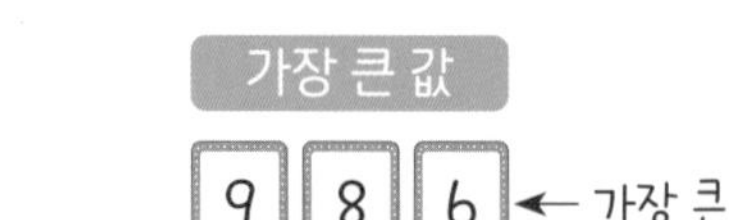

9 8 6 ← 가장 큰 수
− □□□ ← 가장 작은 수

1 2 4 5 7 6

가장 큰 값

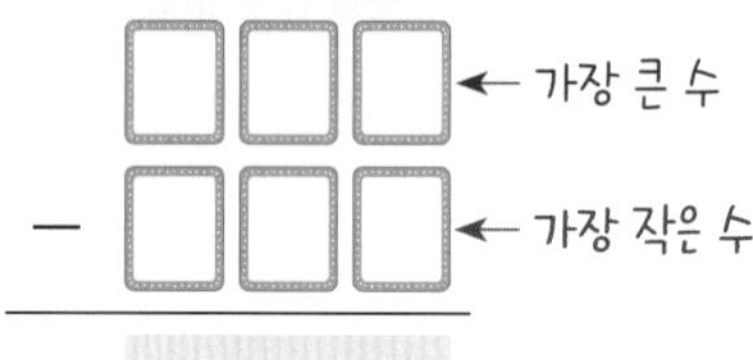

□□□ ← 가장 큰 수
− □□□ ← 가장 작은 수

4 3 7 3 8 2

가장 큰 값

□□□
− □□□

3 9 7 4 5 0

가장 큰 값

□□□
− □□□

정답과 풀이 02쪽

(세 자리 수)-(세 자리 수)에서 가장 작은 값

주어진 숫자 카드를 모두 사용하여 계산 결과가 가장 작은 값이 되도록 만들어 보시오.

보기

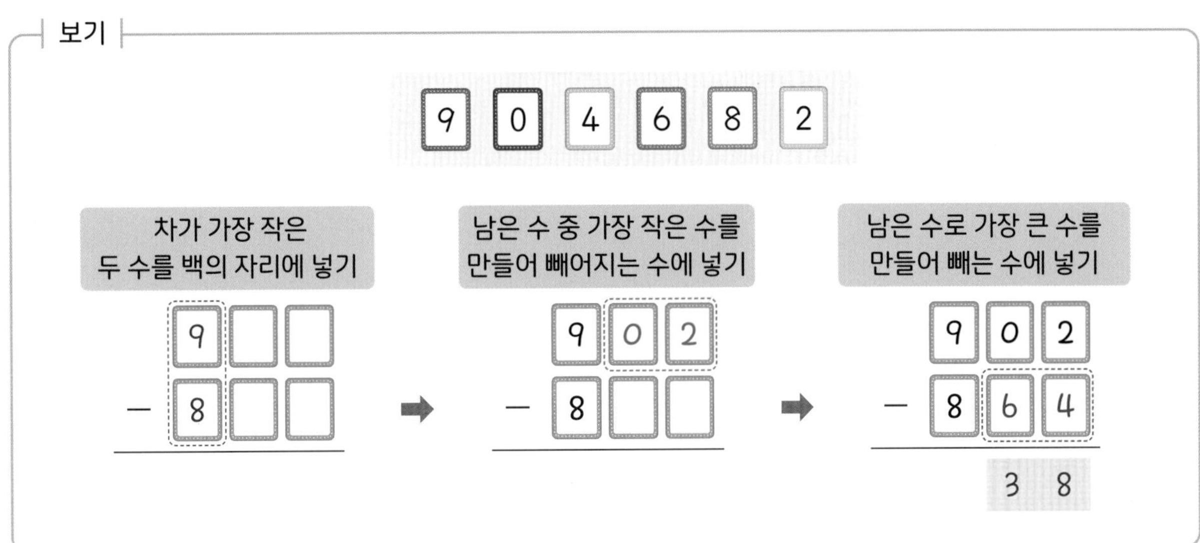

9 0 4 6 8 2
차가 가장 작은
두 수를 백의 자리에 넣기
남은 수 중 가장 작은 수를
만들어 빼어지는 수에 넣기
남은 수로 가장 큰 수를
만들어 빼는 수에 넣기
9 0 2
− 8 6 4
3 8

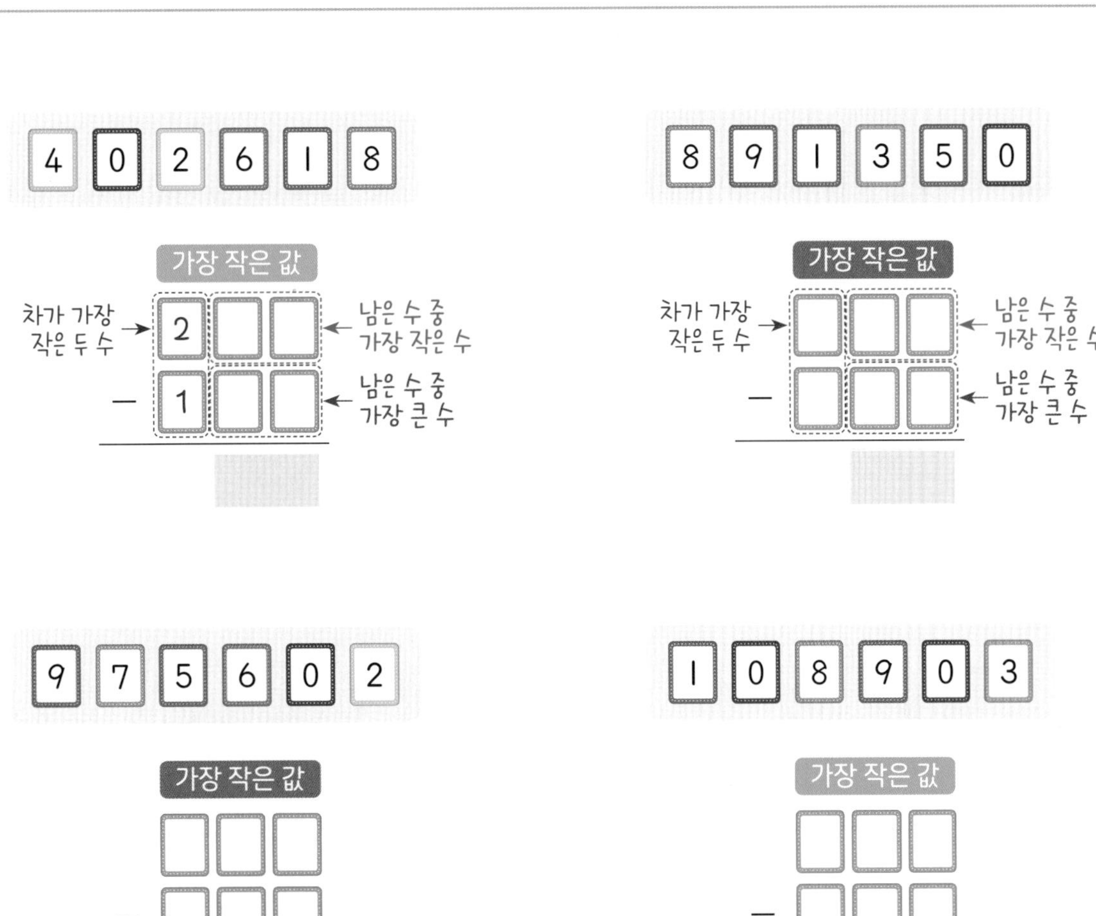

대표문제

주어진 7장의 숫자 카드 중 6장을 사용하여 세 자리 수끼리의 뺄셈식을 만들려고 합니다. 계산 결과가 가장 작을 때의 값을 구하시오.

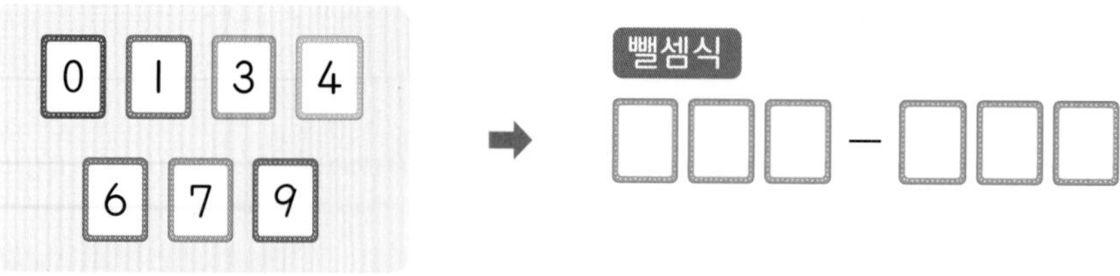

STEP 1 차가 가장 작은 2개의 수를 골라 백의 자리에 넣으려고 합니다. 백의 자리에 올 수 있는 2개의 수를 모두 골라 보시오.

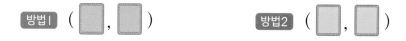

STEP 2 STEP 1에서 찾은 수를 사용하여 아래의 2가지 방법으로 계산 결과가 가장 작을 때의 값을 각각 구하시오.

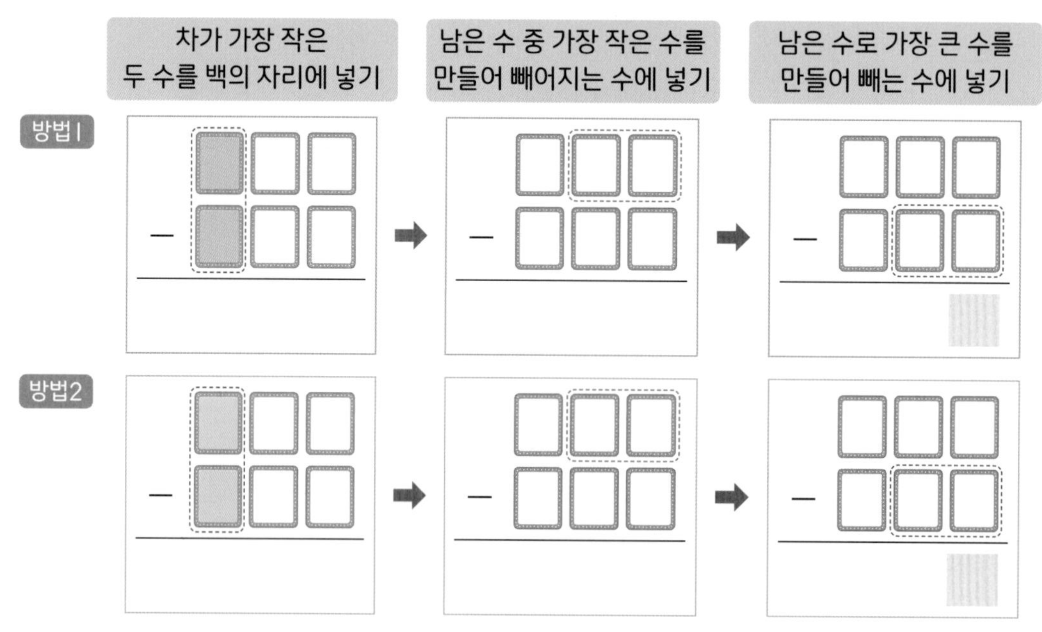

STEP 3 STEP 2에서 방법1 과 방법2 중 계산 결과가 가장 작을 때의 값을 구하시오.

정답과 풀이 03쪽

01 주어진 7장의 숫자 카드 중 6장을 사용하여 세 자리 수끼리의 뺄셈식을 만들려고 합니다. 계산 결과가 가장 작을 때의 값을 구하시오.

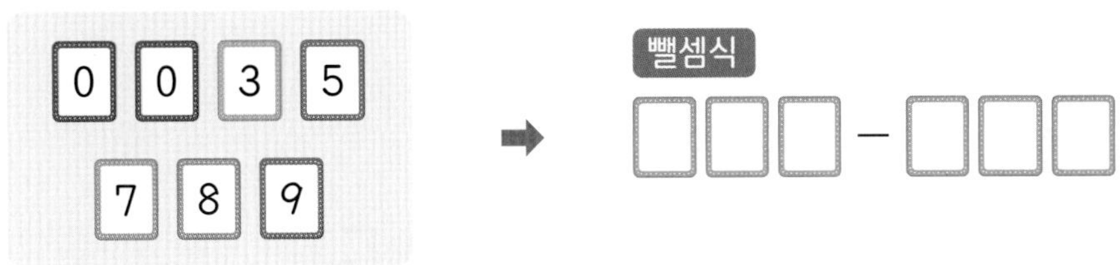

02 주어진 숫자 카드를 모두 사용하여 세 자리 수끼리의 뺄셈식을 만들려고 합니다. 계산 결과가 가장 클 때와 가장 작을 때의 값을 각각 구하시오.

0 2 4 6 7 8

가장 큰 값

□□□
− □□□

가장 작은 값

□□□
− □□□

2 곱셈식에서 가장 큰 값, 가장 작은 값

(두 자리 수)×(한 자리 수)에서 가장 큰 값

주어진 숫자 카드를 모두 사용하여 계산 결과가 가장 큰 값이 되도록 곱셈식을 만들어 보시오.

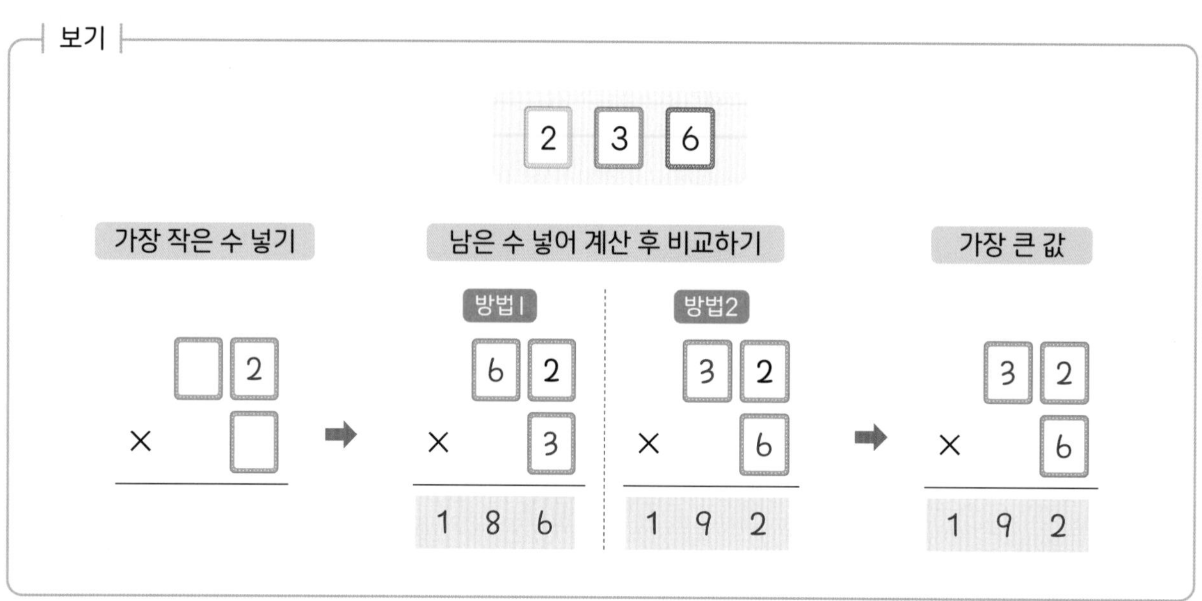

보기
2 3 6
가장 작은 수 넣기
□2
× □
남은 수 넣어 계산 후 비교하기
방법1
62
× 3
186
방법2
32
× 6
192
가장 큰 값
32
× 6
192

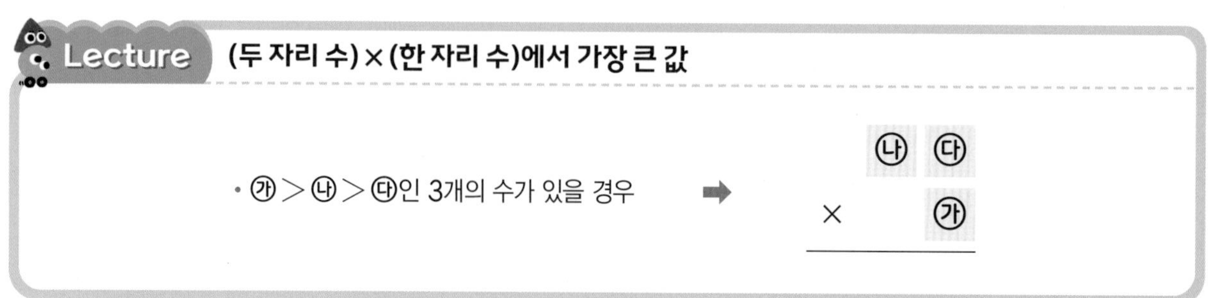

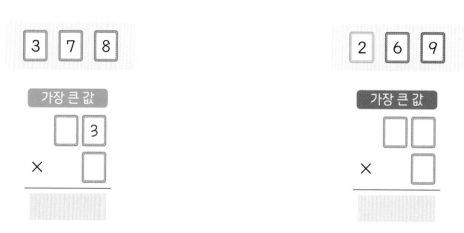

정답과 풀이 04쪽

(두 자리 수)×(한 자리 수)에서 가장 작은 값

주어진 숫자 카드를 모두 사용하여 계산 결과가 가장 작은 값이 되도록 곱셈식을 만들어 보시오.

보기

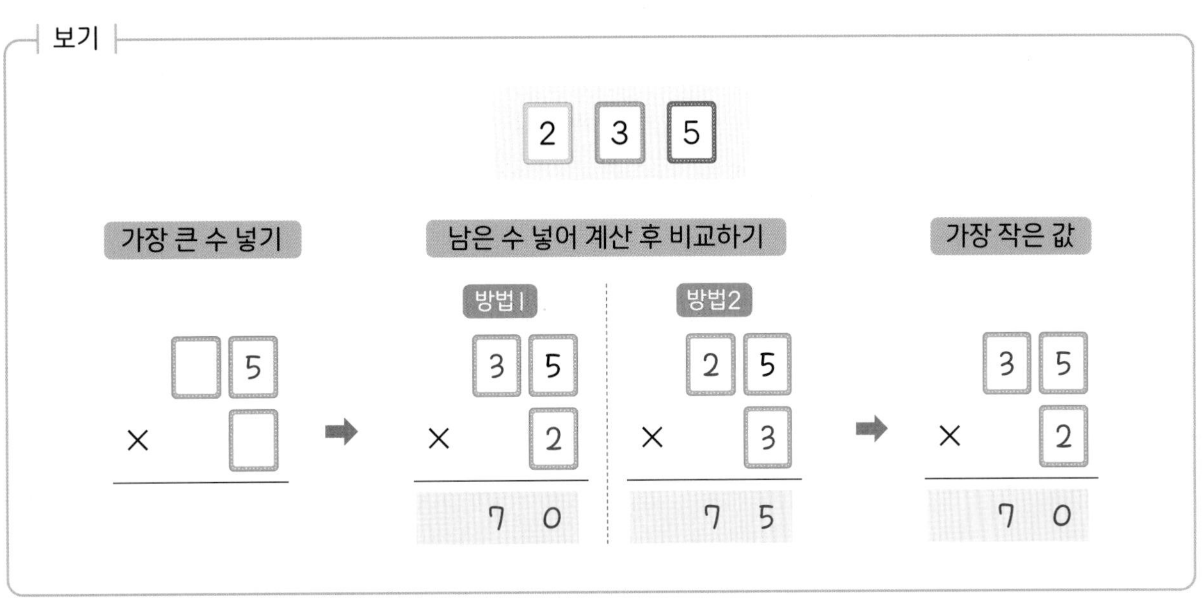

Lecture (두 자리 수)×(한 자리 수)에서 가장 작은 값

• ㉮>㉯>㉰인 3개의 수가 있을 경우 ➡ ㉯㉮ × ㉰

대표문제

주어진 4장의 숫자 카드 중 3장을 사용하여 (두 자리 수) × (한 자리 수)의 식을 만들려고 합니다. 계산 결과가 가장 클 때의 값을 구하시오.

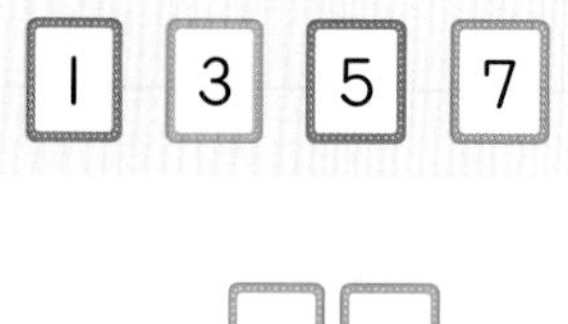

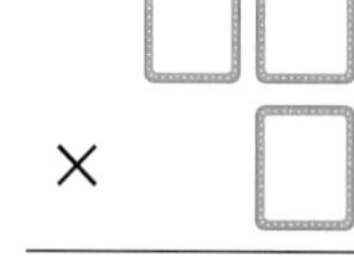

STEP 1 4장의 숫자 카드 중에서 사용하지 않는 한 장의 숫자 카드의 수를 구하시오.

STEP 2 STEP 1 에서 찾은 3장의 카드의 숫자를 사용하여 2가지 방법으로 계산 결과가 가장 클 때의 값을 각각 구하시오.

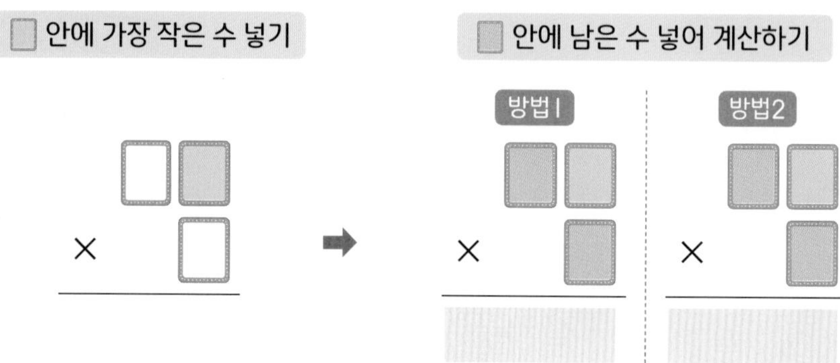

STEP 3 STEP 2 의 계산 결과를 비교하여 계산 결과가 가장 클 때의 값을 구하시오.

정답과 풀이 05쪽

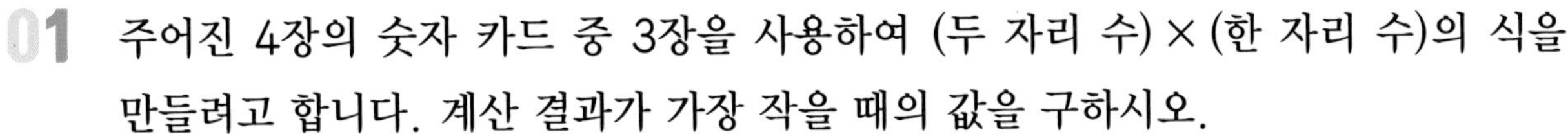

01 주어진 4장의 숫자 카드 중 3장을 사용하여 (두 자리 수)×(한 자리 수)의 식을 만들려고 합니다. 계산 결과가 가장 작을 때의 값을 구하시오.

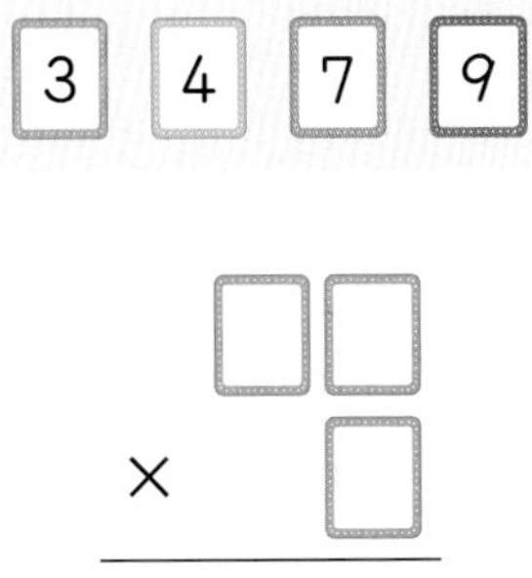

02 은서와 지우가 각자 가지고 있는 숫자 카드를 모두 사용하여 (두 자리 수)×(한 자리 수)의 식을 만들려고 합니다. 더 큰 곱을 만들 수 있는 사람의 이름을 써 보시오.

<은서>

2 4 7

<지우>

1 5 6

3 여러 가지 곱셈식에서 가장 큰 값 비교

(두 자리 수)×(두 자리 수)에서 가장 큰 값

주어진 숫자 카드를 모두 사용하여 계산 결과가 가장 큰 (두 자리 수) × (두 자리 수)의 곱셈식을 만들어 보시오.

보기

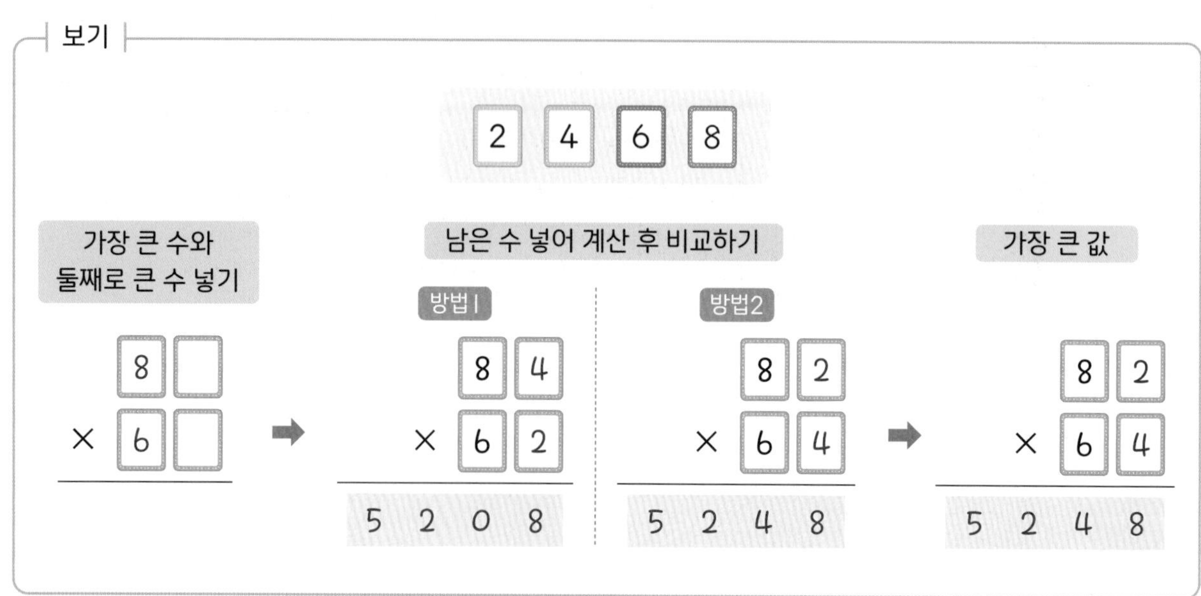

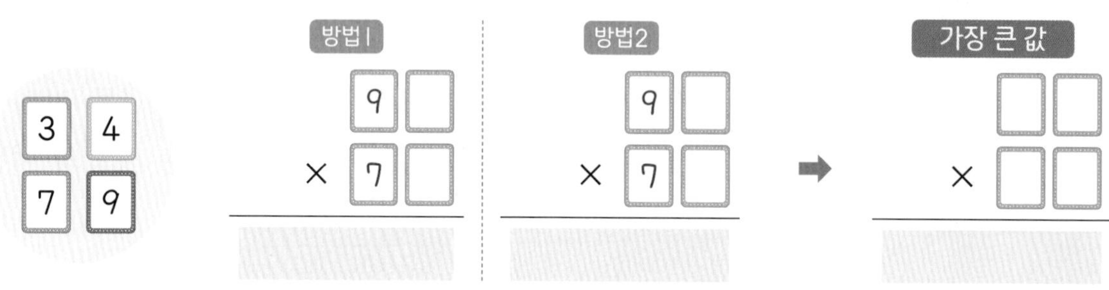

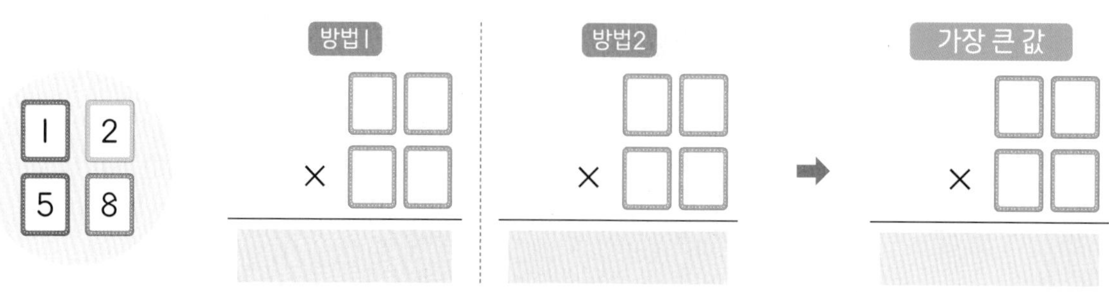

정답과 풀이 06쪽

4장의 숫자 카드로 만들 수 있는 곱셈식에서 가장 큰 값

주어진 숫자 카드를 모두 사용하여 2가지 방법으로 곱셈식을 만들려고 합니다. 만들 수 있는 곱셈식 중 계산 결과가 가장 큰 때의 값을 구하시오.

보기

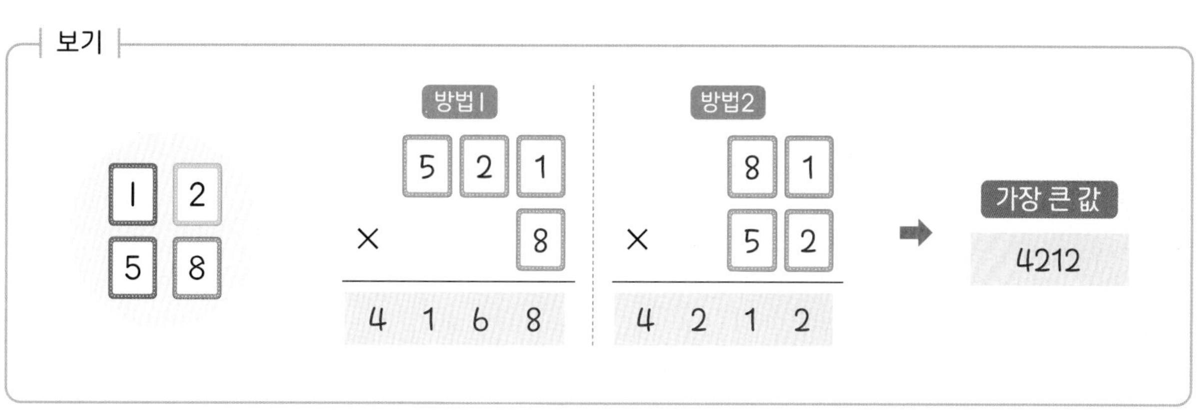

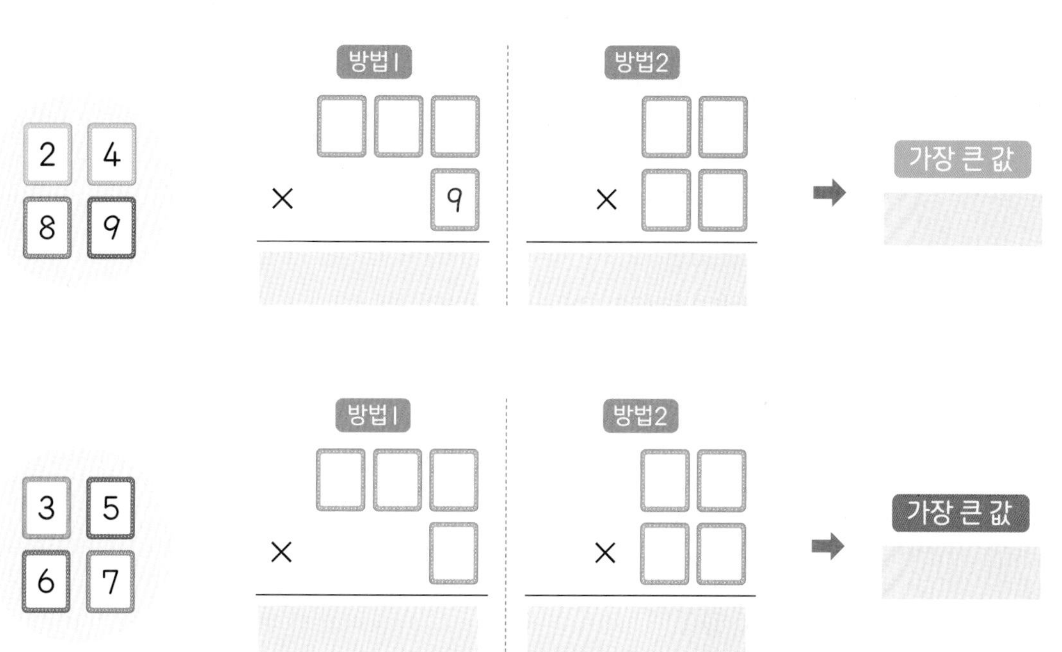

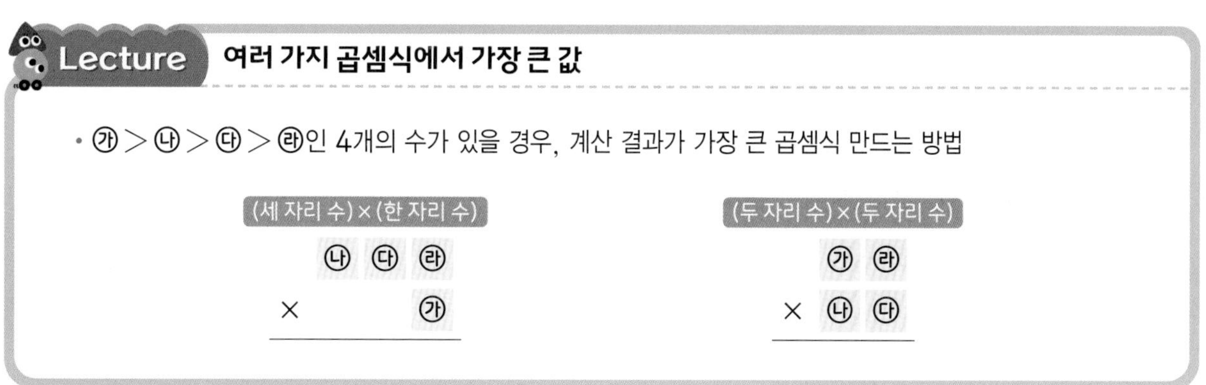

여러 가지 곱셈식에서 가장 큰 값

- ㉮ > ㉯ > ㉰ > ㉱인 4개의 수가 있을 경우, 계산 결과가 가장 큰 곱셈식 만드는 방법

(세 자리 수)×(한 자리 수)

㉯ ㉰ ㉱
× ㉮

(두 자리 수)×(두 자리 수)

㉮ ㉱
× ㉯ ㉰

3 여러 가지 곱셈식에서 가장 큰 값 비교

대표문제

주어진 4장의 숫자 카드를 모두 사용하여 다음과 같이 2가지 방법으로 곱셈식을 만들려고 합니다. 만들 수 있는 곱셈식 중 계산 결과가 가장 클 때의 값을 구하시오.

STEP 1 4장의 숫자 카드를 사용하여 계산 결과가 가장 클 때의 (세 자리 수)×(한 자리 수)를 만들어 계산해 보시오.

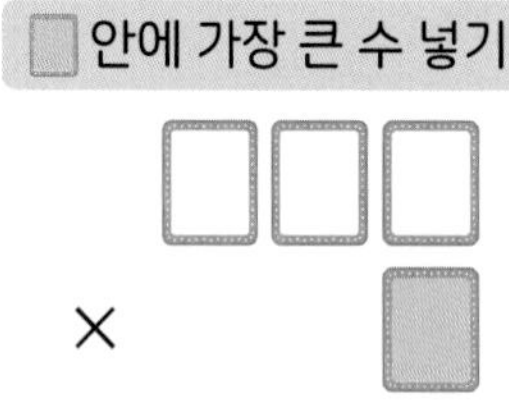

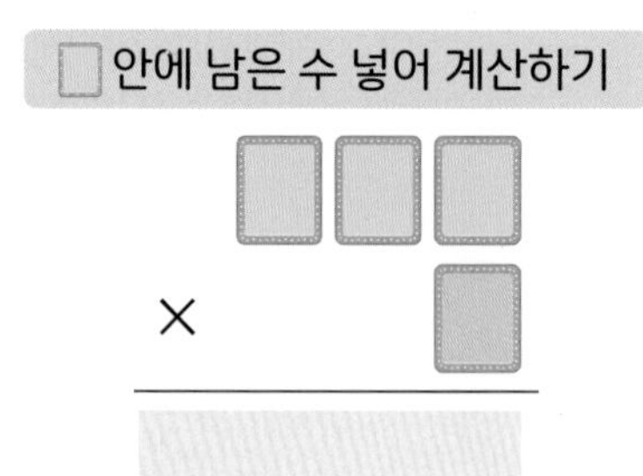

STEP 2 4장의 숫자 카드를 사용하여 계산 결과가 가장 클 때의 (두 자리 수)×(두 자리 수)를 만들어 계산해 보시오.

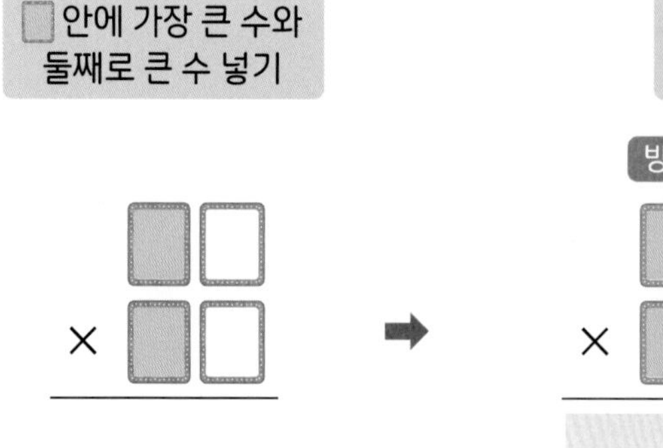

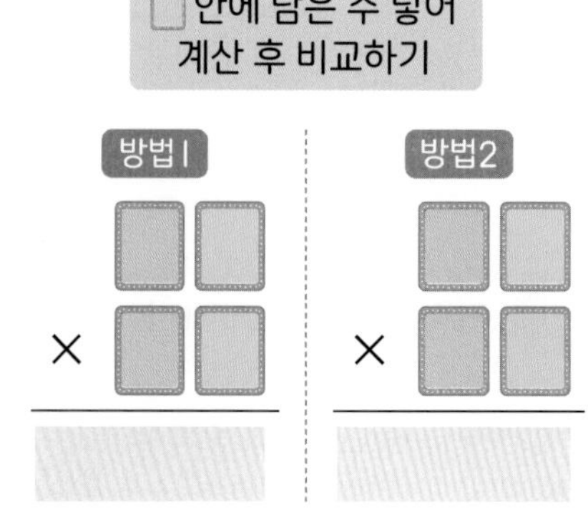

STEP 3 STEP 1 과 STEP 2 의 계산 결과를 비교하여 계산 결과가 가장 클 때의 값을 구하시오.

정답과 풀이 07쪽

01 주어진 5장의 숫자 카드 중 4장을 사용하여 두 수를 만든 후, 두 수의 곱을 구하려고 합니다. 계산 결과가 가장 클 때의 값을 구하시오.

02 유나와 지호는 자동차의 번호판에 적힌 숫자를 모두 사용하여 두 수를 만든 후, 두 수의 곱이 가장 큰 식을 만들려고 합니다. 유나와 지호 중 계산 결과가 더 큰 식을 만들 수 있는 사람을 찾아보시오.

유나 지호

Creative 팩토

01 주어진 7장의 숫자 카드 중 6장을 사용하여 세 자리 수끼리의 뺄셈식을 만들려고 합니다. 계산 결과가 가장 클 때의 값을 구하시오.

02 주어진 5장의 숫자 카드 중 3장을 사용하여 두 수를 만든 후, 두 수의 곱을 구하려고 합니다. 계산 결과가 가장 클 때와 가장 작을 때의 값의 합을 구하시오.

1 3 5 6 8

정답과 풀이 08쪽

03 민기와 수지는 각자 가지고 있는 5장의 숫자 카드 중 4장을 사용하여 계산 결과가 가장 큰 (세 자리 수) × (한 자리 수)의 식을 만들려고 합니다. 민기와 수지 중 계산 결과가 더 큰 식을 만들 수 있는 사람을 찾아보시오.

04 서로 다른 4개의 숫자를 사용하여 계산 결과가 가장 큰 (두 자리 수) × (두 자리 수)의 식을 만들어 보시오.

4 덧셈 복면산

덧셈 복면산 (1)

| 보기 |와 같은 방법으로 각각의 모양이 나타내는 숫자를 구하시오. (단, 같은 모양은 같은 숫자를, 다른 모양은 다른 숫자를 나타냅니다.)

| 보기 |

★+★의 계산 결과의 일의 자리 숫자가 2가 되는 경우를 생각하여 식을 만족시키는 수를 찾습니다.

★★ + ★ = 72 → 경우1: 11 + 1 = ~~7~~(2) / 경우2: 66 + 6 = (7)(2) → ★ = 6

♥♥ + ♥♥ = 154 → 경우1: ♥2 + ♥2 = 15(4) / 경우2: ♥7 + ♥7 = 15(4) → ♥ = ☐

⬟▲ + ⬟▲ = 118 → 경우1: ⬟▲ + ⬟▲ = 11(8) / 경우2: ⬟▲ + ⬟▲ = 11(8) → ⬟ = ☐, ▲ = ☐

◆◆ + ●◆ = 166 → 경우1: ◆◆ + ●◆ = 16(6) / 경우2: ◆◆ + ●◆ = 16(6) → ◆ = ☐, ● = ☐

› 정답과 풀이 09쪽

덧셈 복면산 (2)

각각의 모양이 나타내는 숫자를 구하시오. (단, 같은 모양은 같은 숫자를, 다른 모양은 다른 숫자를 나타냅니다.)

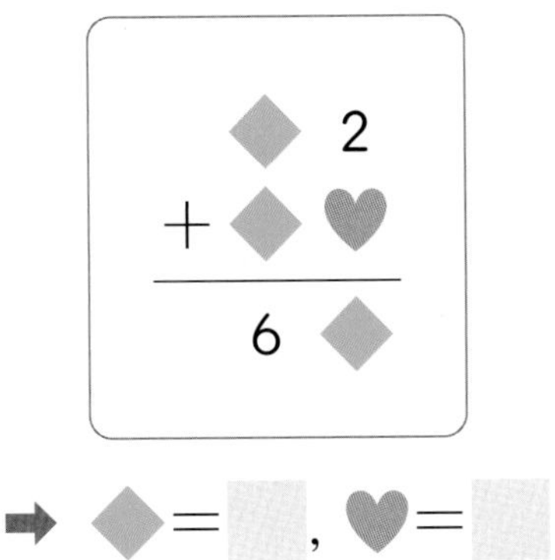

➡ ◆= ☐, ♥= ☐

	▲	▲
+	▲	●
1	1	1

➡ ▲= ☐, ●= ☐

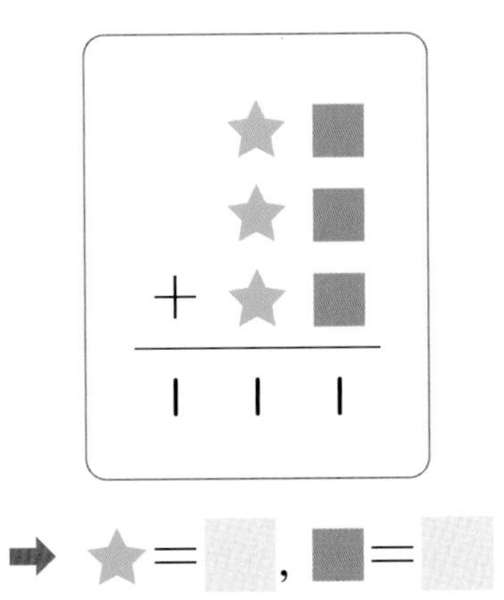

➡ ★= ☐, ■= ☐

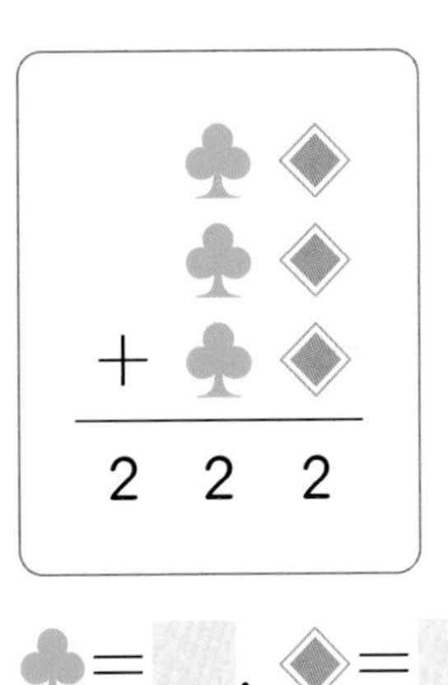

➡ ♣= ☐, ◈= ☐

Lecture 덧셈 복면산

- 계산식에서 숫자를 문자나 기호 모양으로 나타낸 식을 복면산이라고 합니다.
- 복면산에서 같은 모양은 같은 숫자를, 다른 모양은 다른 숫자를 나타냅니다.

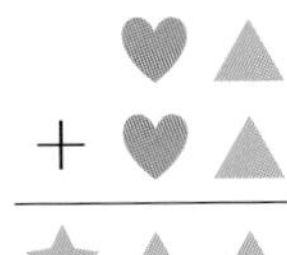

➡ 받아올림이 있으므로 ★=1

➡ ▲+▲=▲이므로 ▲=0

➡ ♥+♥=10이므로 ♥=5

대표문제

다음 덧셈식에서 A, B, C가 나타내는 숫자를 각각 구하시오. (단, A, B, C는 0이 아닌 서로 다른 숫자를 나타냅니다.)

$$\begin{array}{r} A\ B \\ +\ C\ C \\ \hline A\ A\ A \end{array}$$

STEP 1 A가 나타내는 숫자를 구하시오.

$$\begin{array}{r} A\ B \\ +\ C\ C \\ \hline A\ A\ A \end{array}$$

STEP 2 STEP 1에서 구한 숫자를 ☐ 안에 써넣은 후 C가 나타내는 숫자를 구하시오.

$$\begin{array}{r} \square\ B \\ +\ C\ C \\ \hline \square\ \square\ \square \end{array}$$

STEP 3 STEP 1과 STEP 2에서 구한 숫자를 ☐ 안에 써넣은 후 B가 나타내는 숫자를 구하시오.

$$\begin{array}{r} \square\ B \\ +\ \square\ \square \\ \hline \square\ \square\ \square \end{array}$$

> 정답과 풀이 10쪽

01 다음 식에서 각각의 모양이 나타내는 숫자를 구하시오. (단, 같은 모양은 같은 숫자를, 다른 모양은 다른 숫자를 나타냅니다.)

02 다음 식에서 ◆×▲×●의 값을 구하시오. (단, 같은 모양은 같은 숫자를, 다른 모양은 다른 숫자를 나타냅니다.)

$$\begin{array}{r} 1\,◆\,▲ \\ +\quad ▲\,4 \\ \hline ●\,●\,● \end{array}$$

5 곱셈 복면산

곱의 일의 자리 숫자

같은 한 자리 수끼리 곱했을 때, 계산 결과의 일의 자리 숫자를 찾아 써 보시오.
(단, 같은 모양은 같은 숫자를, 다른 모양은 다른 숫자를 나타냅니다.)

(1) ● 안에 알맞은 수를 써넣으시오.

(2) ●와 ◆ 안에 알맞은 수를 써넣으시오.

(3) (1)과 (2)의 곱셈 결과의 값을 보고, ●×●의 계산 결과, 일의 자리 숫자가 될 수 있는 것을 모두 찾아 써 보시오.

정답과 풀이 11쪽

곱셈 복면산

각각의 모양이 나타내는 숫자를 구하시오. (단, 같은 모양은 같은 숫자를, 다른 모양은 다른 숫자를 나타냅니다.)

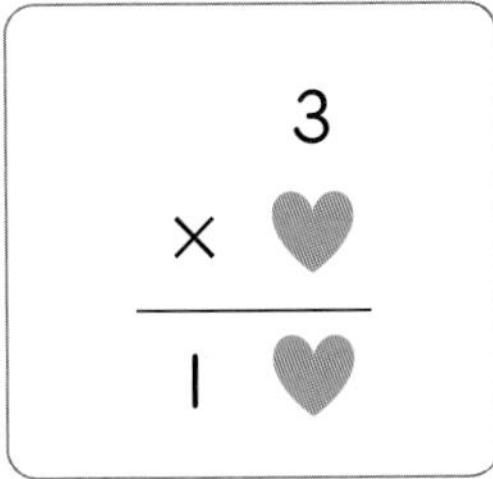

➡ ♥=

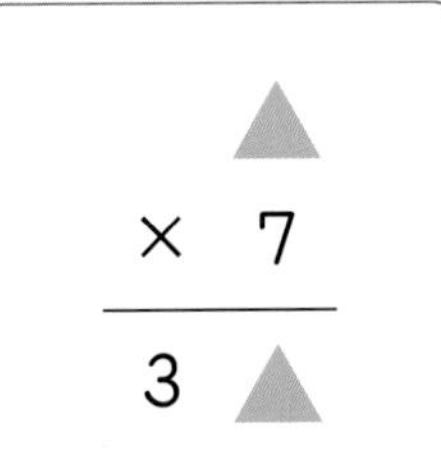

➡ ▲=

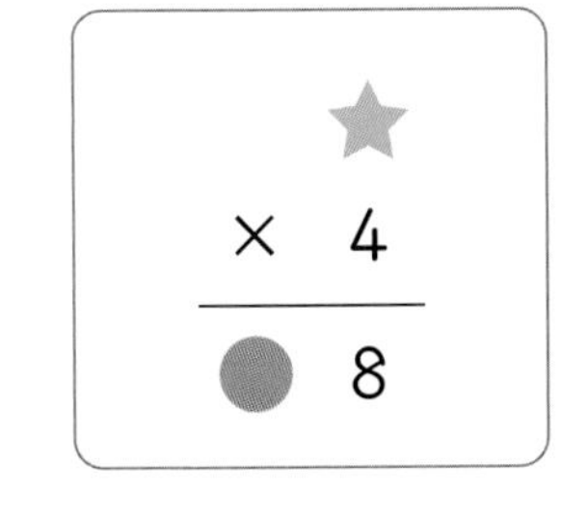

➡ ★=　, ●=

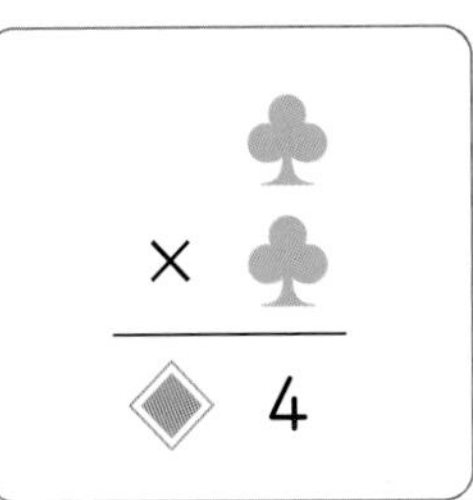

➡ ♣=　, ◈=

Lecture 곱셈 복면산

곱셈 복면산을 해결하는 방법 중 하나로 계산 결과의 일의 자리 숫자를 찾습니다.

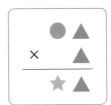

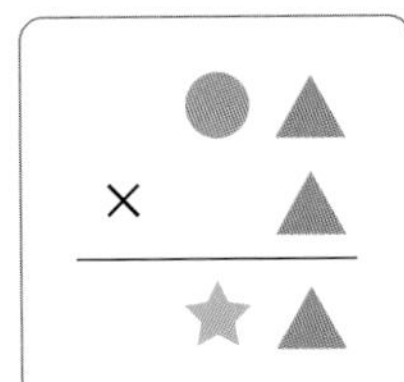

▲이 될 수 있는 숫자

➡ 0, 1, 5, 6

◆이 될 수 있는 숫자

➡ 2, 3, 4, 7, 8, 9

대표문제

다음 곱셈식에서 각각의 모양이 나타내는 숫자를 구하시오. (단, 같은 모양은 같은 숫자를, 다른 모양은 다른 숫자를 나타냅니다.)

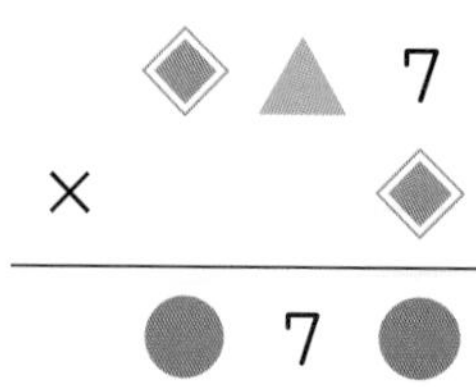

STEP 1 주어진 식에서 ◈ × ◈의 계산 결과가 한 자리 수이어야 합니다. ◈이 될 수 있는 숫자를 모두 구하시오.

STEP 2 STEP 1 에서 구한 ◈이 될 수 있는 숫자를 ▨ 안에 써넣어 ●, ▲이 나타내는 숫자를 각각 구하시오.

```
    ▨ ▲ 7
 ×      ▨
 ---------
    ● 7 ●
```

STEP 3 각각의 모양이 나타내는 숫자를 구하시오.

정답과 풀이 12쪽

01 다음 곱셈식에서 ◈, ♥이 나타내는 숫자를 각각 구하시오. (단, 같은 모양은 같은 숫자를, 다른 모양은 다른 숫자를 나타냅니다.)

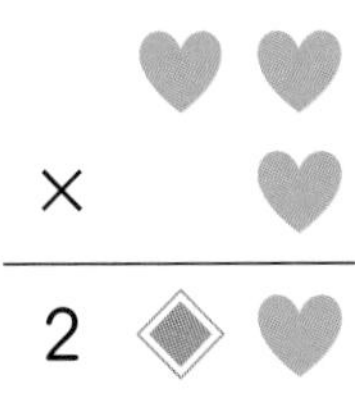

02 다음 식에서 각각의 모양이 나타내는 숫자를 구하시오. (단, 같은 모양은 같은 숫자를, 다른 모양은 다른 숫자를 나타냅니다.)

★×★×★=◆★

6 도형이 나타내는 수

가로줄과 세로줄의 합을 이용하여 구하기

오른쪽과 아래쪽에 있는 수는 각 줄의 모양이 나타내는 수들의 합입니다. 다음 정리를 이용하여 ▒ 안에 알맞은 수를 써넣으시오.

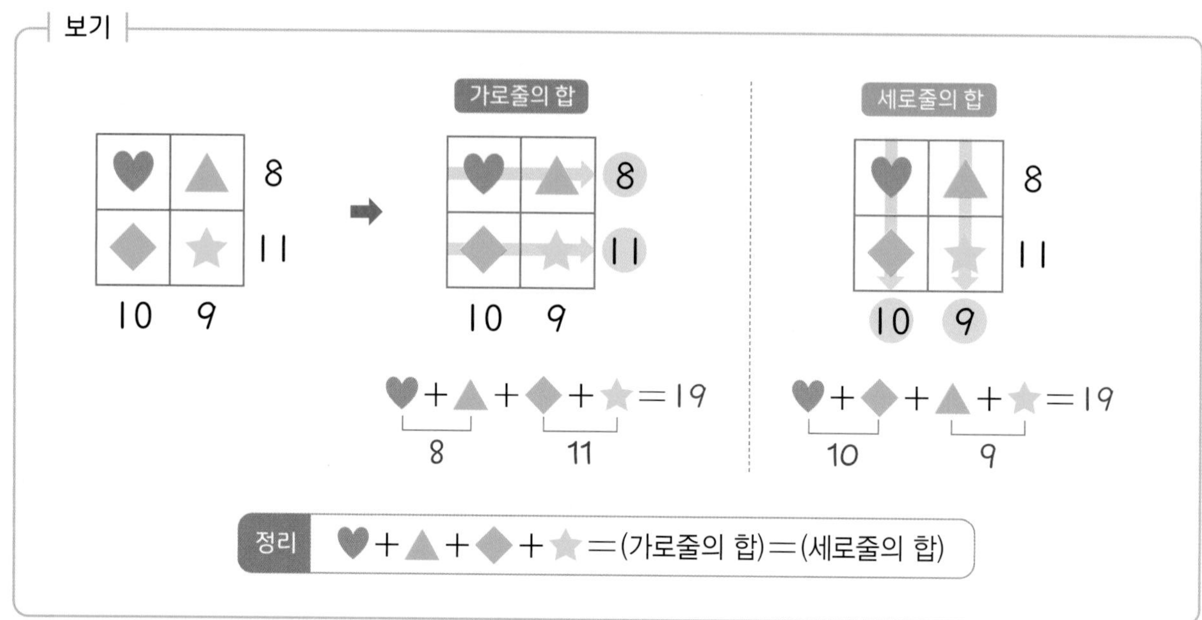

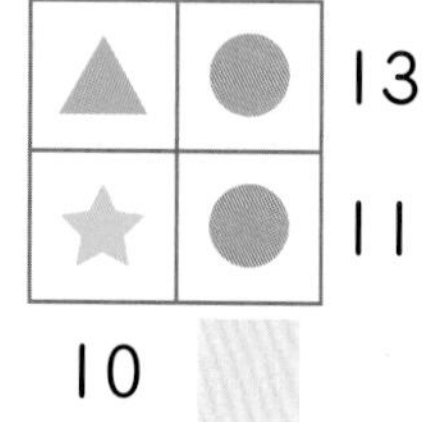

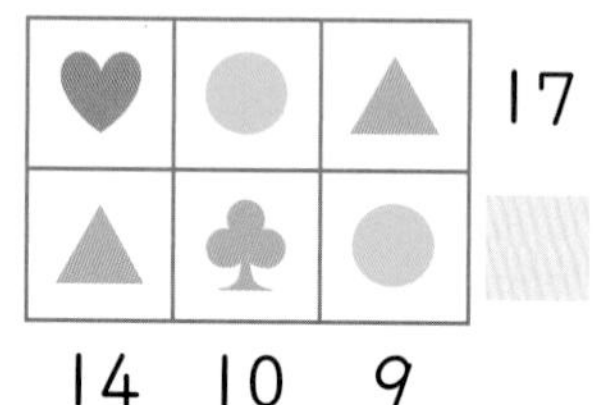

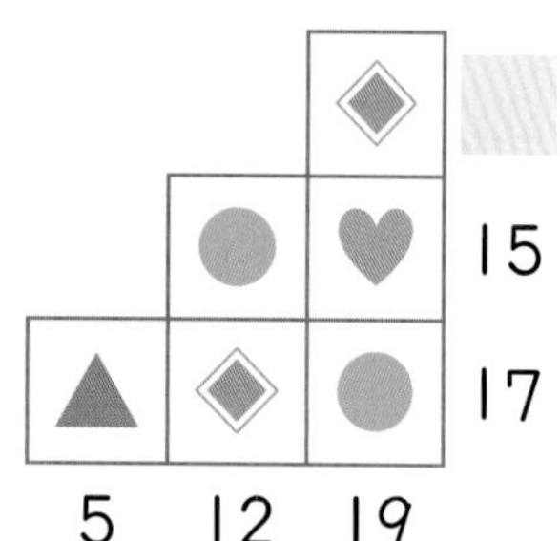

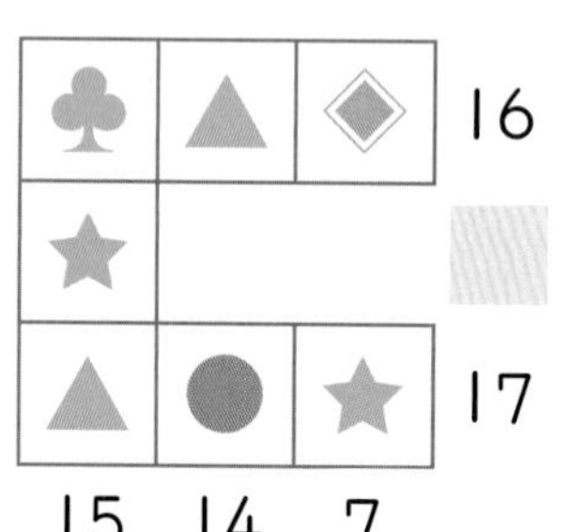

도형의 관계를 이용하여 구하기

오른쪽과 아래쪽에 있는 수는 각 줄의 모양이 나타내는 수들의 합입니다. ▨ 안에 들어갈 수를 구하시오. (단, 같은 모양은 같은 수를, 다른 모양은 다른 수를 나타냅니다.)

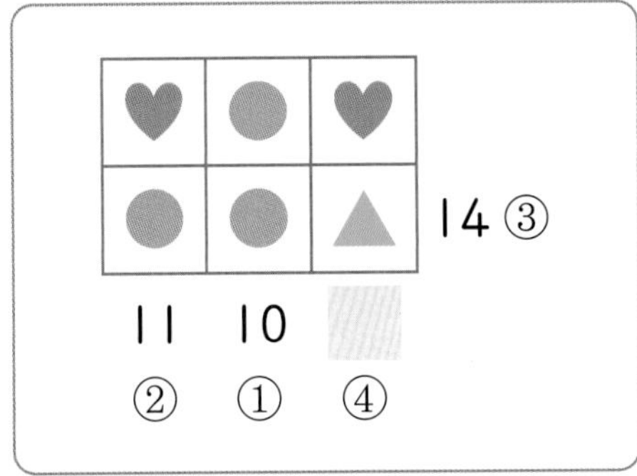

① ●+●=10 ➡ ●=▨

② ♥+●=11 ➡ ♥=▨

③ ●+●+▲=14 ➡ ▲=▨

④ ♥+▲=▨

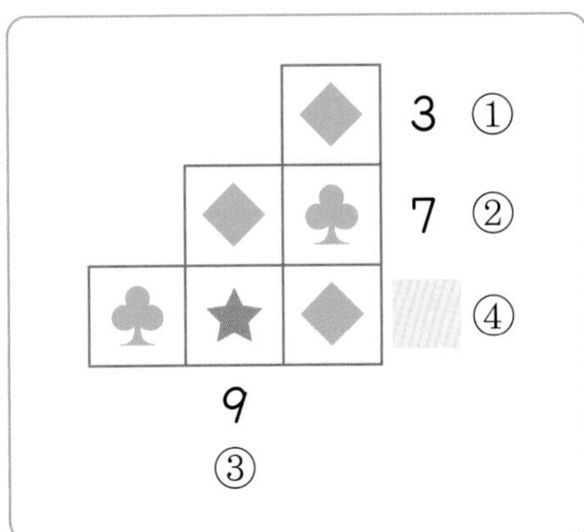

① ◆=▨

② ◆+♣=7 ➡ ♣=▨

③ ◆+★=9 ➡ ★=▨

④ ♣+★+◆=▨

Lecture 도형이 나타내는 수

오른쪽과 아래쪽에 있는 수는 각 줄의 모양이 나타내는 수들의 합이고, 같은 모양은 같은 수를, 다른 모양은 다른 수를 나타냅니다.

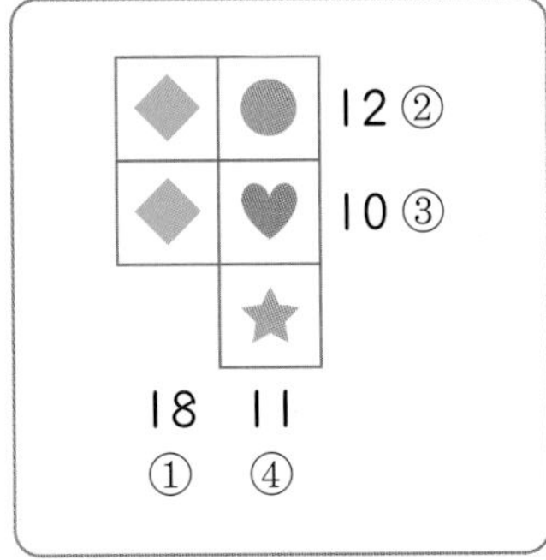

① ◆+◆=18 ➡ ◆=9

② ◆+●=12 ➡ ●=3

③ ◆+♥=10 ➡ ♥=1

④ ●+♥+★=11 ➡ ★=7

대표문제

오른쪽과 아래쪽에 있는 수는 각 줄의 모양이 나타내는 수들의 합입니다. ▒ 안에 알맞은 수를 써넣으시오. (단, 같은 모양은 같은 수를, 다른 모양은 다른 수를 나타냅니다.)

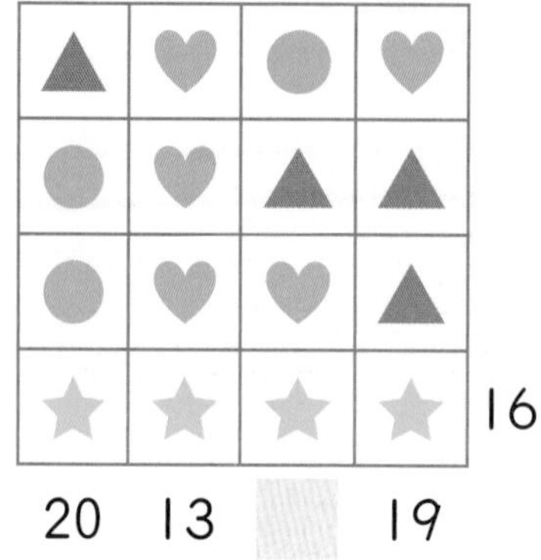

STEP 1 ★＋★＋★＋★＝16을 이용하여 ★이 나타내는 수를 구하시오.

STEP 2 ♥＋♥＋♥＋★＝13을 이용하여 ♥이 나타내는 수를 구하시오.

STEP 3 ♥＋▲＋▲＋★＝19를 이용하여 ▲이 나타내는 수를 구하시오.

STEP 4 ▲＋●＋●＋★＝20을 이용하여 ●이 나타내는 수를 구하시오.

STEP 5 ●＋▲＋♥＋★의 값을 구하여 ▒ 안에 써넣으시오.

> 정답과 풀이 14쪽

01 □ 안에 알맞은 수를 써넣으시오. (단, 같은 모양은 같은 수를, 다른 모양은 다른 수를 나타냅니다.)

●+★+★=15　　◈+●+★=20

●+●+●=9　　◈−★=□

02 오른쪽과 아래쪽에 있는 수는 각 줄의 모양이 나타내는 수들의 합입니다. □ 안에 들어갈 수를 구하시오. (단, 같은 모양은 같은 수를, 다른 모양은 다른 수를 나타냅니다.)

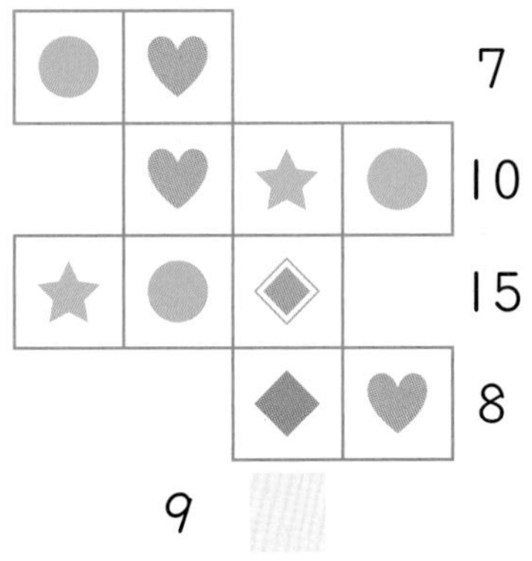

01 다음 덧셈식에서 ★+▲+◆의 값을 구하시오. (단, 같은 모양은 같은 숫자를, 다른 모양은 다른 숫자를 나타냅니다.)

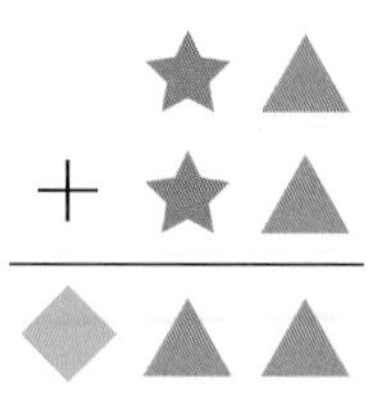

02 다음 곱셈식에서 같은 모양은 같은 숫자를, 다른 모양은 다른 숫자를 나타냅니다. ★, ◈, ●이 나타내는 수를 각각 구하시오. (단, ★, ◈, ●은 6이 아닙니다.)

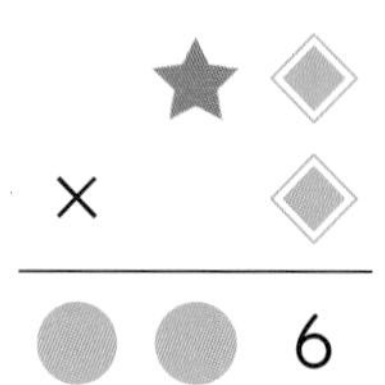

> 정답과 풀이 15쪽

03 다음과 같은 세 자리 수의 덧셈식에서 ㉮, ㉯, ㉰는 각각 1, 6, 9 중 서로 다른 숫자를 나타냅니다. 덧셈식의 계산 결과가 가장 클 때의 값을 구하시오.

$$\begin{array}{r} ㉮\ ㉯\ ㉰ \\ +\ ㉰\ ㉯\ ㉮ \\ \hline \end{array}$$

04 다음 식에서 ▨ 안에 알맞은 수를 써넣으시오. (단, 같은 모양은 같은 수를 나타내고, ▲, ★, ♥은 각각 0이 아닌 서로 다른 수입니다.)

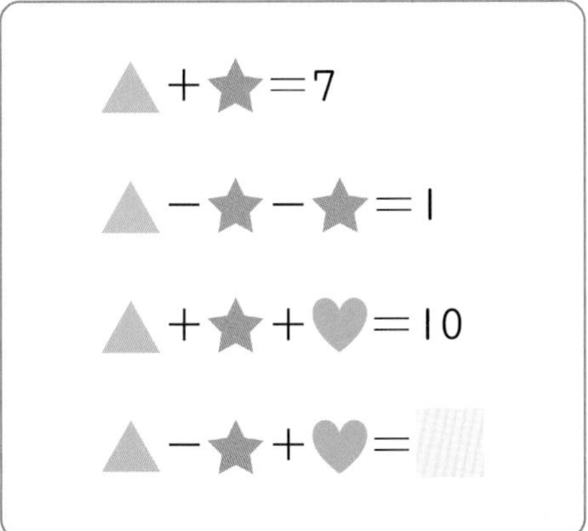

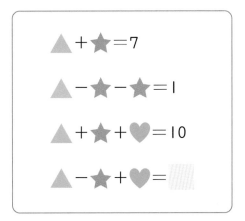

Key Point
▲+★=7이 되는 ▲와 ★을 모두 찾아봅니다.

Perfect 경시대회

01 주어진 숫자 카드를 모두 사용하여 네 자리 수끼리의 뺄셈식을 만들려고 합니다. 계산 결과가 가장 작을 때의 값을 구하시오.

0	1	3	4	6	7	8	9

02 ☐ 안에 0, 1, 2, 3을 모두 써넣어 다음과 같은 곱셈식을 만들려고 합니다. 계산 결과가 둘째 번으로 큰 때의 값을 구하시오.

$$\begin{array}{r} \square\square\square \\ \times \quad\quad \square \\ \hline \end{array}$$

정답과 풀이 16쪽

03 다음 식을 만족시키는 ●, ◆, ★을 모두 사용하여 가장 큰 세 자리 수를 만들어 보시오. (단, 같은 모양은 같은 숫자를 나타내고, 다른 모양은 다른 숫자를 나타냅니다.)

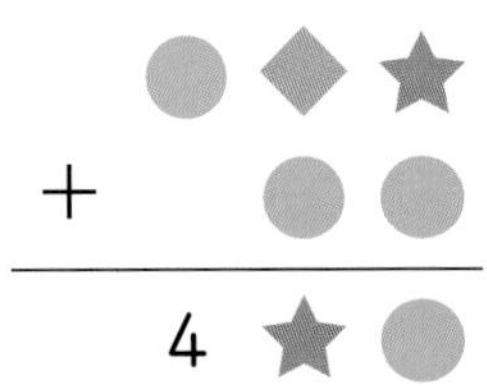

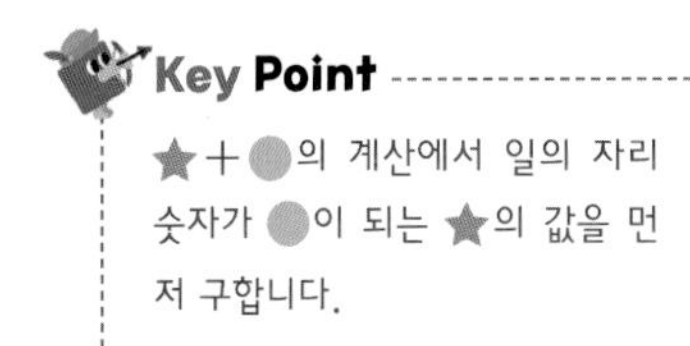
Key Point
★+●의 계산에서 일의 자리 숫자가 ●이 되는 ★의 값을 먼저 구합니다.

04 다음은 4개의 식을 가로, 세로로 나타낸 것입니다. ★, ▲, ◆, ●이 나타내는 수를 각각 구하시오. (단, 같은 모양은 같은 수를, 다른 모양은 다른 수를 나타냅니다.)

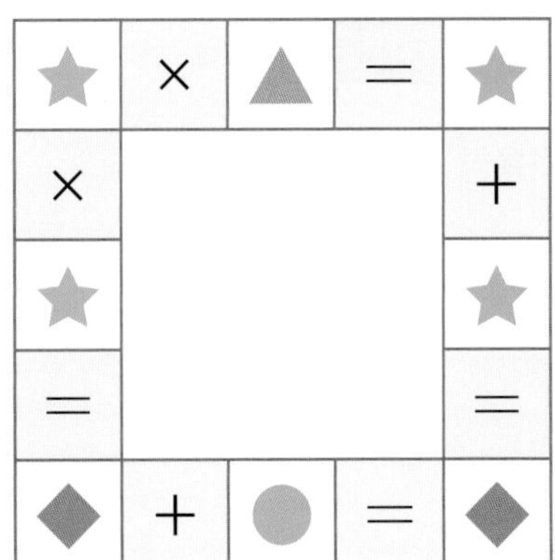

Challenge 영재교육원

01 | 보기 |와 같이 서로 다른 3개의 숫자를 사용하여 세 자리 수끼리의 덧셈식을 만들려고 합니다. 계산 결과가 가장 작은 값 또는 가장 큰 값이 나오도록 만들어 보시오. 이때 계산 결과는 1008보다 크고 1998보다 작아야 하고, 계산 결과도 3개의 숫자를 사용하여 만들 수 있어야 합니다.

보기
사용한 숫자
0, 1, 5
5 0 0
+ 5 0 5
1 0 0 5

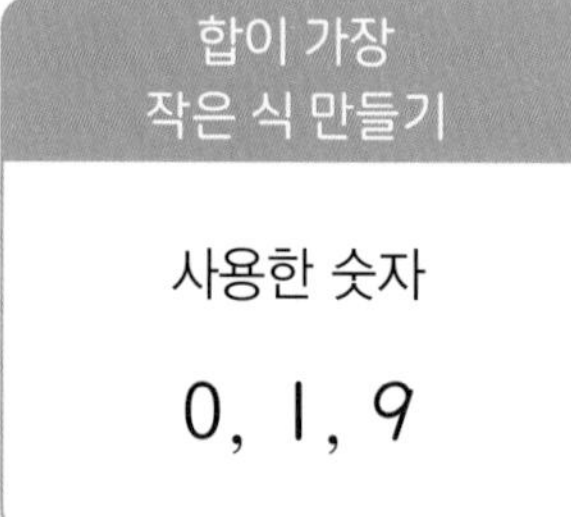

합이 가장
작은 식 만들기
사용한 숫자
0, 1, 9

+

합이 가장
큰 식 만들기

사용한 숫자

1, 2, 9

+

정답과 풀이 17쪽

02 다음과 같은 세 자리 수의 덧셈식을 만족하는 경우를 4가지 써 보시오. (단, 같은 글자는 같은 숫자를, 다른 글자는 다른 숫자를 나타냅니다.)

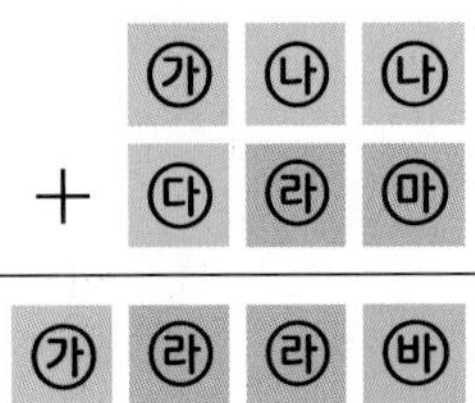

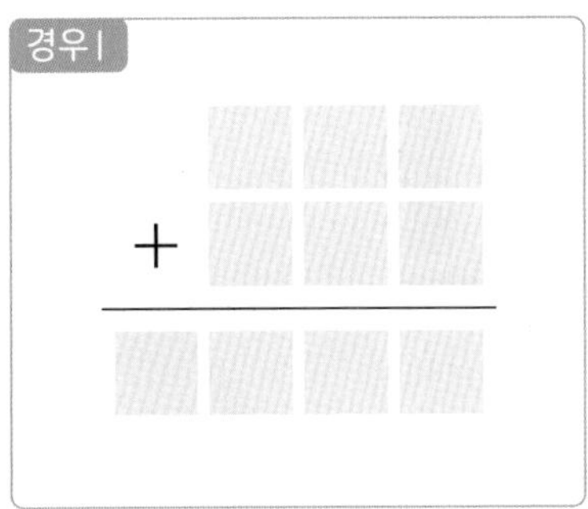

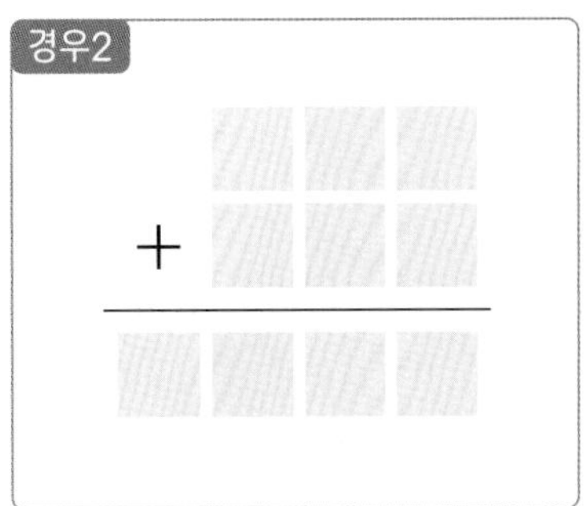

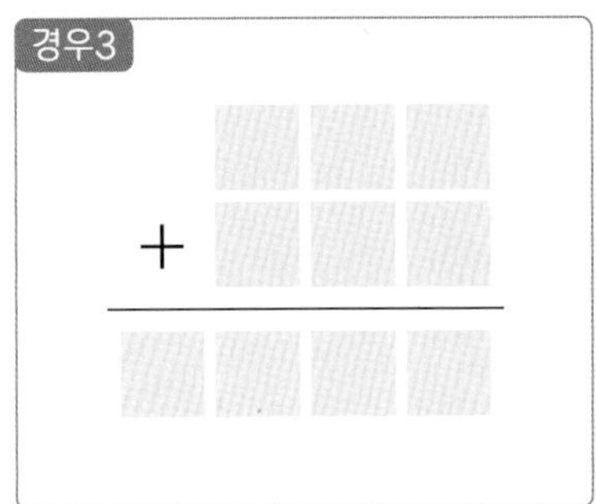

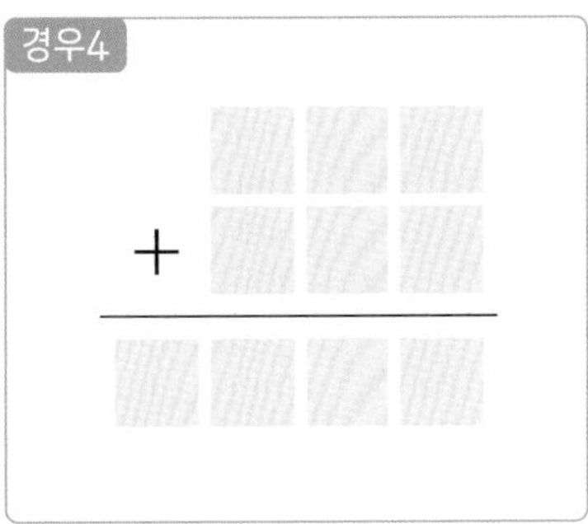

Ⅱ

공 간

학습 Planner

계획한 대로 공부한 날은 😀에, 공부하지 못한 날은 ☹️에 ○표 하세요.

공부할 내용	공부할 날짜	확 인
1 도형 겹치기	월 일	😀 | ☹️
2 특이한 모양의 위, 앞, 옆	월 일	😀 | ☹️
3 주사위의 맞닿은 면	월 일	😀 | ☹️
Creative 팩토	월 일	😀 | ☹️
4 색종이 자르기	월 일	😀 | ☹️
5 쌓기나무의 위, 앞, 옆	월 일	😀 | ☹️
6 목표수 접기	월 일	😀 | ☹️
Creative 팩토	월 일	😀 | ☹️
Perfect 경시대회	월 일	😀 | ☹️
Challenge 영재교육원	월 일	😀 | ☹️

1 도형 겹치기

가려진 부분 색칠하기

다음 도형을 여러 방향으로 돌려 가며 서로 겹쳤을 때 도형의 가려진 부분에 색칠해 보시오. 온라인 활동지

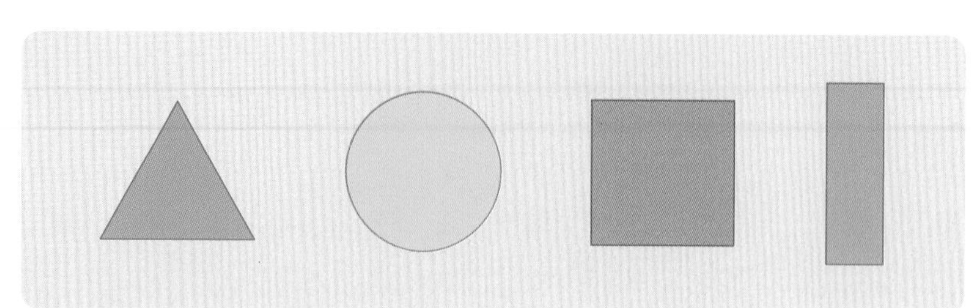

보기

도형이 겹쳐진 부분의 모양은 아래에 놓여 있는 도형의 가려진 부분과 같습니다.

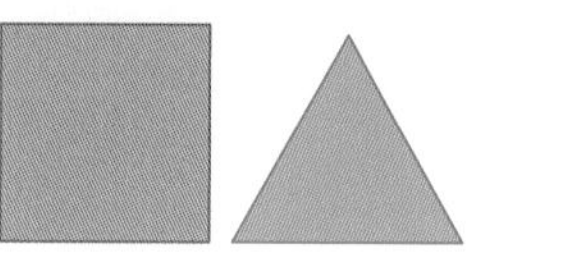

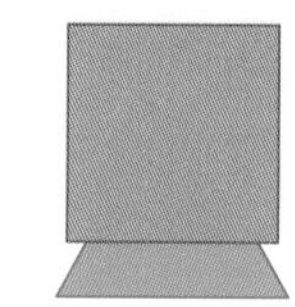

도형 겹치기

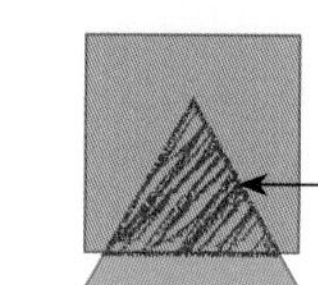

아래쪽 도형의 가려진 부분에 색칠하기

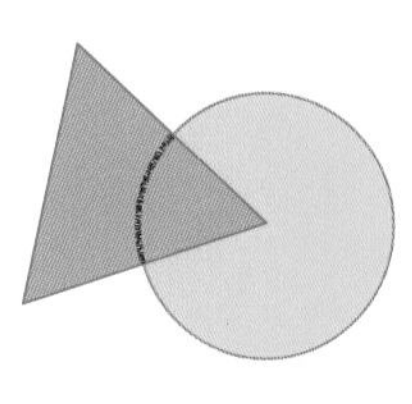

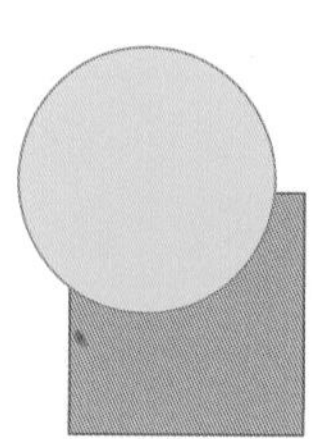

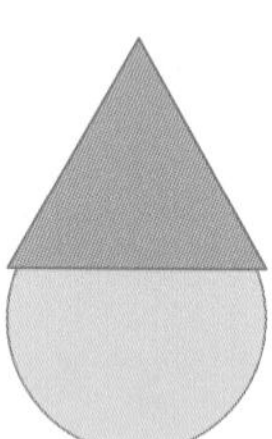

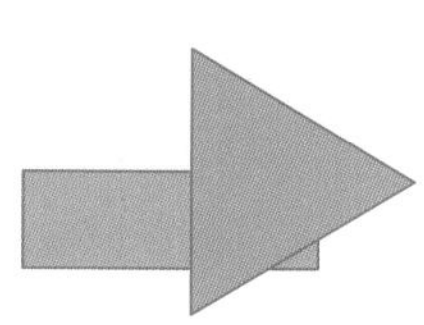

정답과 풀이 18쪽

겹쳐진 부분의 모양을 만드는 데 사용된 도형 1개를 찾아 기호를 써 보시오.

온라인 활동지

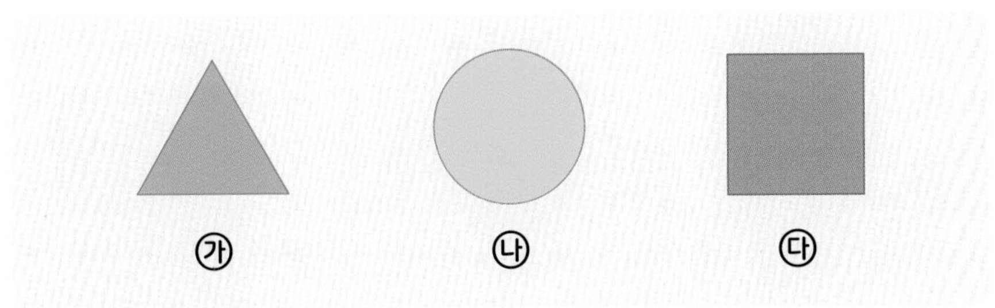

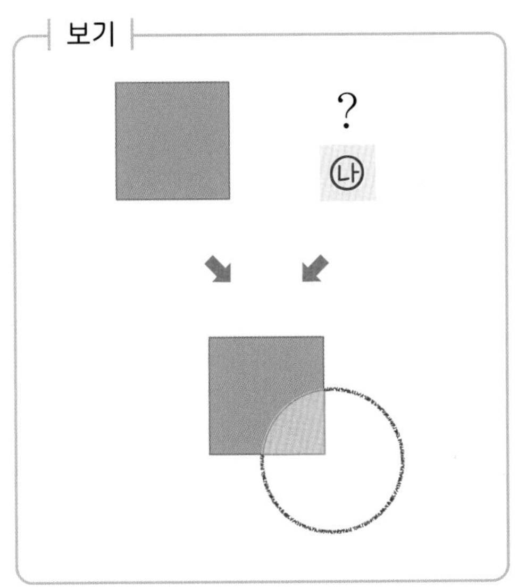

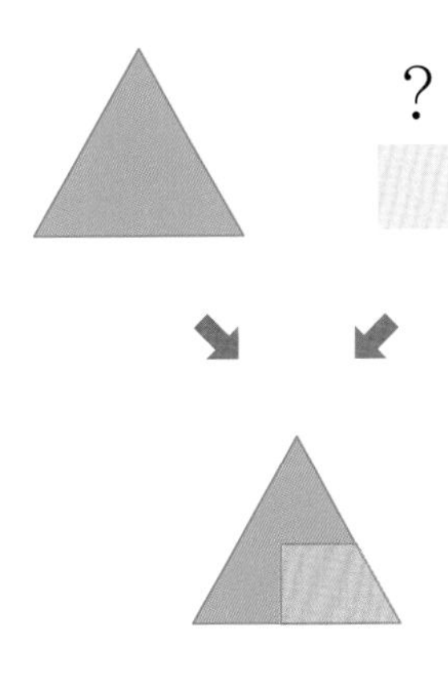

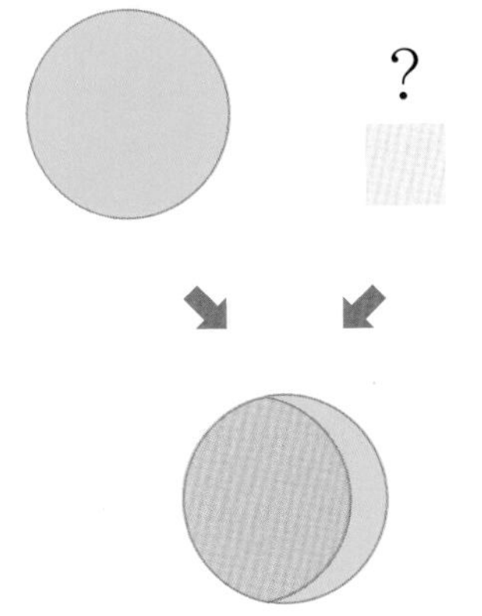

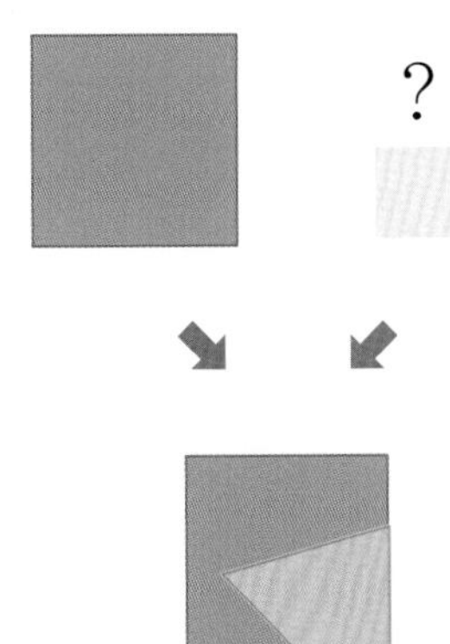

대표문제

오른쪽 삼각형과 사각형을 여러 방향으로 돌려 가며 서로 겹쳤을 때, 겹쳐진 부분의 모양이 될 수 <u>없는</u> 것을 찾아 기호를 써 보시오. 온라인 활동지

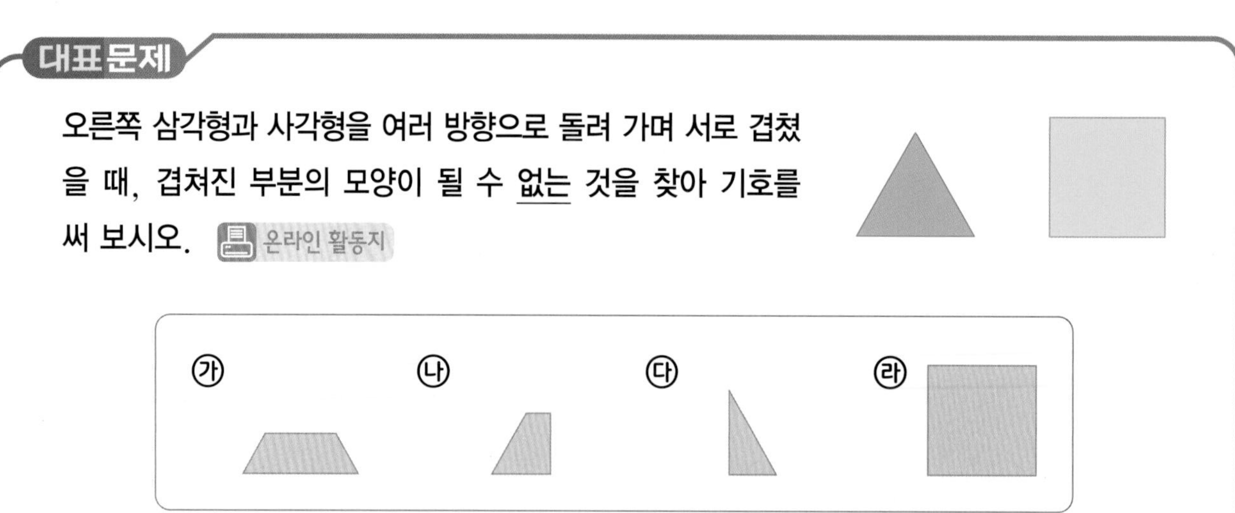

STEP 1 사각형에 삼각형을 그려 겹쳐진 부분이 ㉮, ㉯의 모양이 되도록 그려 보시오.

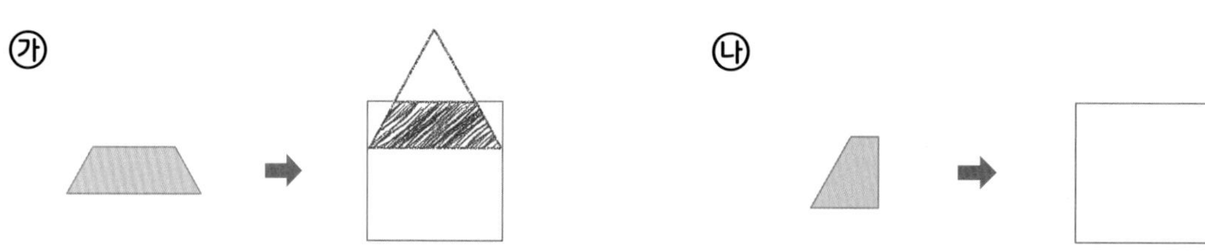

STEP 2 사각형에 삼각형을 그려 겹쳐진 부분이 ㉰, ㉱의 모양이 되도록 그려 보시오.

STEP 3 STEP 1, STEP 2를 보고, 삼각형과 사각형을 서로 겹쳤을 때 겹쳐진 부분의 모양이 될 수 <u>없는</u> 것을 찾아 기호를 써 보시오.

정답과 풀이 19쪽

01 크기가 같은 삼각형 2개를 여러 방향으로 돌려 가며 서로 겹쳤을 때, 겹쳐진 부분의 모양이 될 수 <u>없는</u> 것을 찾아 기호를 써 보시오. 온라인 활동지

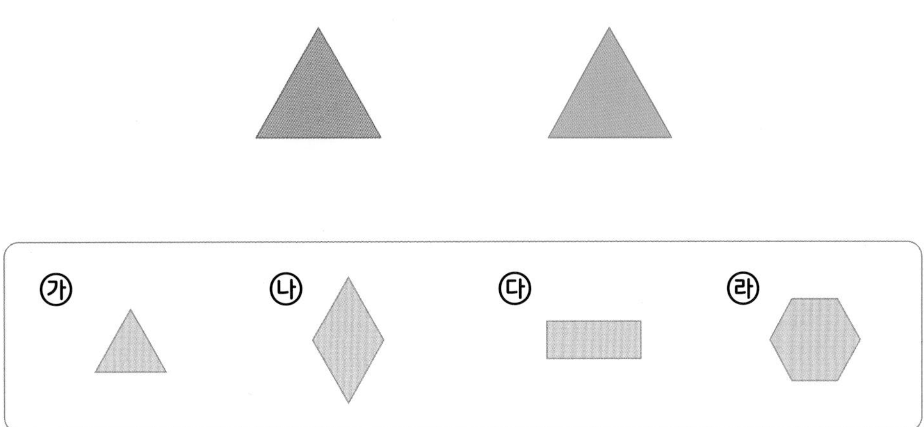

02 2개의 도형을 겹쳐서 다음과 같은 모양을 만들었습니다. 겹친 도형 2개를 찾아 기호를 써 보시오. 온라인 활동지

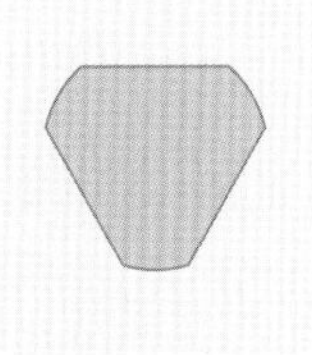
겹쳐진 모양

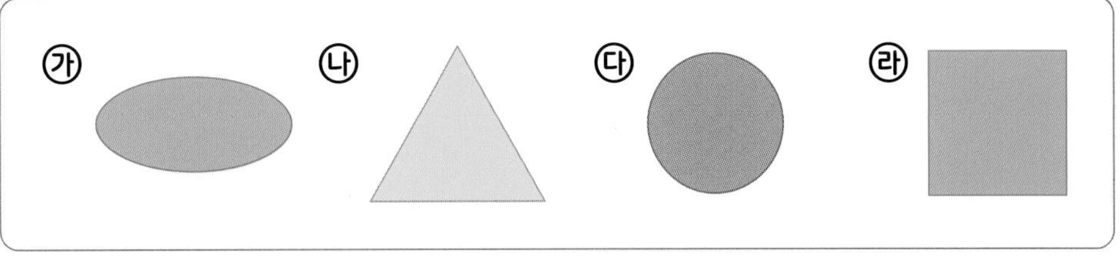

2 특이한 모양의 위, 앞, 옆

위, 앞, 옆에서 본 모양

주어진 방향에서 본 모양으로 알맞은 것에 ○표 하시오.

보기

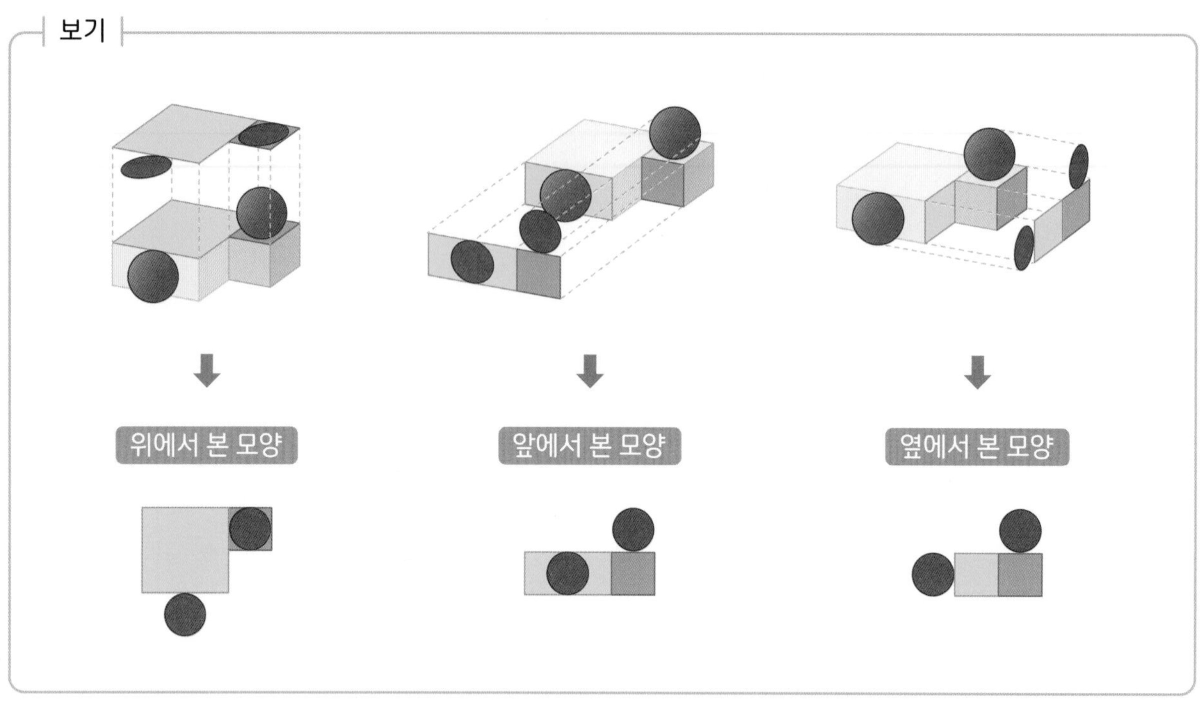

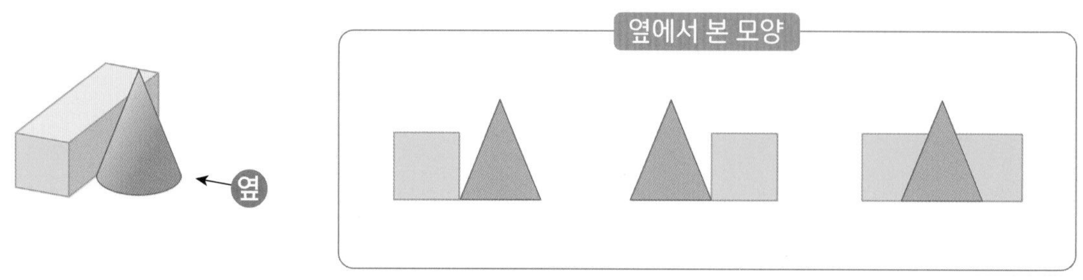

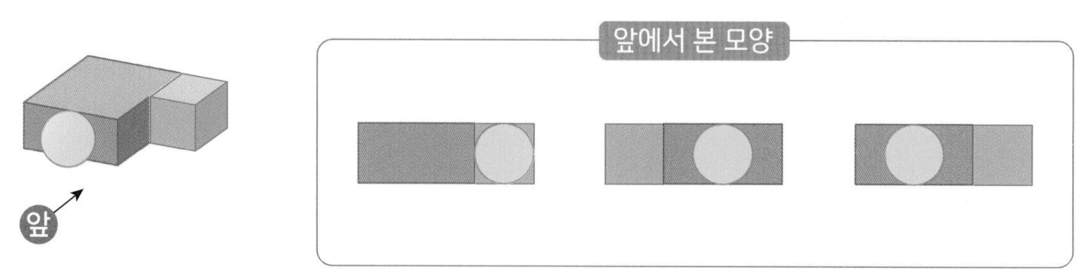

정답과 풀이 20쪽

특이한 모양의 위, 앞, 옆

주어진 방향에서 본 모양을 알맞게 그려 보시오.

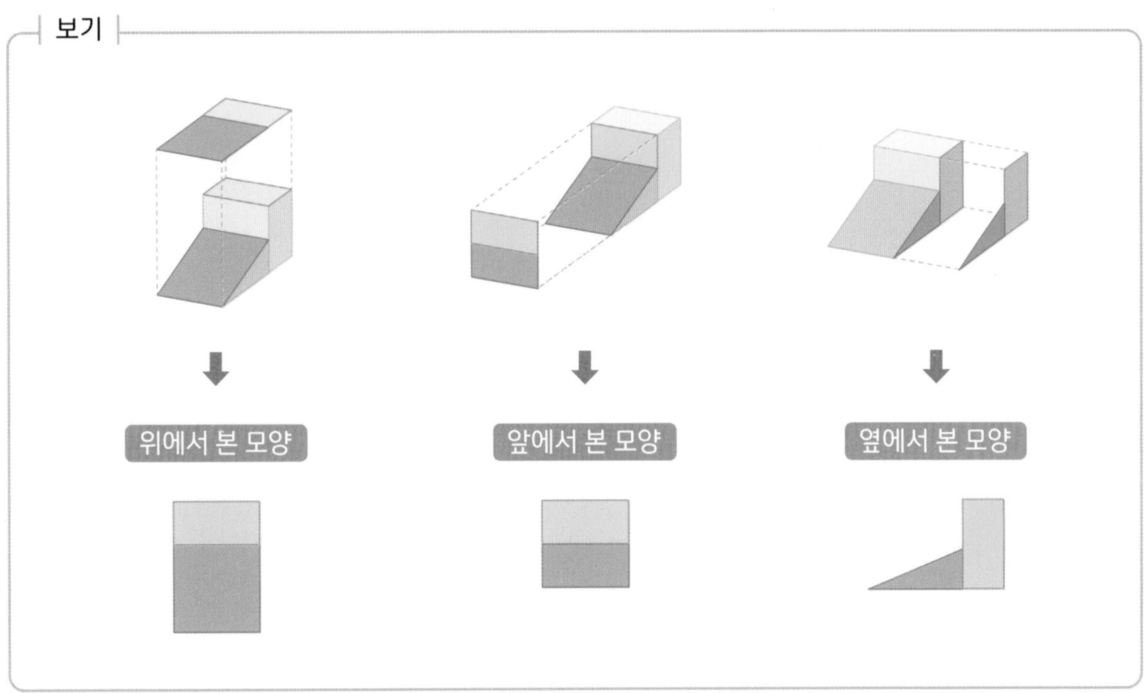

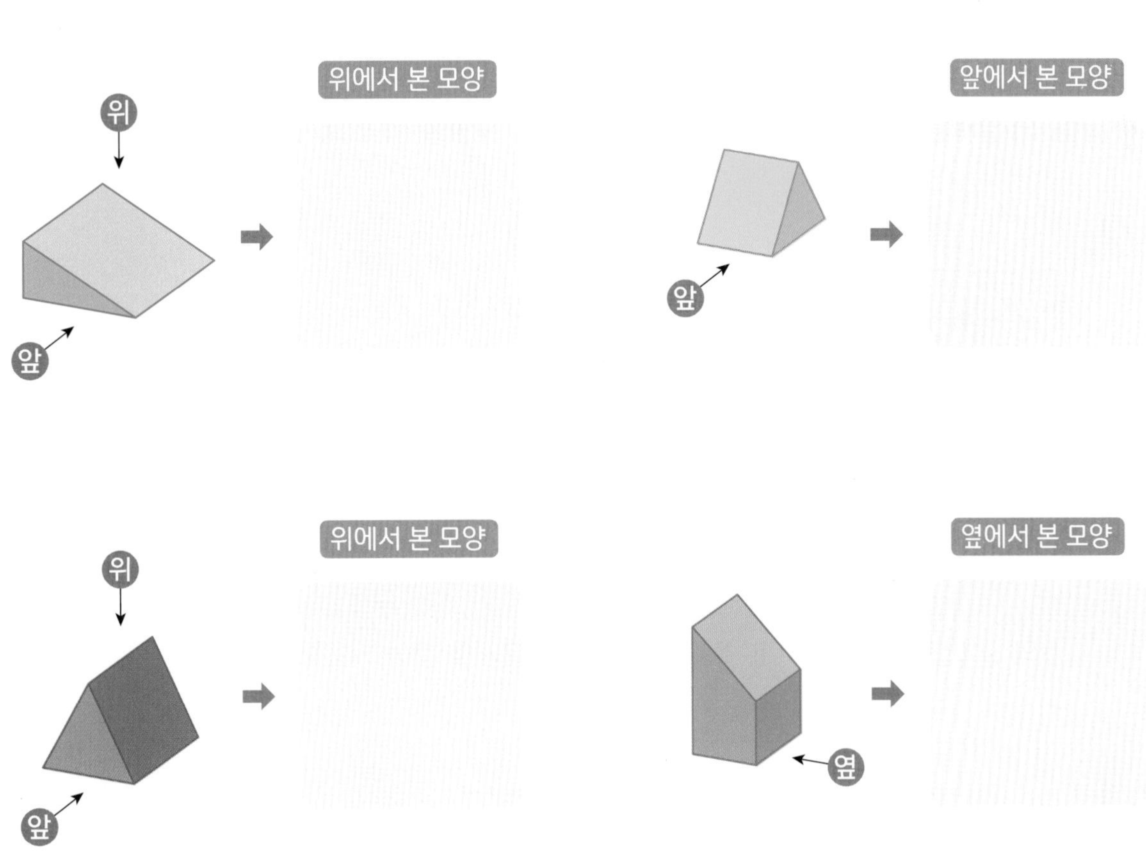

대표문제

다음 중 위에서 본 모양이 같은 모양 2개를 찾아 기호를 써 보시오.

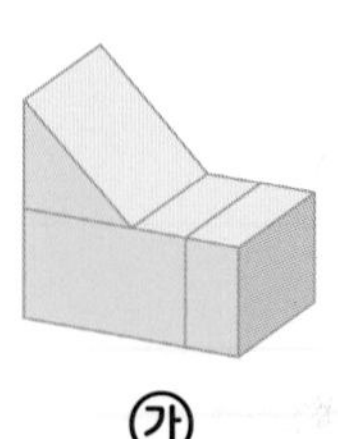
㉮

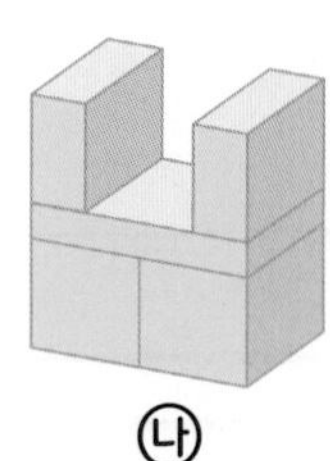
㉯

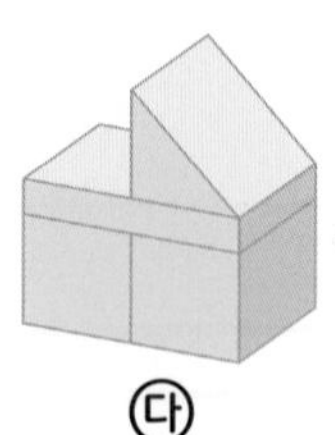
㉰

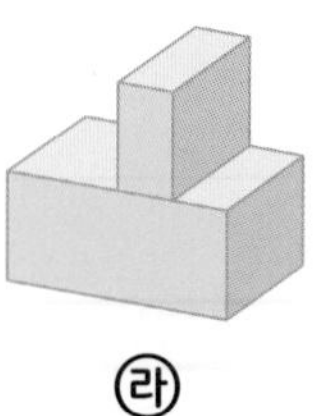
㉱

STEP 1 다음 모양을 위에서 보았을 때 보이는 부분에 색칠해 보시오.

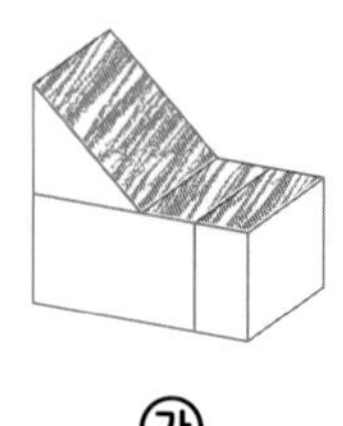
㉮

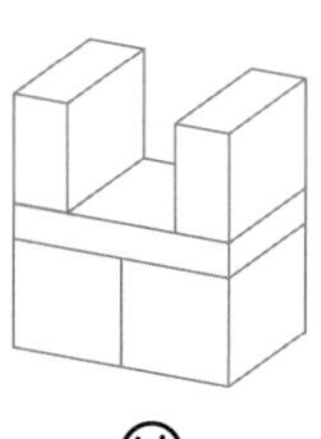
㉯

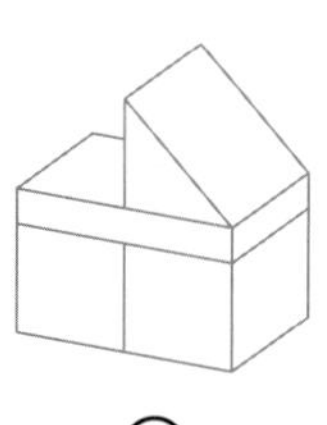
㉰

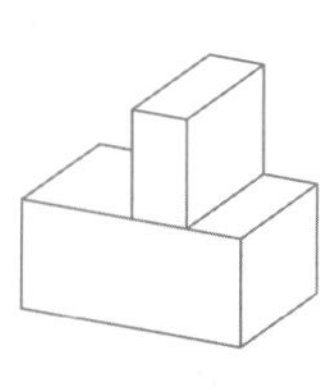
㉱

STEP 2 STEP 1 의 결과를 보고 ㉮, ㉯, ㉰, ㉱를 위에서 본 모양을 각각 그려 보시오.

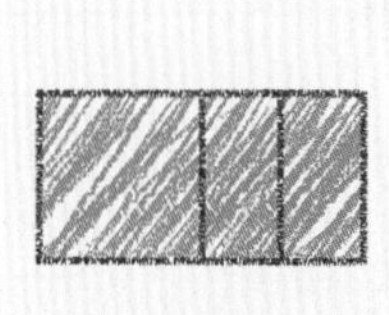
㉮

㉯

㉰

㉱

STEP 3 STEP 2 의 결과를 보고 위에서 본 모양이 같은 모양 2개를 찾아 기호를 써 보시오.

› 정답과 풀이 21쪽

01 다음 중 위에서 본 모양이 같은 모양 2개를 찾아 기호를 써 보시오.

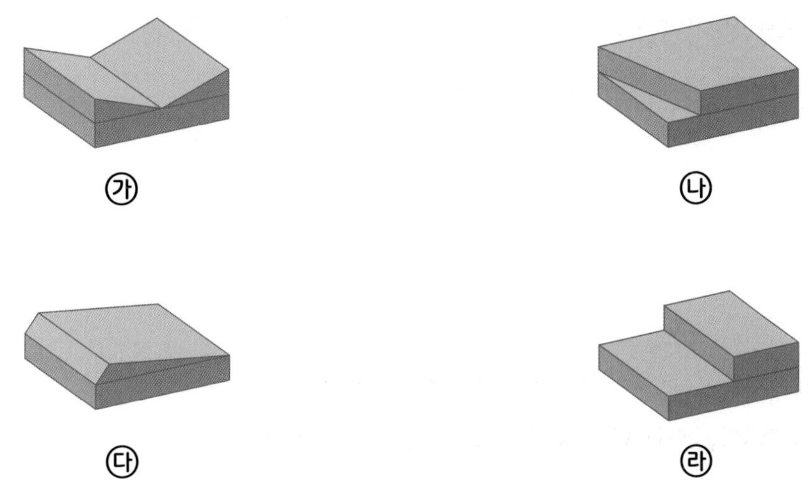

02 다음 모양을 보고 위, 앞, 옆에서 본 모양을 각각 그려 보시오.

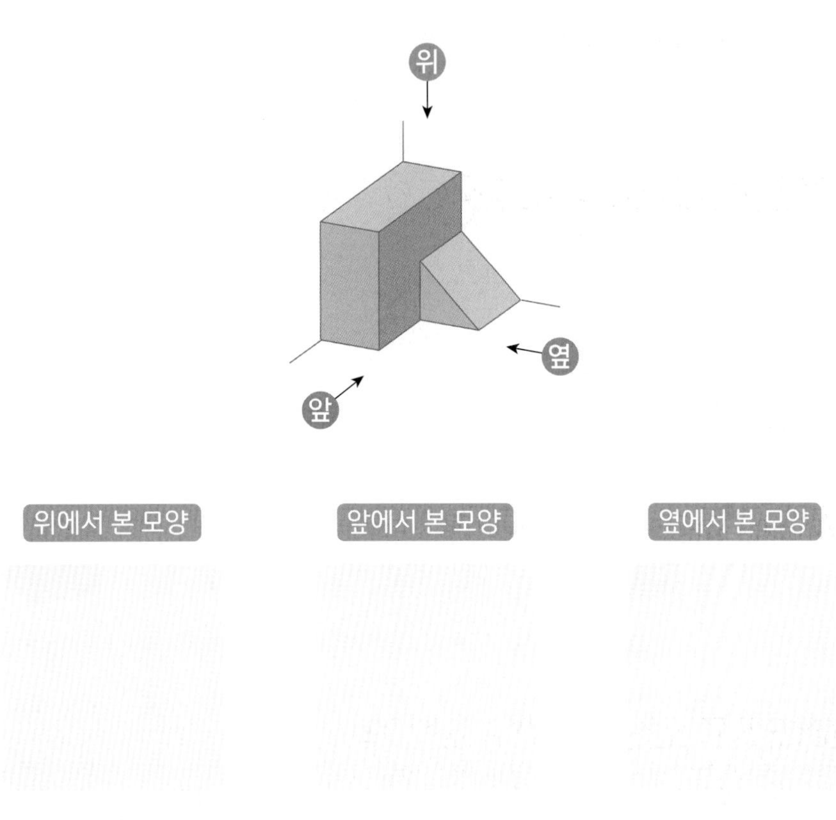

3 주사위의 맞닿은 면

주사위의 7점 원리

주사위의 7점 원리를 이용하여 화살표 방향에서 본 주사위의 눈의 수를 구해 보시오.

보기

주사위의 7점 원리: 주사위의 마주 보는 두 면의 눈의 수의 합은 항상 7입니다.

5

4

뒤

옆

6

아래

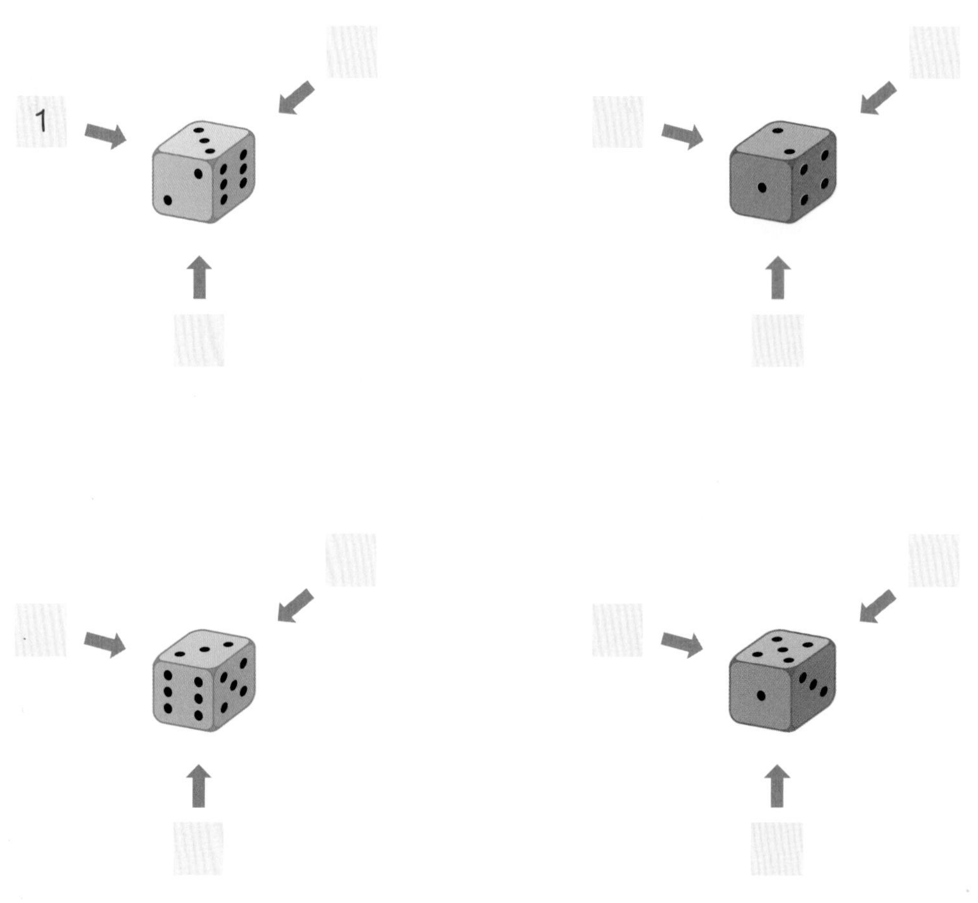

정답과 풀이 22쪽

주사위의 맞닿은 두 면의 눈의 수의 합

맞닿은 두 면의 눈의 수의 합이 주어진 수가 되도록 주사위를 쌓았을 때, 가장 아래에 있는 주사위의 바닥면의 눈의 수를 구해 보시오.

보기

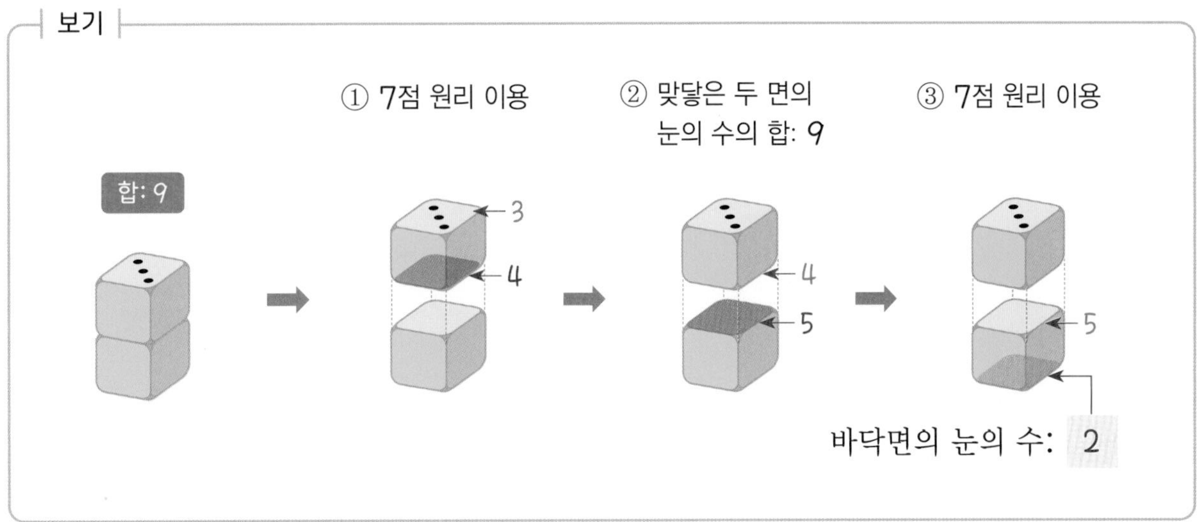

맞닿은 두 면의 눈의 수의 합: 6

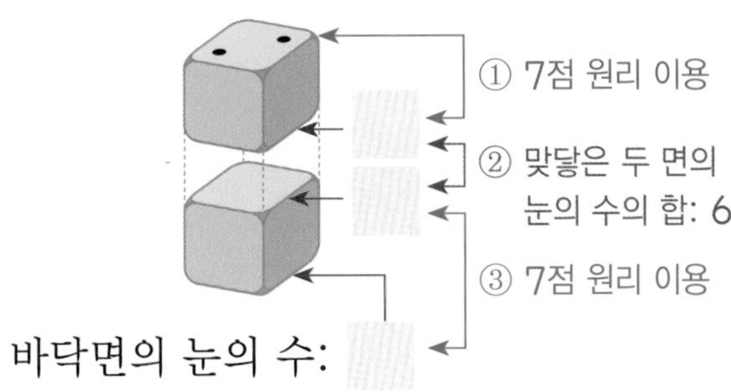

맞닿은 두 면의 눈의 수의 합: 8

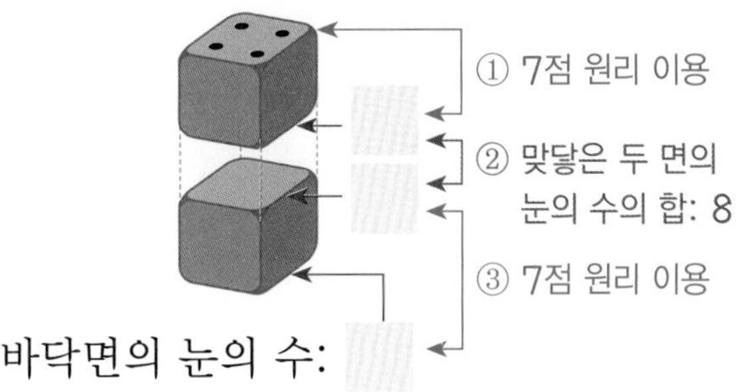

맞닿은 두 면의 눈의 수의 합: 9

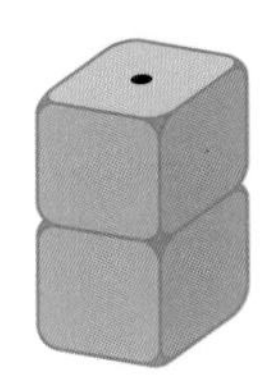

바닥면의 눈의 수:

맞닿은 두 면의 눈의 수의 합: 5

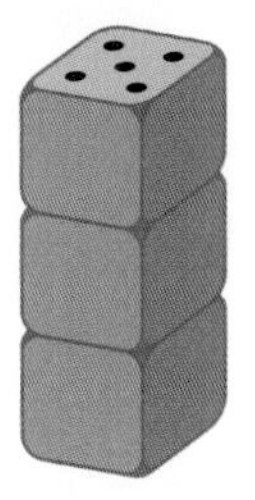

바닥면의 눈의 수:

3 주사위의 맞닿은 면

대표문제

주어진 주사위를 맞닿은 두 면의 눈의 수의 합이 5가 되도록 이어 붙였을 때, 분홍색으로 칠한 면의 눈의 수를 구해 보시오. (단, 주사위의 마주 보는 두 면의 눈의 수의 합은 7입니다.)

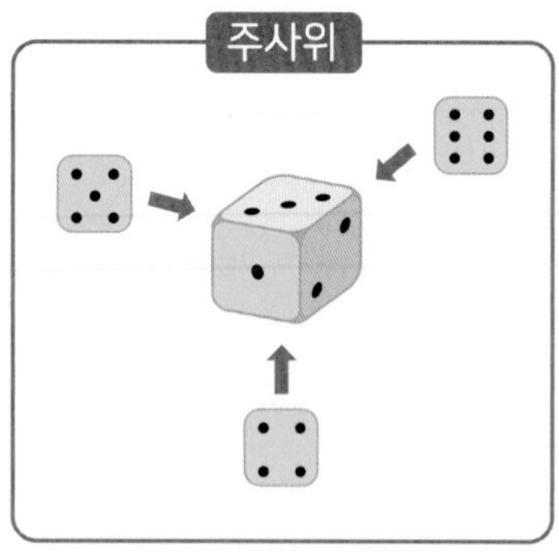

STEP 1 주사위의 7점 원리와 맞닿은 두 면의 눈의 수의 합이 5인 것을 이용하여 색칠한 면의 눈의 수를 구해 보시오.

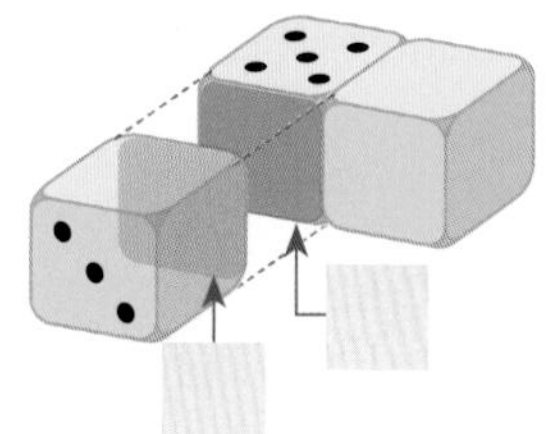

STEP 2 주사위의 7점 원리를 이용하여 ▒ 안에 알맞은 주사위의 눈의 수를 써 보시오.

STEP 3 STEP 2 에서 찾은 주사위의 눈을 이용하여 ▒ 안에 알맞은 주사위의 눈의 수를 써 보시오.

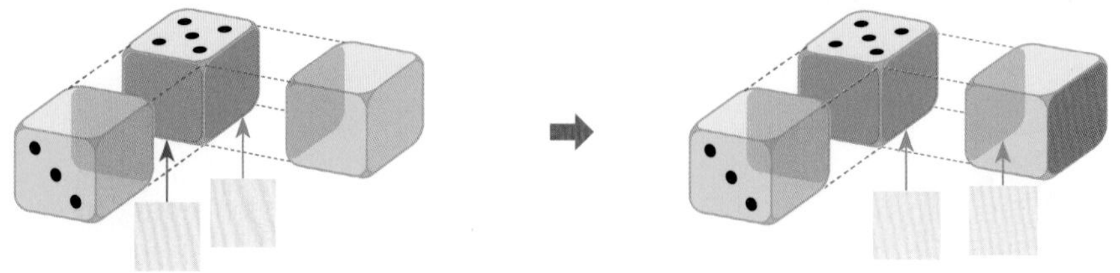

STEP 4 STEP 3 에서 찾은 주사위의 눈의 수을 이용하여 분홍색으로 칠한 면의 눈의 수를 구해 보시오.

정답과 풀이 23쪽

01 맞닿은 두 면의 눈의 수의 합이 8이 되도록 주사위 3개를 붙여 만든 모양을 보고, 바닥면을 포함하여 겹쳐져서 보이지 않는 면의 눈의 수의 합을 구해 보시오. (단, 주사위의 마주 보는 두 면의 눈의 수의 합은 7입니다.)

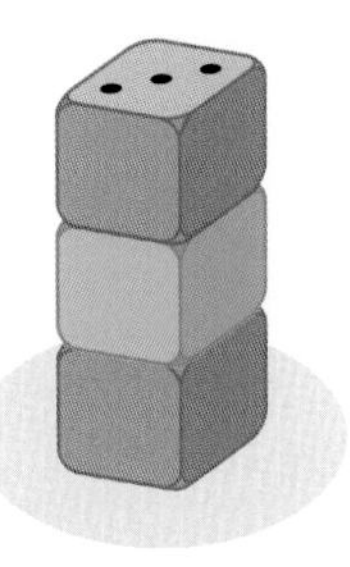

02 주어진 주사위를 맞닿은 두 면의 눈의 수의 합이 4가 되도록 이어 붙였을 때, 분홍색으로 칠한 면의 눈의 수를 구해 보시오. (단, 주사위의 마주 보는 두 면의 눈의 수의 합은 7입니다.)

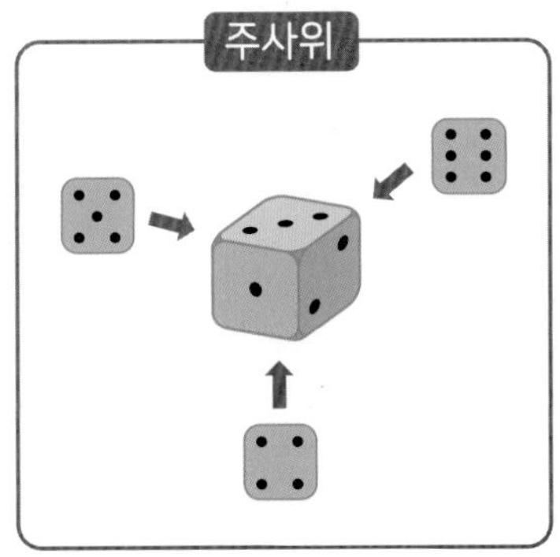

Creative 팩토

01 크기가 같은 2개의 원을 서로 겹쳤을 때, 겹쳐진 부분의 모양이 될 수 없는 것을 찾아 기호를 써 보시오. 온라인 활동지

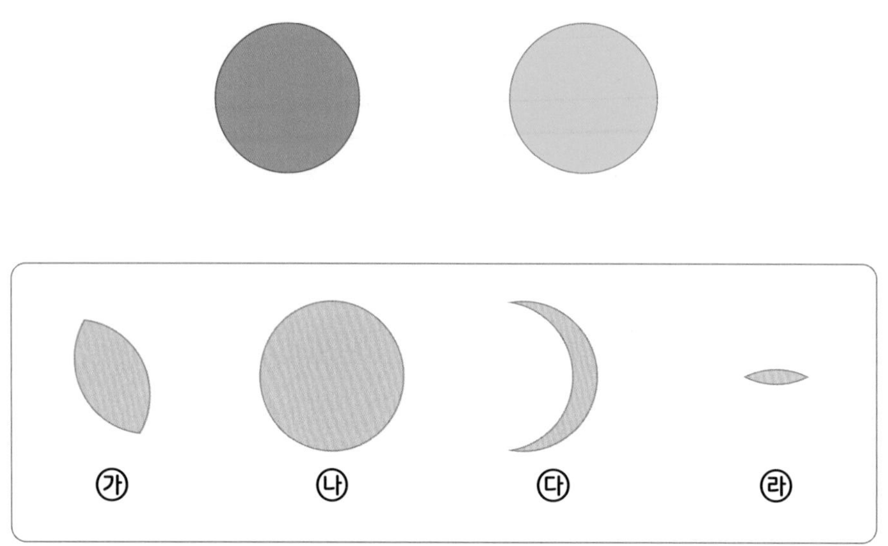

02 다음 모양을 옆에서 본 모양이 다음과 같을 때, 위에서 본 모양으로 알맞은 것을 찾아 기호를 써 보시오.

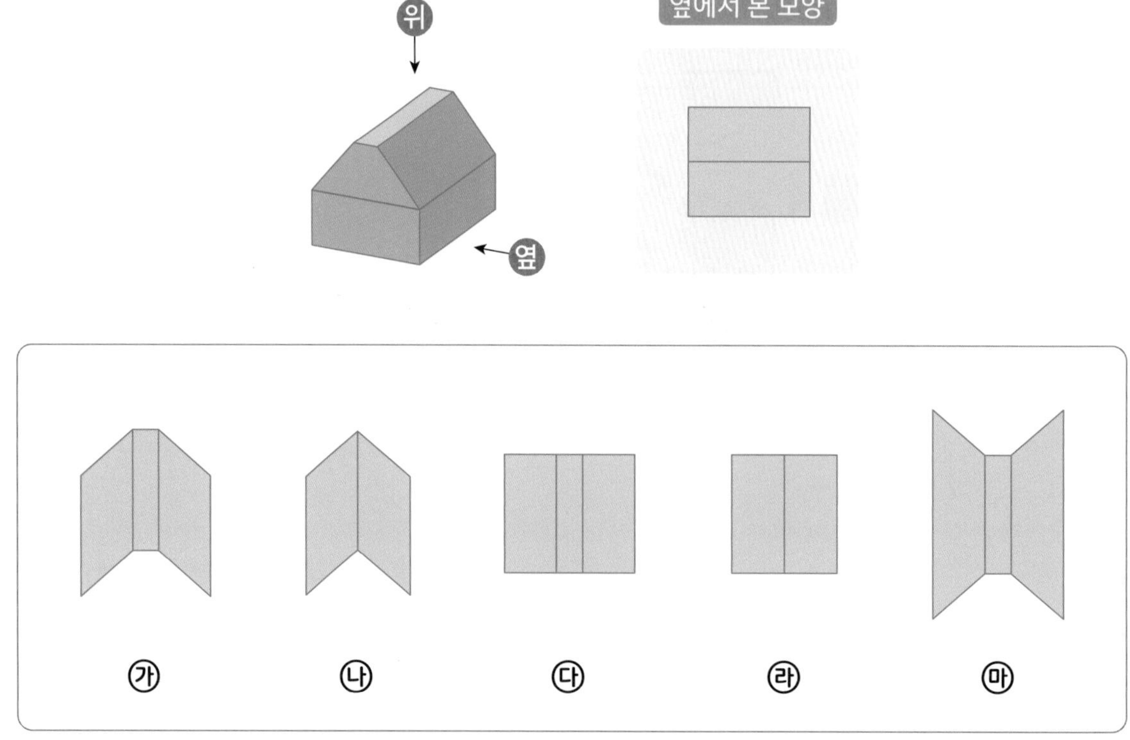

정답과 풀이 24쪽

03 다음 모양을 보고 옆에서 본 모양을 찾아 기호를 써 보시오.

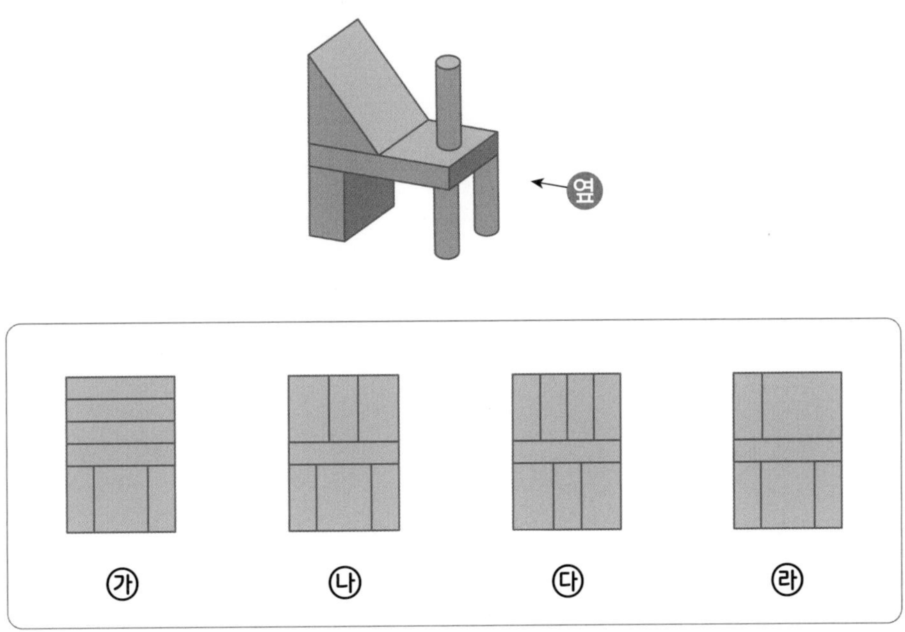

04 주어진 주사위를 맞닿은 두 면의 눈의 수가 같도록 이어 붙였을 때, 분홍색으로 칠한 면의 눈의 수를 구해 보시오. (단, 주사위의 마주 보는 두 면의 눈의 수의 합은 7입니다.)

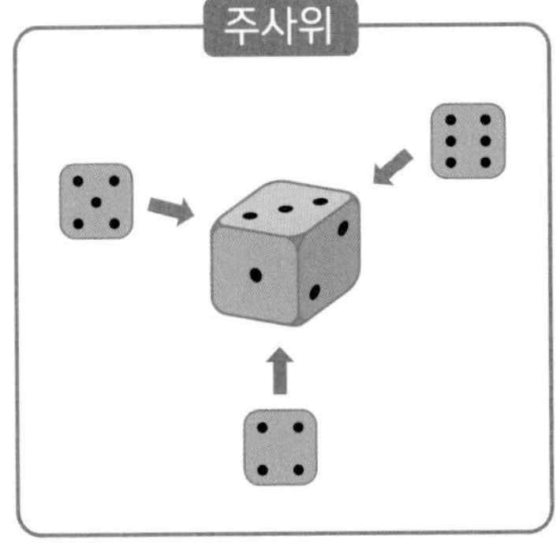

4 색종이 자르기

종이를 반으로 접어 자른 후 펼쳤을 때 나오는 모양을 그려 보시오. 온라인 활동지

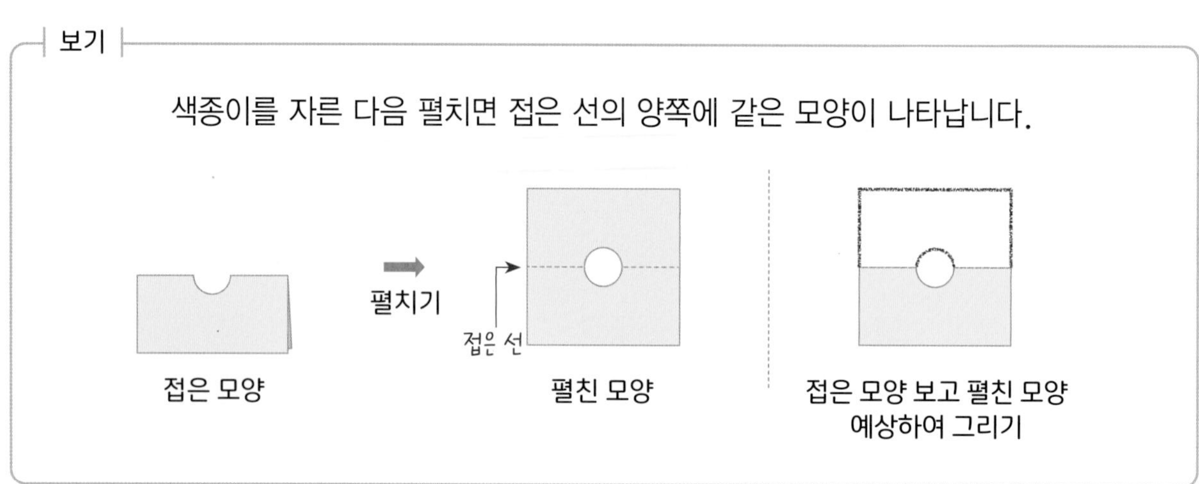

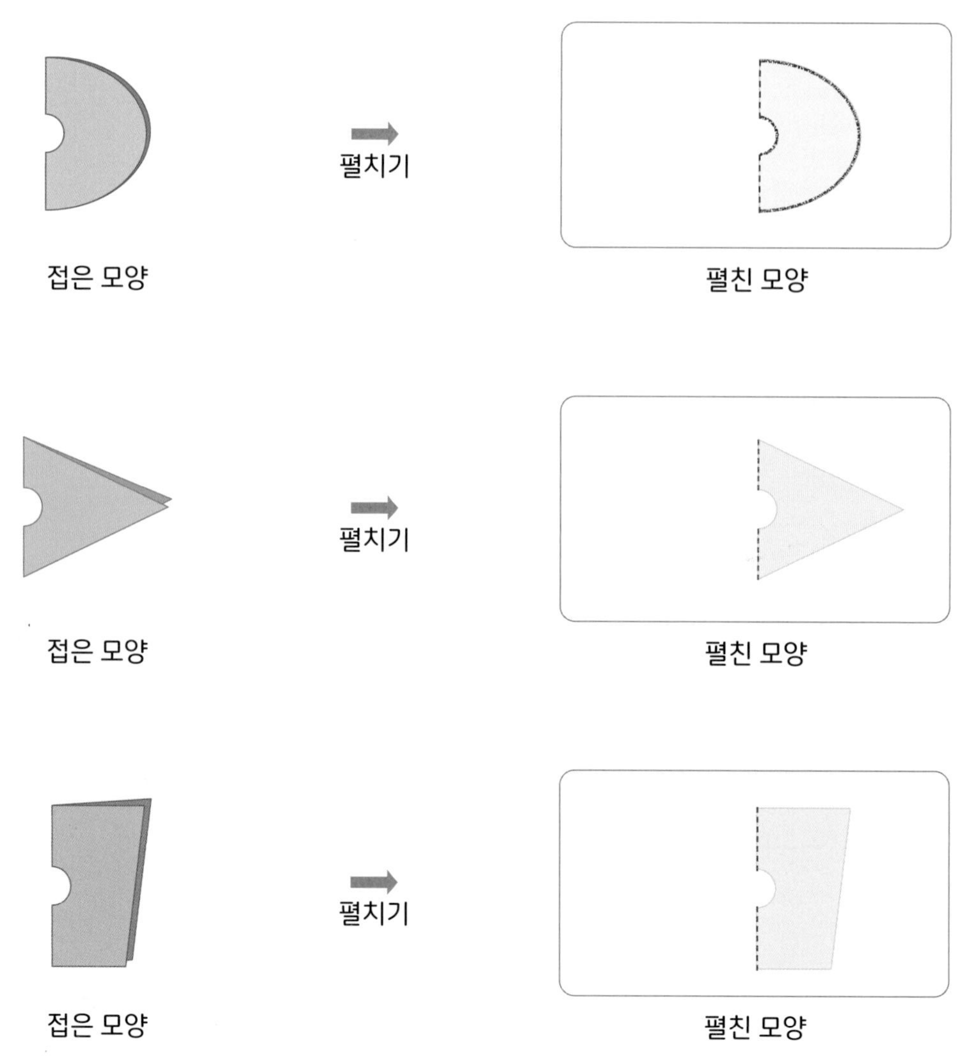

정답과 풀이 25쪽

색종이를 접어서 자른 후 나오는 도형의 개수

색종이를 접어 검은색 선을 따라 잘랐습니다. 색종이를 펼친 모양에 잘린 선을 그리고, 각 모양은 몇 개인지 구해 보시오. 온라인 활동지

보기

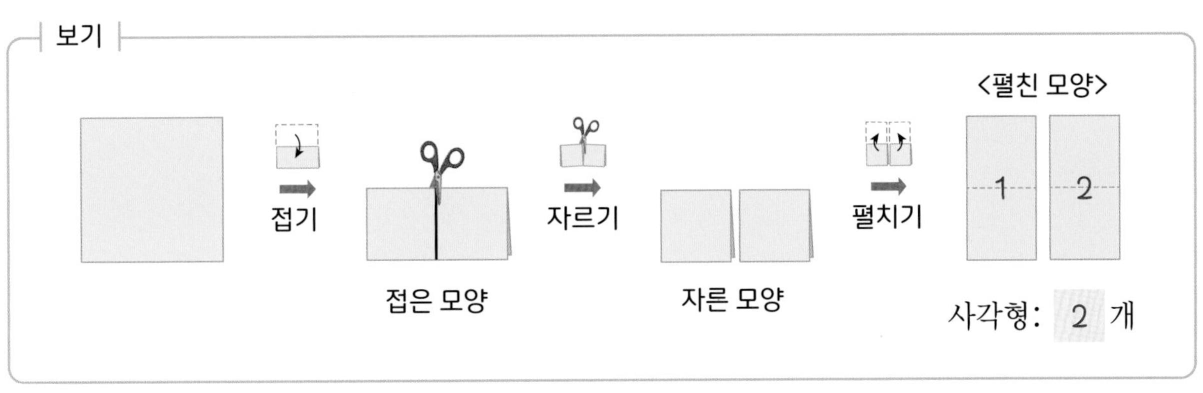

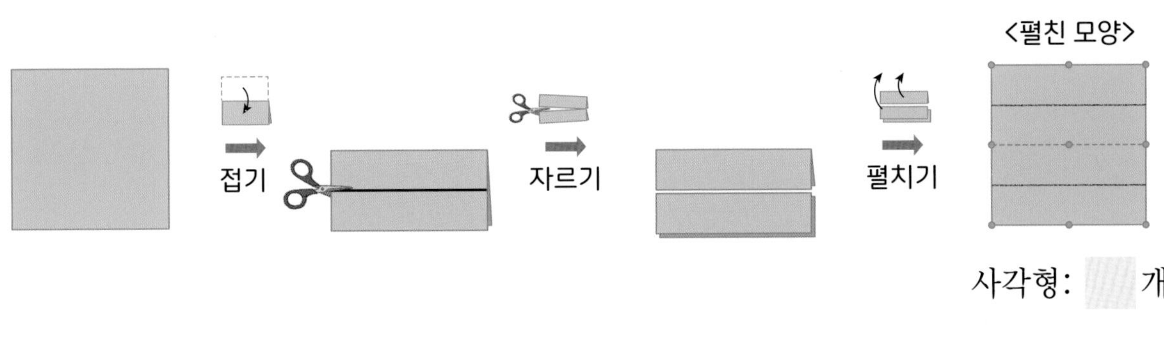

사각형: [ ] 개

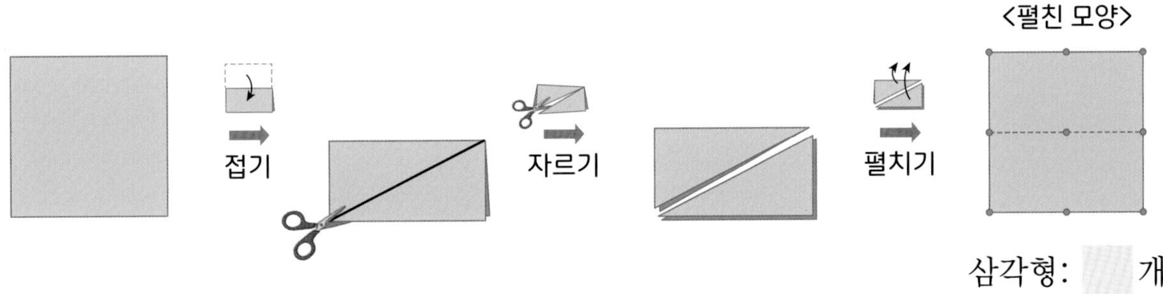

삼각형: [ ] 개

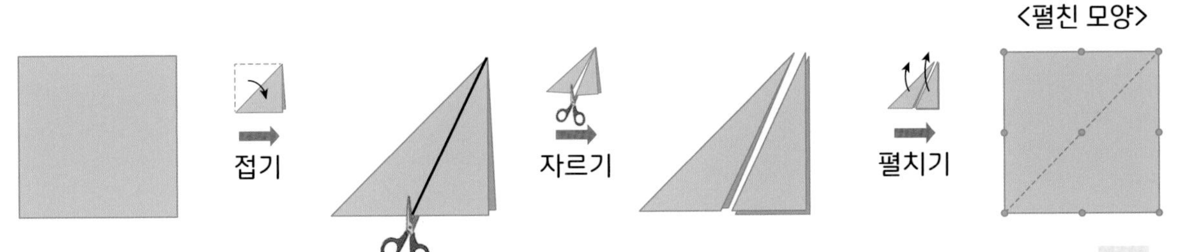

삼각형: [ ] 개

사각형: [ ] 개

대표문제

다음과 같이 색종이를 접어 검은색 선을 따라 자른 후 펼쳤을 때 나오는 삼각형과 사각형은 각각 몇 개인지 구해 보시오. 온라인 활동지

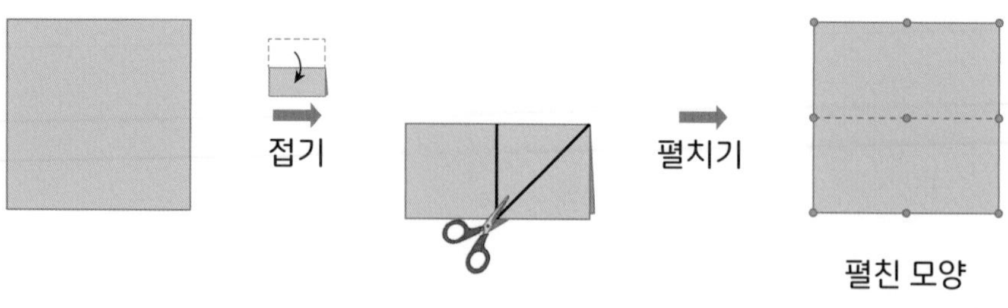

STEP 1 펼친 모양에 잘려진 선을 모두 그려 보시오.

STEP 2 STEP 1에서 선을 따라 색종이를 자른 후 펼쳤을 때 나오는 삼각형과 사각형은 각각 몇 개입니까?

01 다음과 같이 색종이를 접어 검은색 선을 따라 자른 후 펼쳤을 때 나오는 삼각형과 사각형은 각각 몇 개인지 구해 보시오. 온라인 활동지

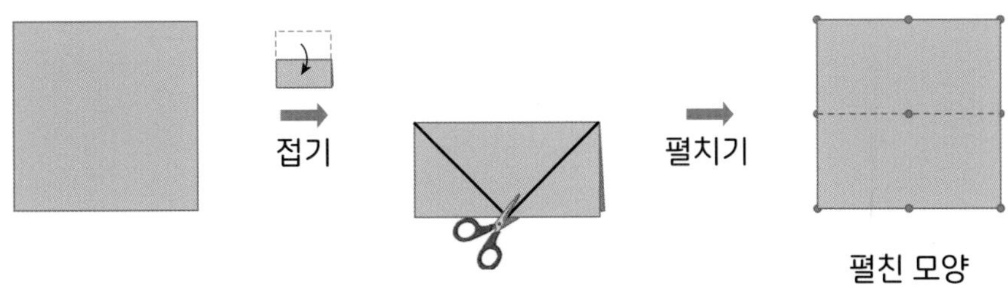

02 다음과 같이 색종이를 접어 검은색 선을 따라 자른 후 펼쳤을 때 나올 수 없는 모양을 찾아 기호를 써 보시오. 온라인 활동지

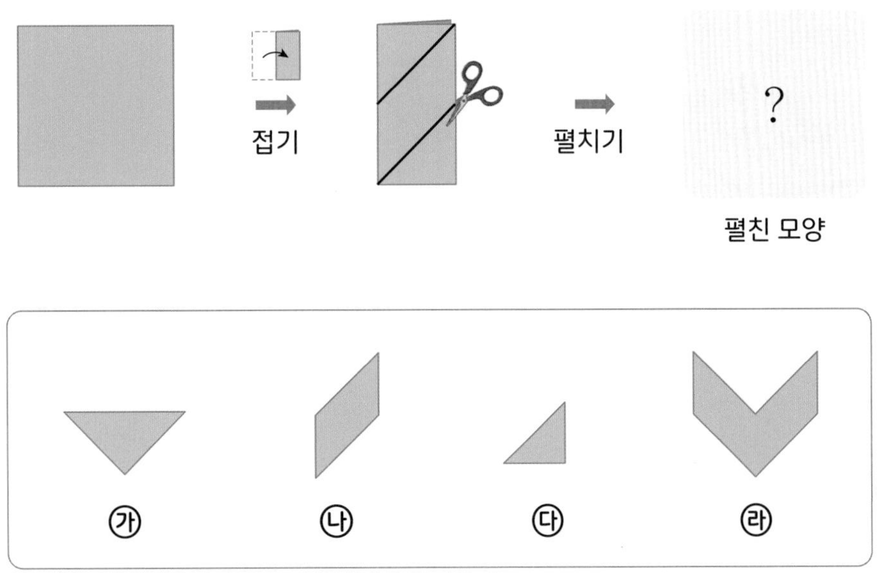

5 쌓기나무의 위, 앞, 옆

여러 방향에서 바라본 모양

위, 앞, 옆에서 보이는 쌓기나무의 면에 색칠하고 그 모양을 그려 보시오.

보기

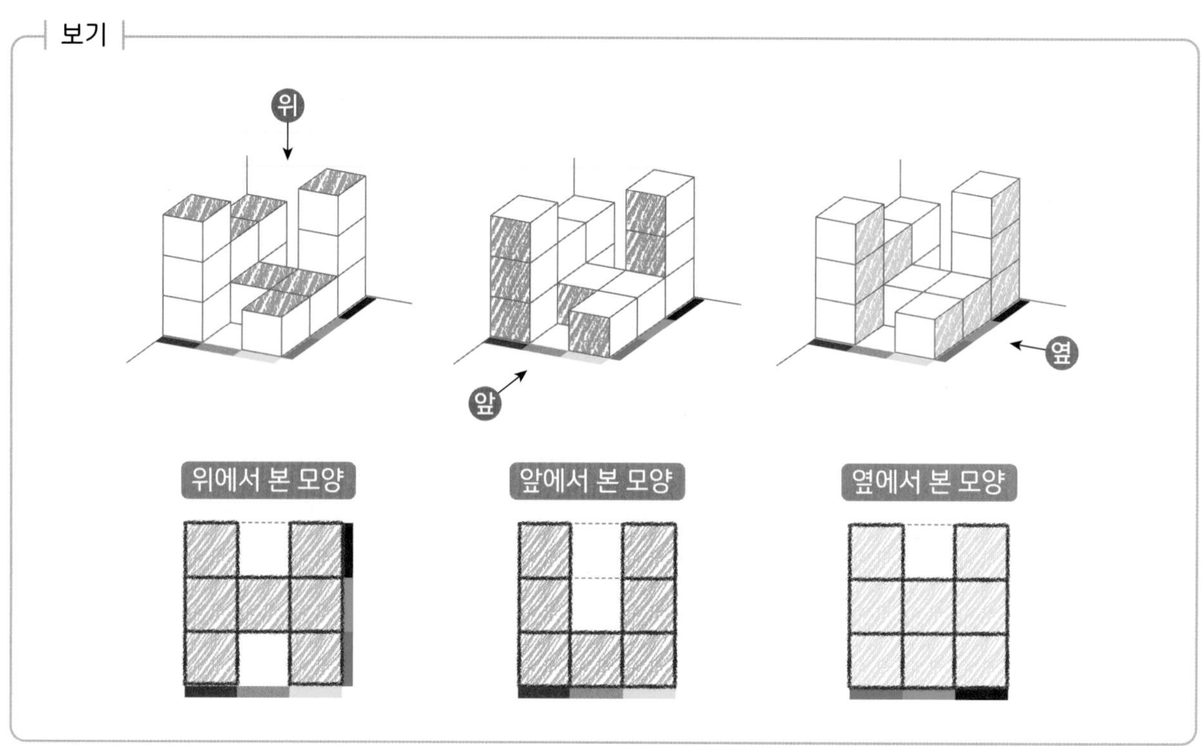

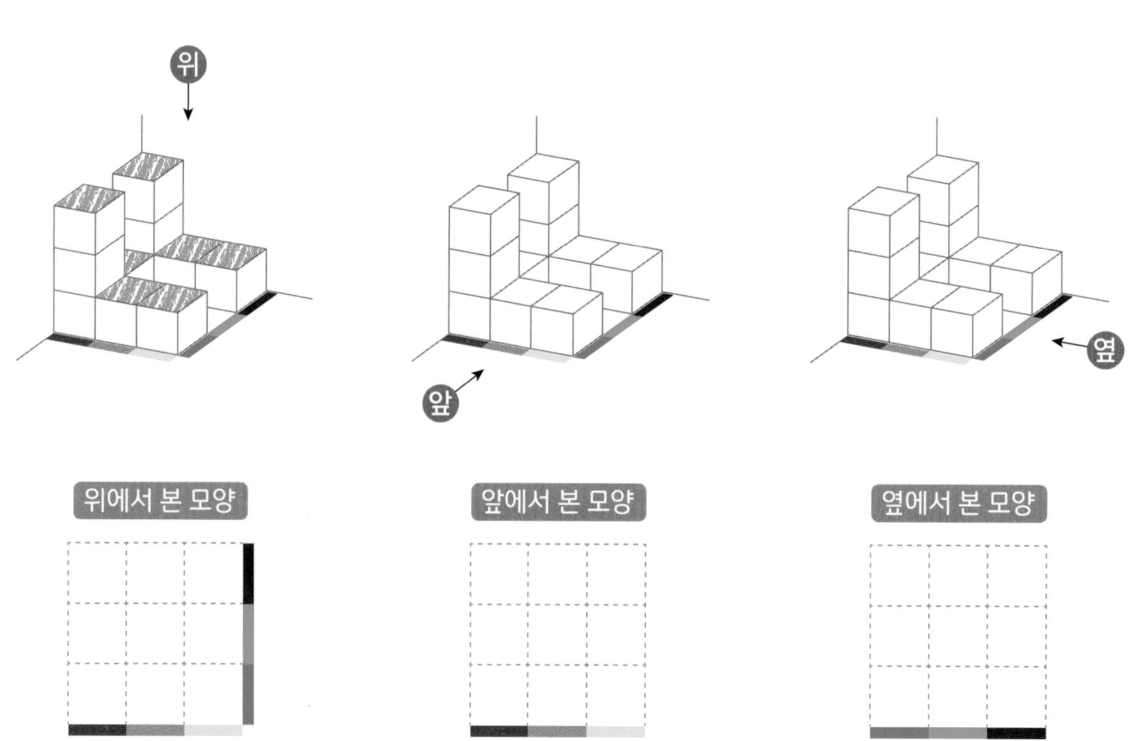

정답과 풀이 27쪽

각 자리에 쌓여 있는 쌓기나무의 개수

쌓기나무로 쌓은 모양을 보고 위에서 본 모양을 그린 후, 각 자리에 쌓여 있는 쌓기나무의 개수를 써 보시오.

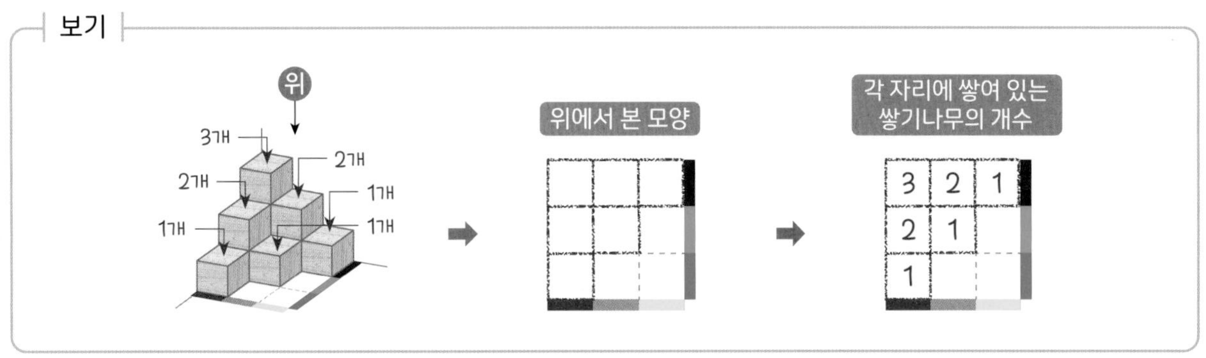

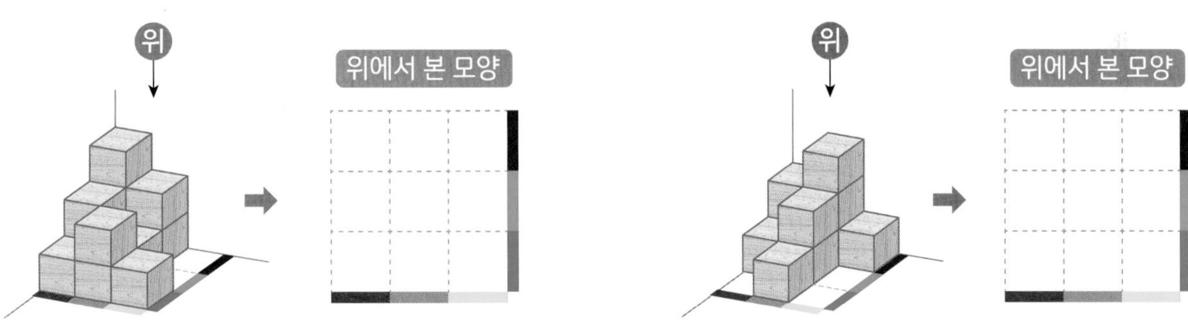

위에서 본 모양을 보고 쌓은 모양 찾기

쌓기나무로 쌓은 모양을 위에서 본 모양과 각 자리에 쌓여 있는 쌓기나무의 개수를 보고, 쌓기나무로 쌓은 모양을 찾아 ○표 하시오.

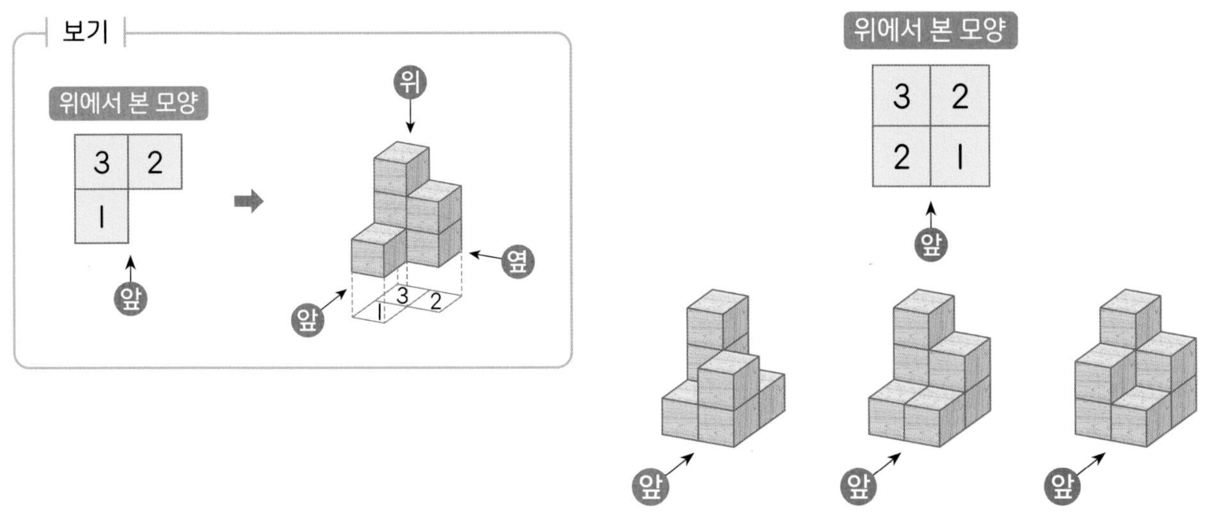

대표문제

다음은 쌓기나무로 쌓은 모양을 위에서 본 모양에 각 자리에 쌓여 있는 쌓기나무의 개수를 나타낸 것입니다. 앞에서 본 모양을 그려 보시오.

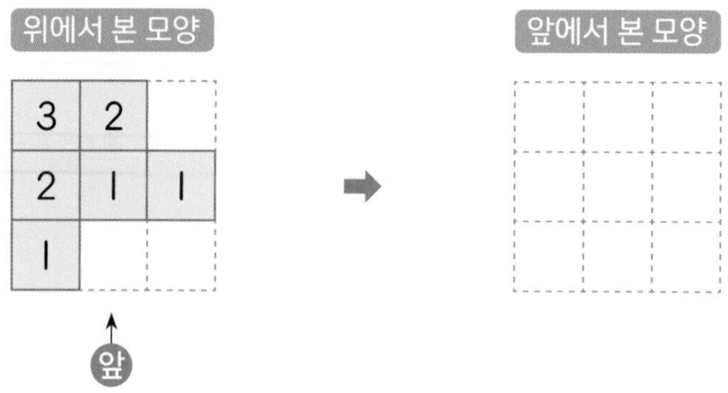

STEP 1 다음은 쌓기나무로 쌓은 모양을 위에서 본 모양입니다. 각 자리에 쌓여 있는 쌓기나무의 개수를 보고 쌓은 모양을 찾아 기호를 써 보시오.

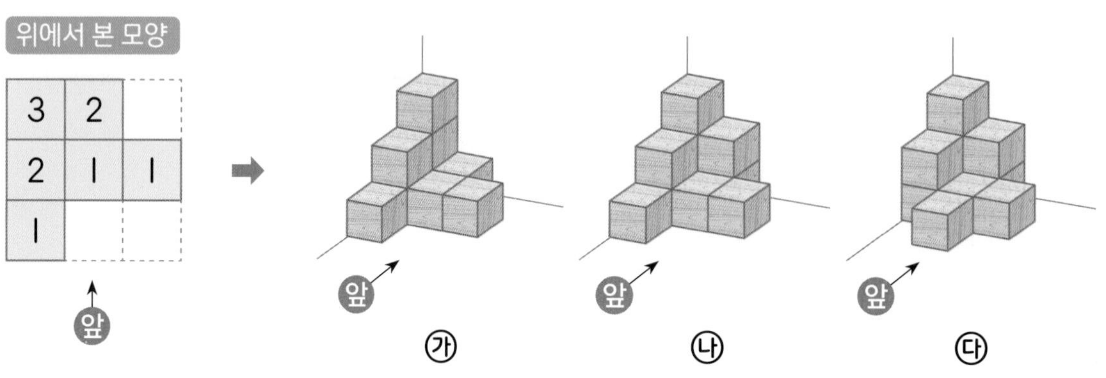

STEP 2 STEP 1 에서 찾은 모양을 보고 앞에서 본 모양을 그려 보시오.

앞에서 본 모양

> 정답과 풀이 28쪽

01 다음은 쌓기나무로 쌓은 모양을 위에서 본 모양에 각 자리에 쌓여 있는 쌓기나무의 개수를 나타낸 것입니다. 쌓은 모양을 찾아 ○표 하고, 앞에서 본 모양을 그려 보시오.

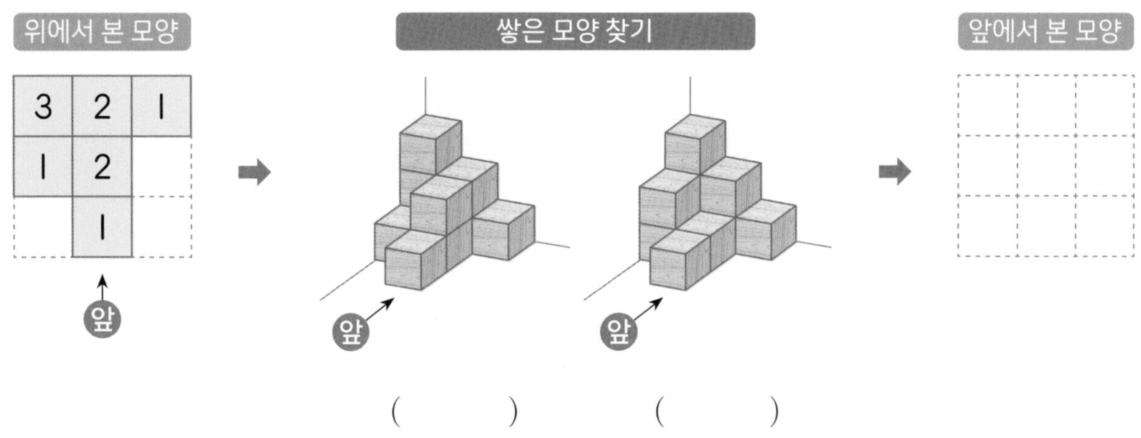

( ) ( )

02 다음은 쌓기나무로 쌓은 모양을 위에서 본 모양에 각 자리에 쌓여 있는 쌓기나무의 개수를 나타낸 것입니다. 옆에서 본 모양을 찾아 기호를 써 보시오.

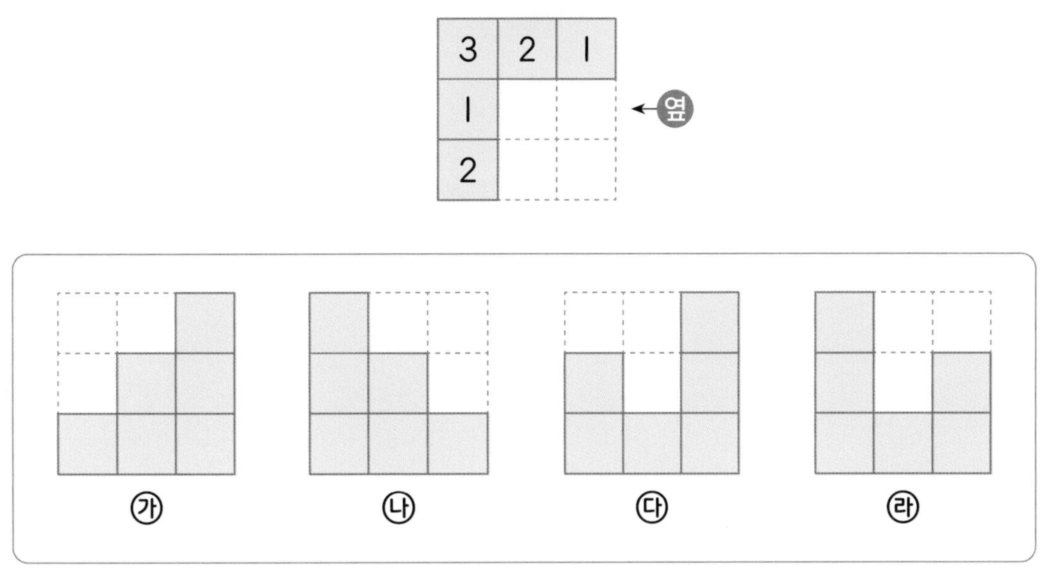

6 목표수 접기

다음과 같이 색종이를 2번 접었습니다.

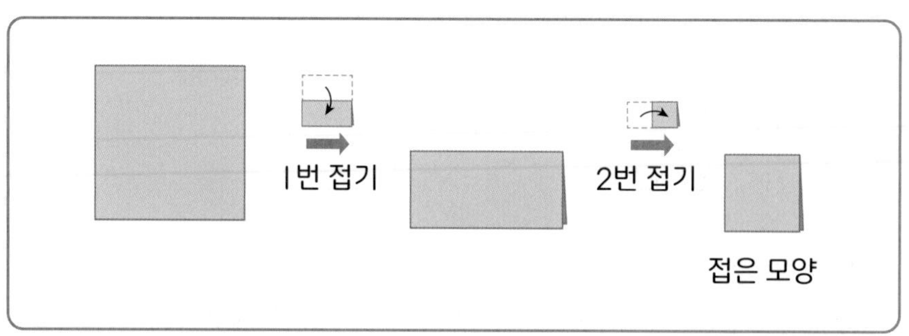

2번 접은 색종이의 검은색 부분을 자른 후 펼쳤을 때, 잘려진 부분에 색칠해 보시오.

온라인 활동지

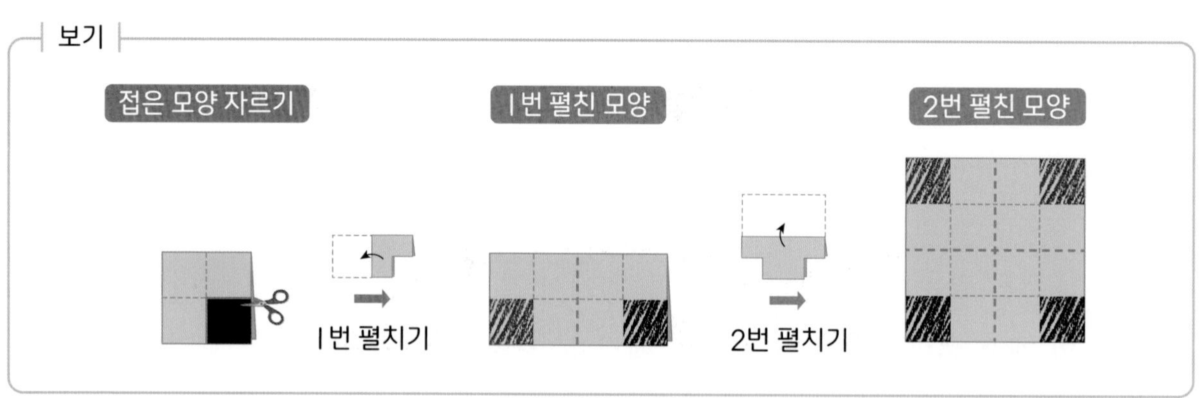

2번 펼친 모양

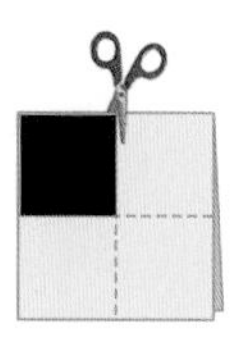

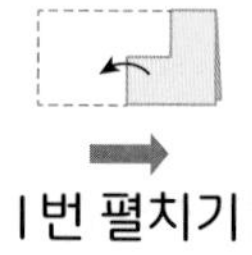

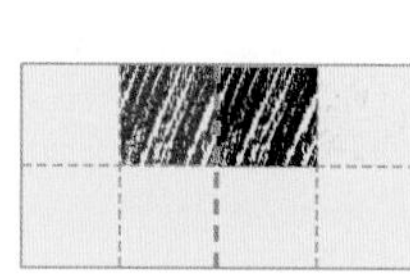

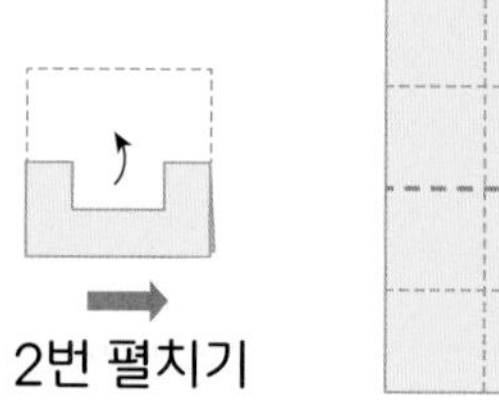

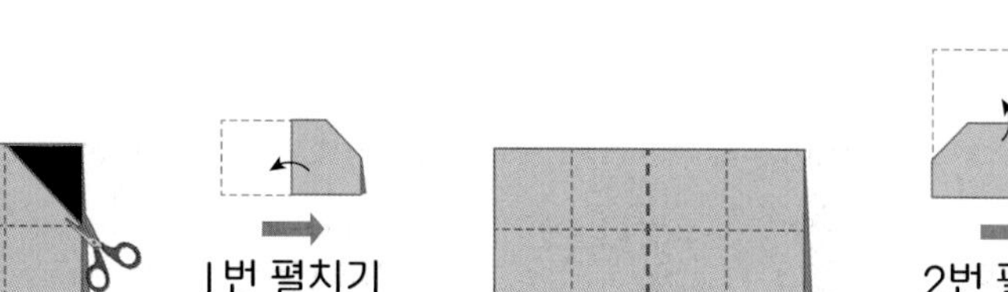

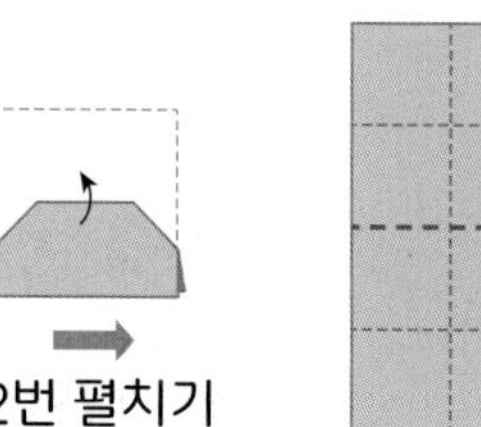

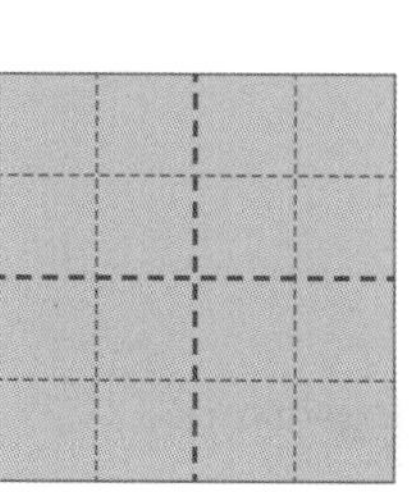

정답과 풀이 29쪽

목표수 접어서 만든 모양

숫자 '2'가 가장 위에 올라오도록 2가지 방법으로 접은 후, 검은색 부분을 잘랐습니다. Ⅰ번 펼친 모양과 2번 펼친 모양에 잘려진 부분을 색칠하고 알 수 있는 사실을 완성해 보시오. (단, 종이 뒷면에는 아무것도 쓰여 있지 않습니다.) 온라인 활동지

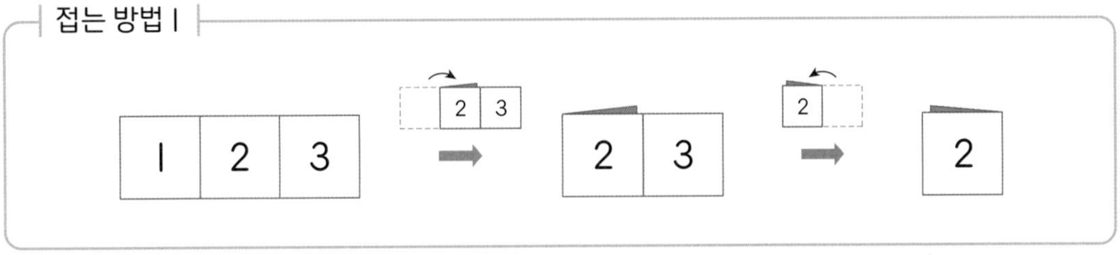

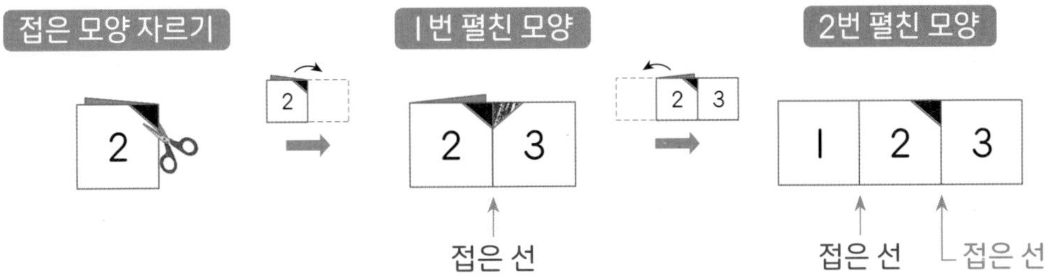

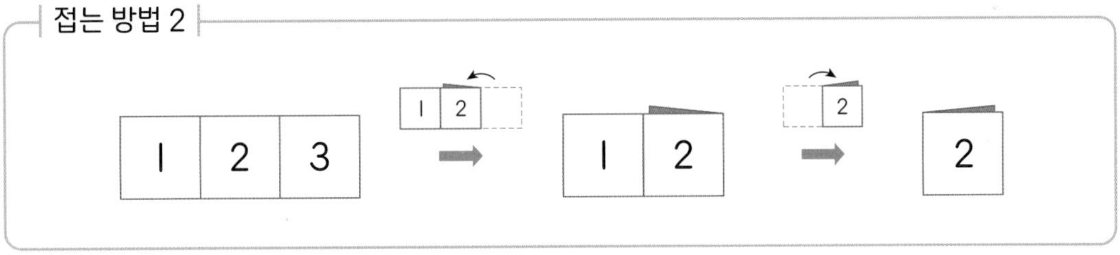

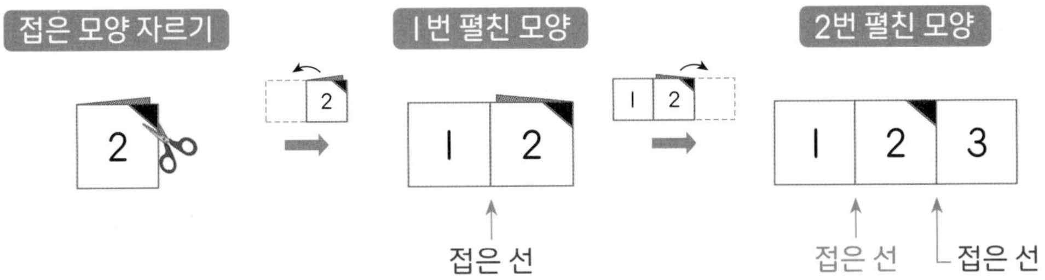

접는 방법 Ⅰ

Ⅰ | 2 | 3 → 2 | 3 → 2

접은 모양 자르기 → **Ⅰ번 펼친 모양** → **2번 펼친 모양**

2 → 2 | 3 (접은 선) → Ⅰ | 2 | 3 (접은 선, 접은 선)

접는 방법 2

Ⅰ | 2 | 3 → Ⅰ | 2 → 2

접은 모양 자르기 → **Ⅰ번 펼친 모양** → **2번 펼친 모양**

2 → Ⅰ | 2 (접은 선) → Ⅰ | 2 | 3 (접은 선, 접은 선)

알 수 있는 사실

[2]가 가장 위에 올라오도록 서로 다른 2가지 방법으로 접은 후 색칠한 부분을 잘랐습니다.

이때 자른 후 2번 펼친 모양은 [접는 방법 Ⅰ]과 [접는 방법 2]가 서로 (같습니다, 다릅니다).

대표문제

다음 종이를 숫자 '2'가 가장 위에 올라오도록 선을 따라 접은 후, 검은색 부분을 자르고 펼쳤습니다. 펼친 모양에 잘려진 부분을 색칠해 보시오. (단, 종이 뒷면에는 아무것도 쓰여 있지 않습니다.) 온라인 활동지

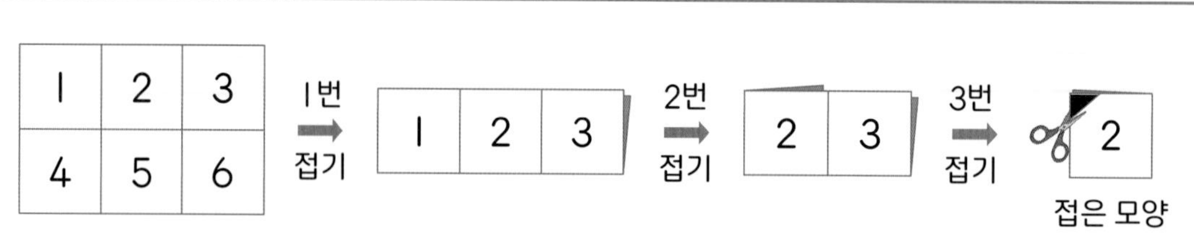

1	2	3
4	5	6

펼친 모양

STEP 1 1번 펼친 모양에 잘려진 부분을 색칠해 보시오.

STEP 2 2번 펼친 모양에 잘려진 부분을 색칠해 보시오.

STEP 3 3번 펼친 모양에 잘려진 부분을 색칠해 보시오.

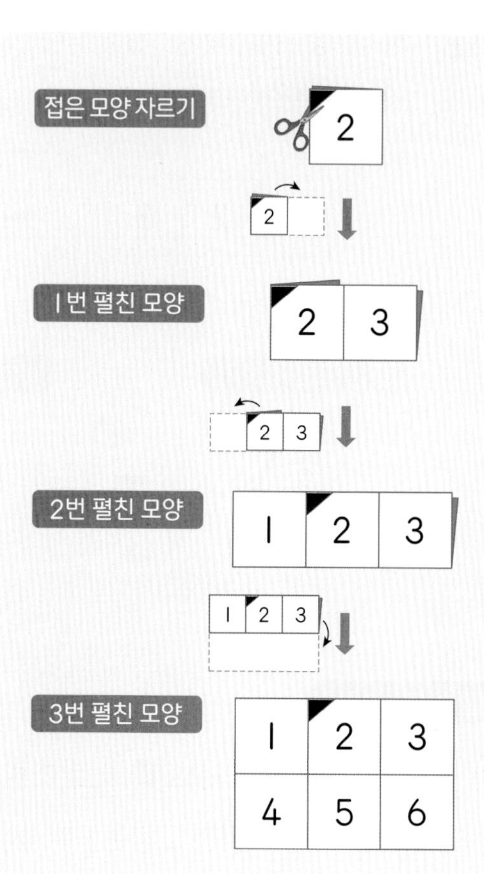

> 정답과 풀이 30쪽

01 다음 종이를 ▲ 모양이 가장 위에 올라오도록 선을 따라 접은 후, 검은색 부분을 자르고 펼쳤습니다. 펼친 모양에 잘려진 부분을 색칠해 보시오. (단, 종이 뒷면에는 아무것도 쓰여 있지 않습니다.) 온라인 활동지

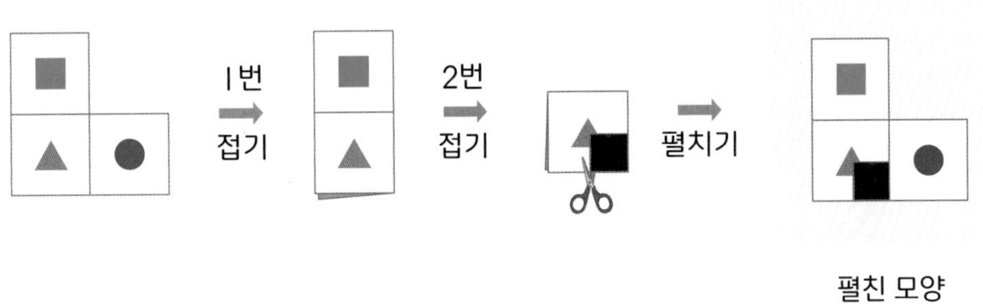

펼친 모양

02 다음 종이를 숫자 '5'가 가장 위에 올라오도록 선을 따라 접은 후, 검은색 부분을 자르고 펼쳤습니다. 펼친 모양에 잘려진 부분을 색칠해 보시오. (단, 종이 뒷면에는 아무것도 쓰여 있지 않습니다.) 온라인 활동지

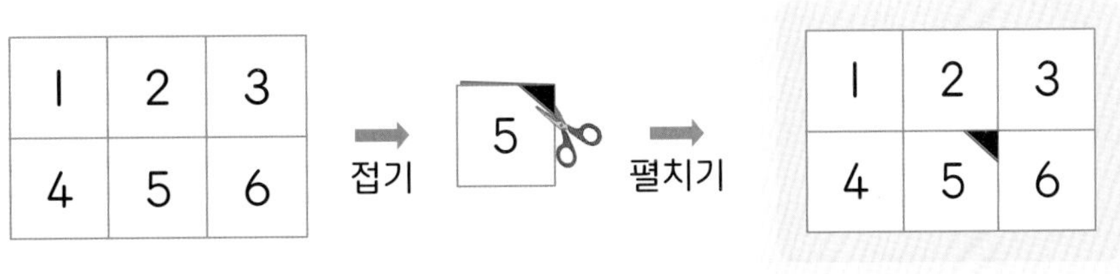

펼친 모양

Creative 팩토

01 다음과 같이 색종이를 접어 검은색 선을 따라 자른 후 펼쳤을 때 나오는 삼각형과 사각형은 각각 몇 개인지 구해 보시오. 온라인 활동지

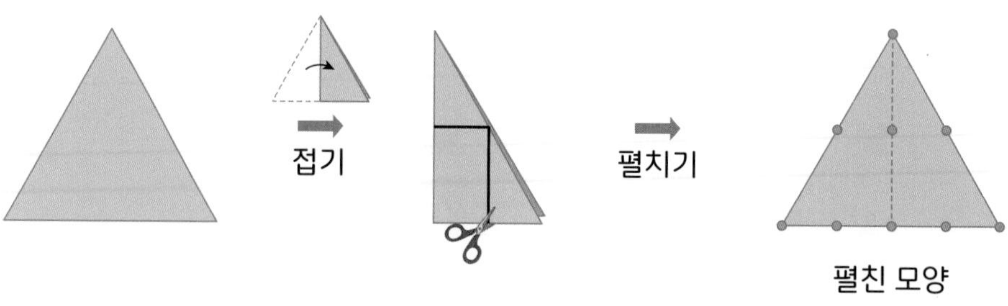

02 다음은 쌓기나무로 쌓은 모양을 위에서 본 모양에 각 자리에 쌓여 있는 쌓기나무의 개수를 나타낸 것입니다. 옆에서 본 모양을 그려 보시오.

정답과 풀이 31쪽

03 다음 종이를 숫자 '6'이 가장 위에 올라오도록 선을 따라 접은 후, 검은색 부분을 자르고 펼쳤습니다. 펼친 모양에 잘려진 부분을 색칠해 보시오. (단, 종이 뒷면에는 아무것도 쓰여 있지 않습니다.) 온라인 활동지

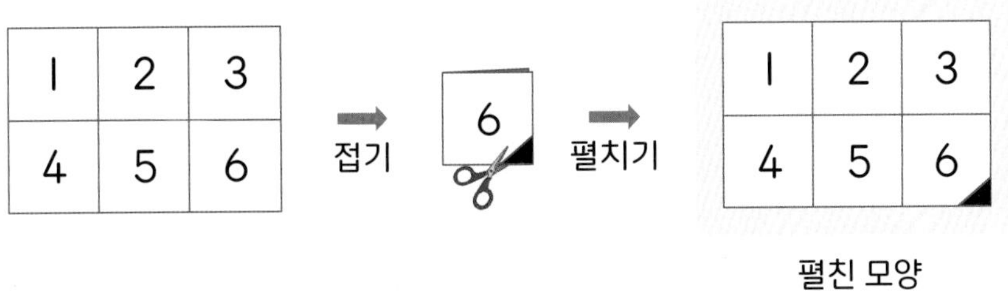

펼친 모양

04 다음 종이를 ● 모양이 가장 위에 올라오도록 선을 따라 접은 후, 검은색 부분을 자르고 펼쳤습니다. 펼친 모양에 잘려진 부분을 색칠해 보시오. (단, 종이 뒷면에는 아무것도 쓰여 있지 않습니다.) 온라인 활동지

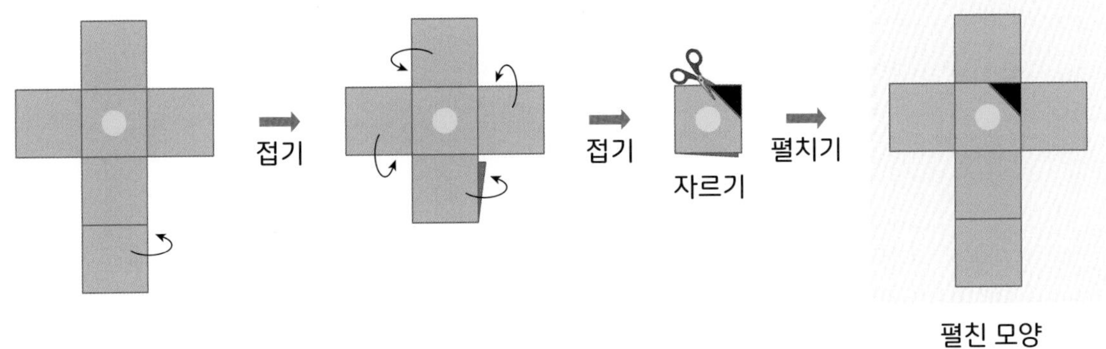

펼친 모양

01 다음 모양을 보고 위, 앞, 옆에서 본 모양을 그려 보시오.

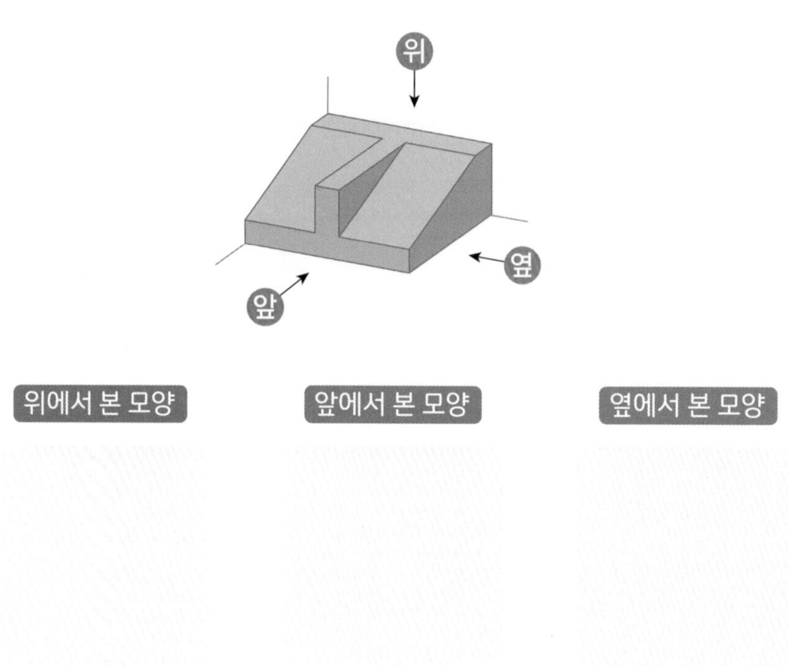

02 다음은 쌓기나무로 쌓은 모양을 위, 앞, 옆에서 본 모양입니다. 쌓은 모양에 사용된 쌓기나무는 몇 개인지 구해 보시오.

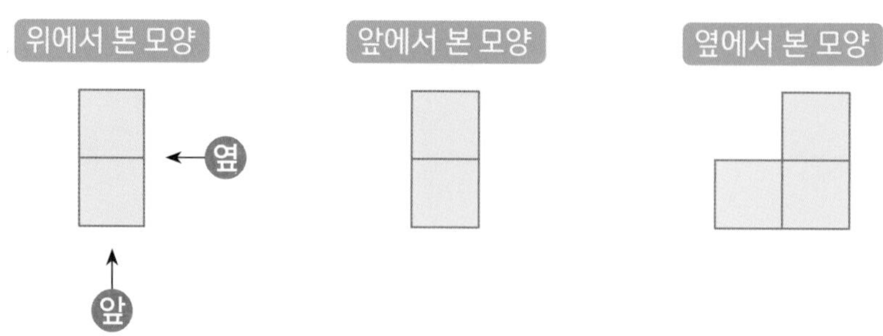

▶ 정답과 풀이 32쪽

03 다음과 같이 색종이를 2번 접어 검은색 선을 따라 자른 후 펼쳤을 때, 나오는 삼각형과 사각형은 각각 몇 개인지 구해 보시오. 온라인 활동지

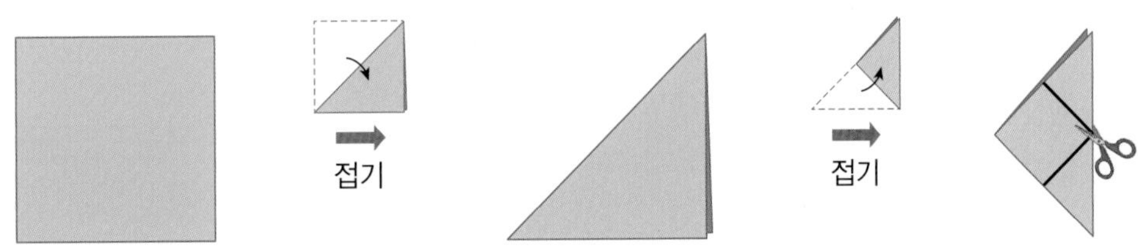

04 다음과 같이 쌓기나무로 쌓아 만든 모양에 쌓기나무 1개를 더 쌓아 위, 앞, 옆에서 본 모양이 모두 같게 만들려고 합니다. ㉮, ㉯, ㉰ 중 어느 곳에 쌓아야 하는지 기호를 써 보시오.

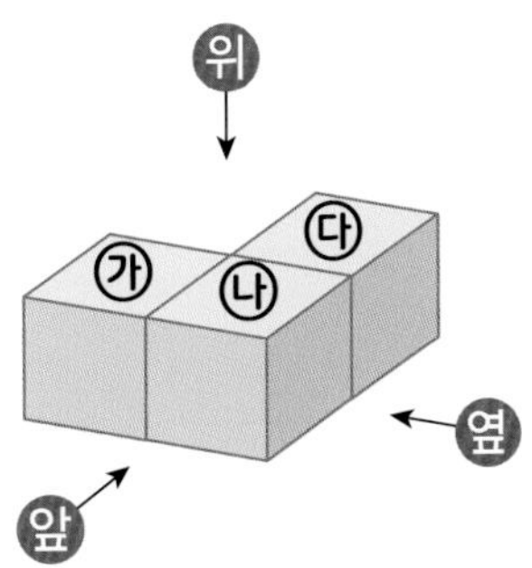

01 |보기|와 같이 주어진 종이를 선을 따라 접었을 때 나올 수 있는 단어를 모두 찾아 ○표 하시오. (단, 종이의 뒤에는 아무 것도 쓰여 있지 않습니다.) 온라인 활동지

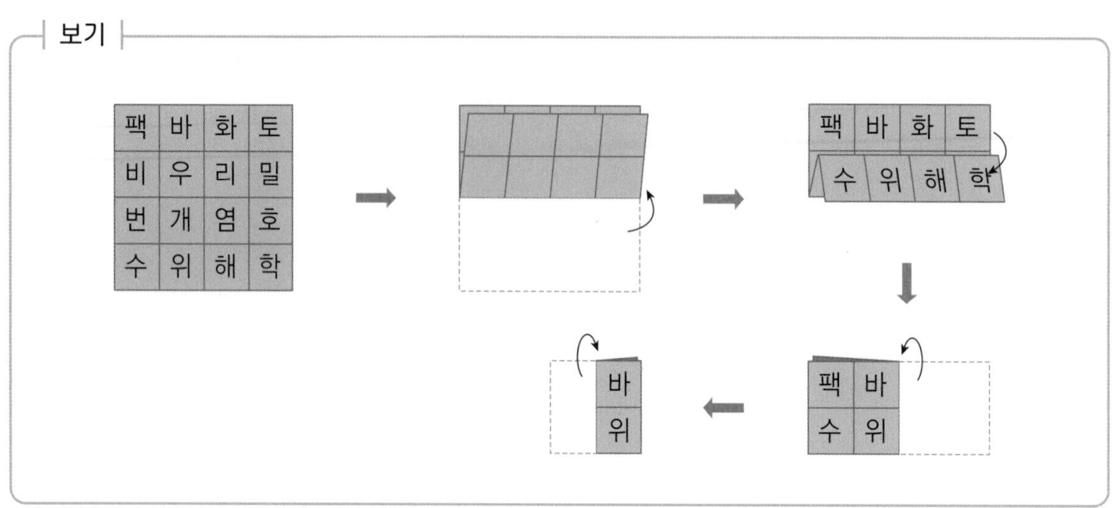

번	개

비
수

바
위

우	리	밀

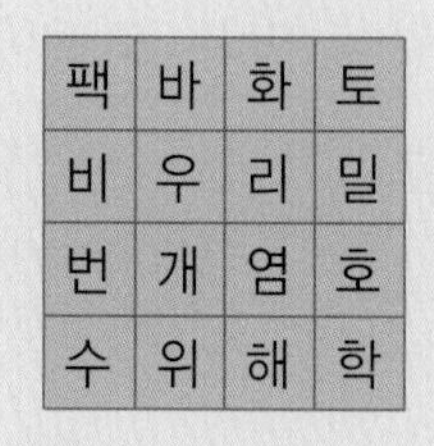

팩	바	화	토
비	우	리	밀
번	개	염	호
수	위	해	학

비	리

비	밀
번	호

우
위

팩	토
수	학

정답과 풀이 33쪽

02 | 보기 |와 같이 앞면과 뒷면에 글자가 쓰인 종이가 있습니다. 종이를 점선을 따라 접어서 여러 가지 모양을 만들 때, 빈 곳에 알맞은 글자를 써넣으시오. (단, 글자의 방향은 생각하지 않습니다.) 온라인 활동지

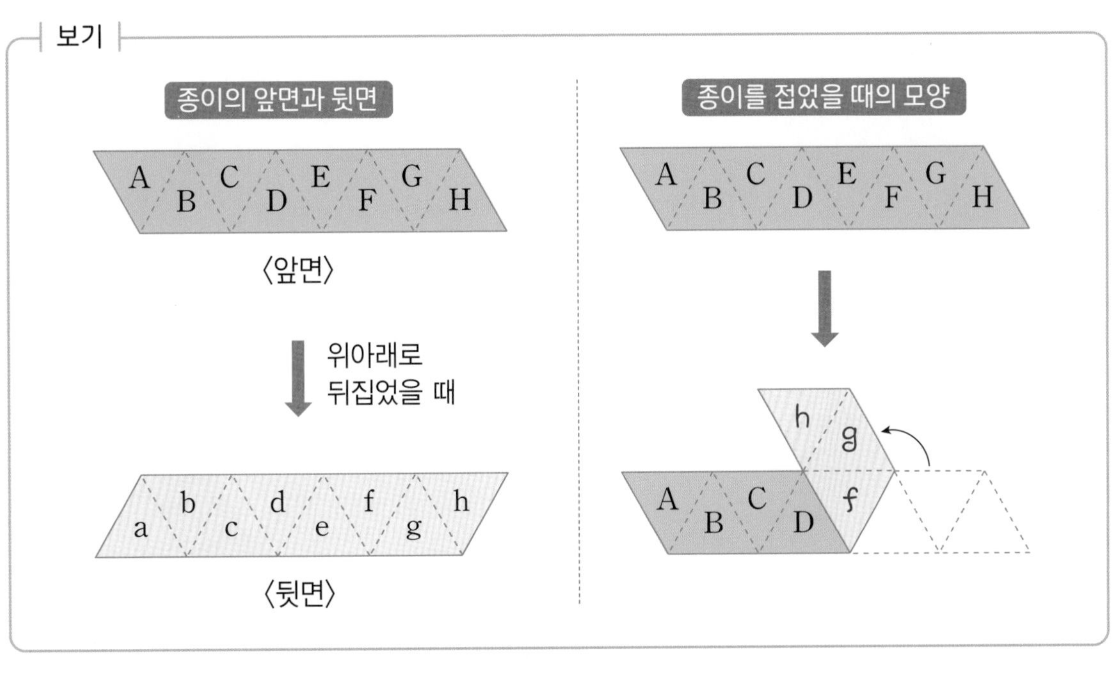

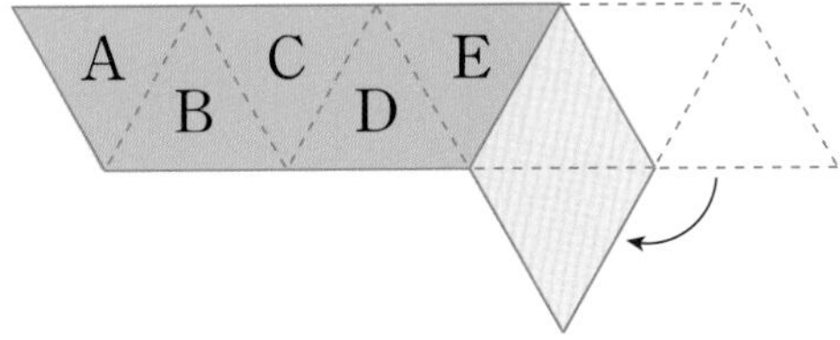

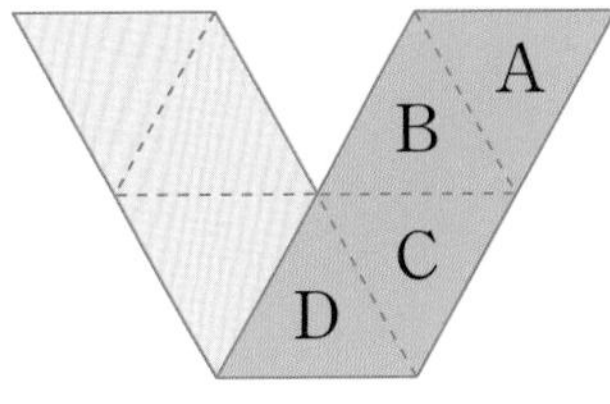

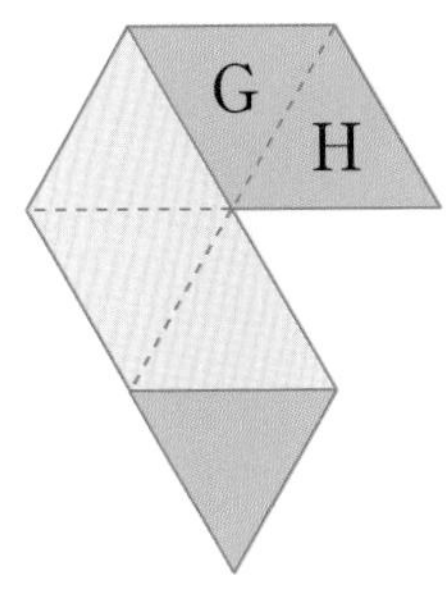

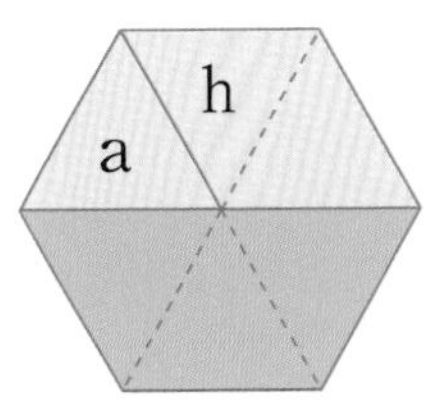

Ⅲ

논리추론

학습 Planner

계획한 대로 공부한 날은 😀에, 공부하지 못한 날은 ☹에 ○표 하세요.

공부할 내용	공부할 날짜	확 인
1 길의 가짓수	월 일	😀 | ☹
2 진실과 거짓	월 일	😀 | ☹
3 순서도 해석하기	월 일	😀 | ☹
Creative 팩토	월 일	😀 | ☹
4 배치하기	월 일	😀 | ☹
5 프로그래밍	월 일	😀 | ☹
6 연역표	월 일	😀 | ☹
Creative 팩토	월 일	😀 | ☹
Perfect 경시대회	월 일	😀 | ☹
Challenge 영재교육원	월 일	😀 | ☹

1 길의 가짓수

그림 그려 해결하기

출발에서 도착까지 가는 가장 짧은 길을 모두 그려 가짓수를 구해 보시오.

보기

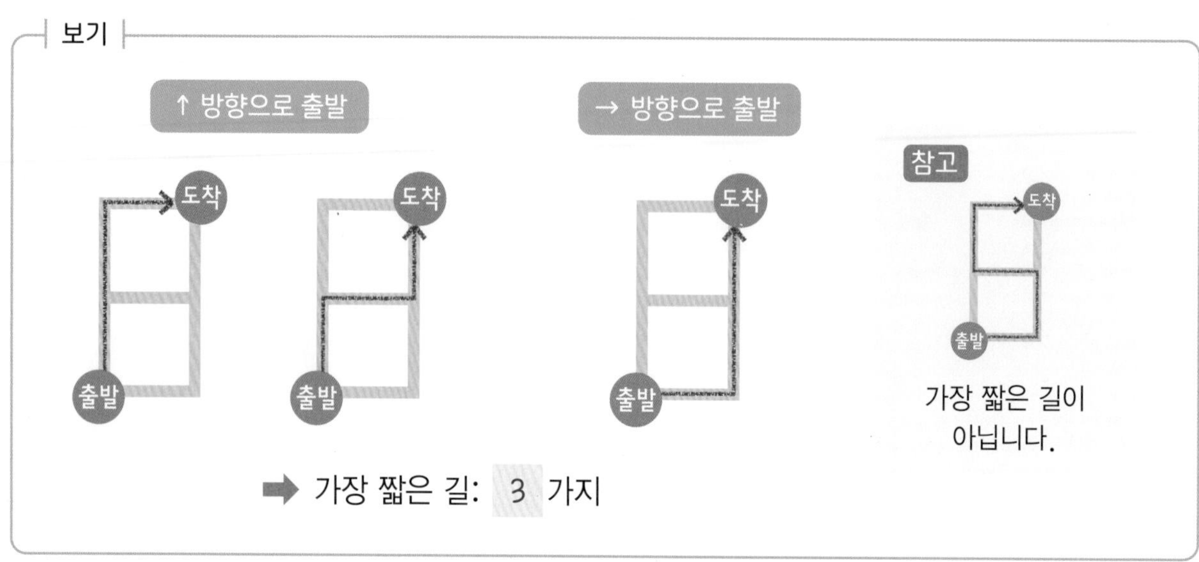

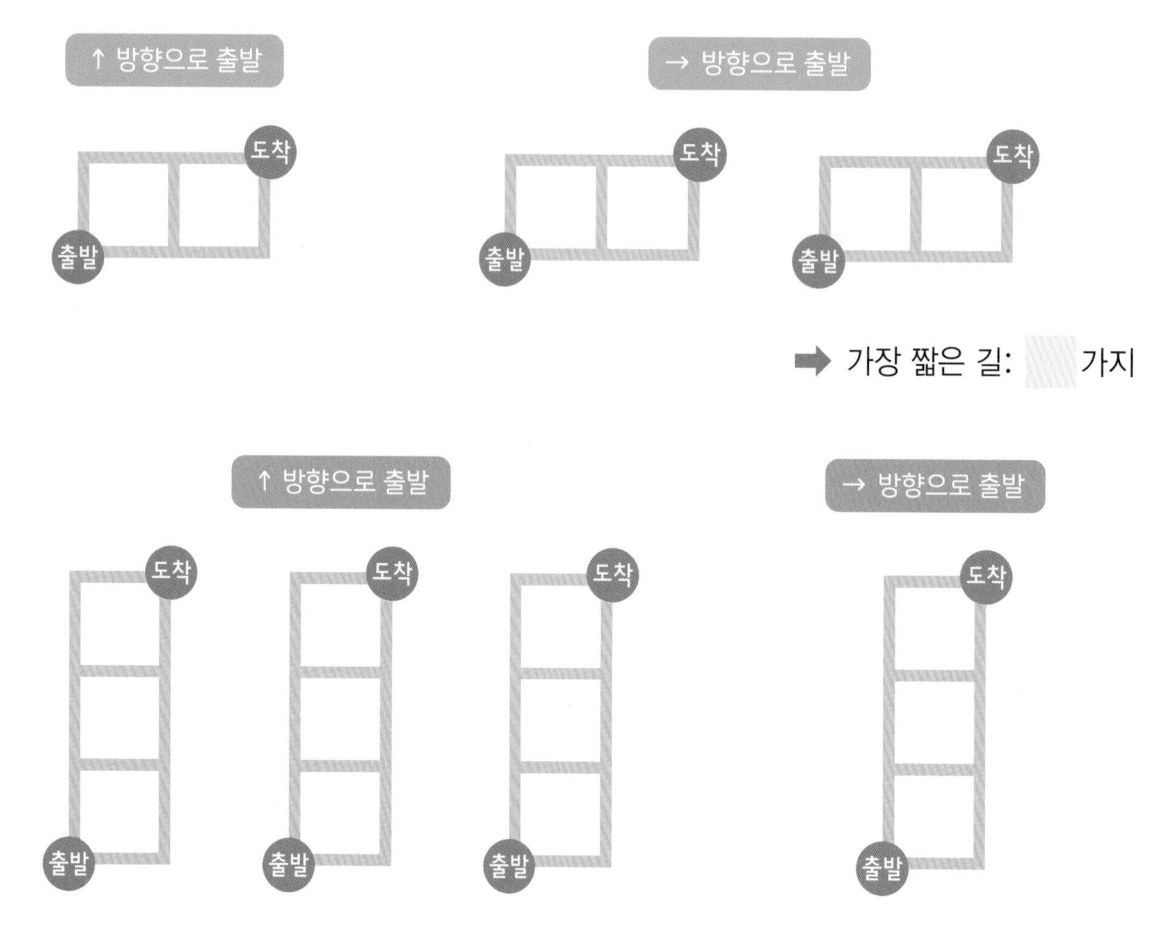

➡ 가장 짧은 길: 가지

↑ 방향으로 출발 → 방향으로 출발

➡ 가장 짧은 길: 가지

정답과 풀이 34쪽

갈림길에서 세어 해결하기

출발에서 도착까지 가는 가장 짧은 길의 가짓수를 갈림길에서 세어 구해 보시오.

전략

출발에서 갈림길에 이르는 가장 짧은 길의 가짓수를 구해 더해 나갑니다.

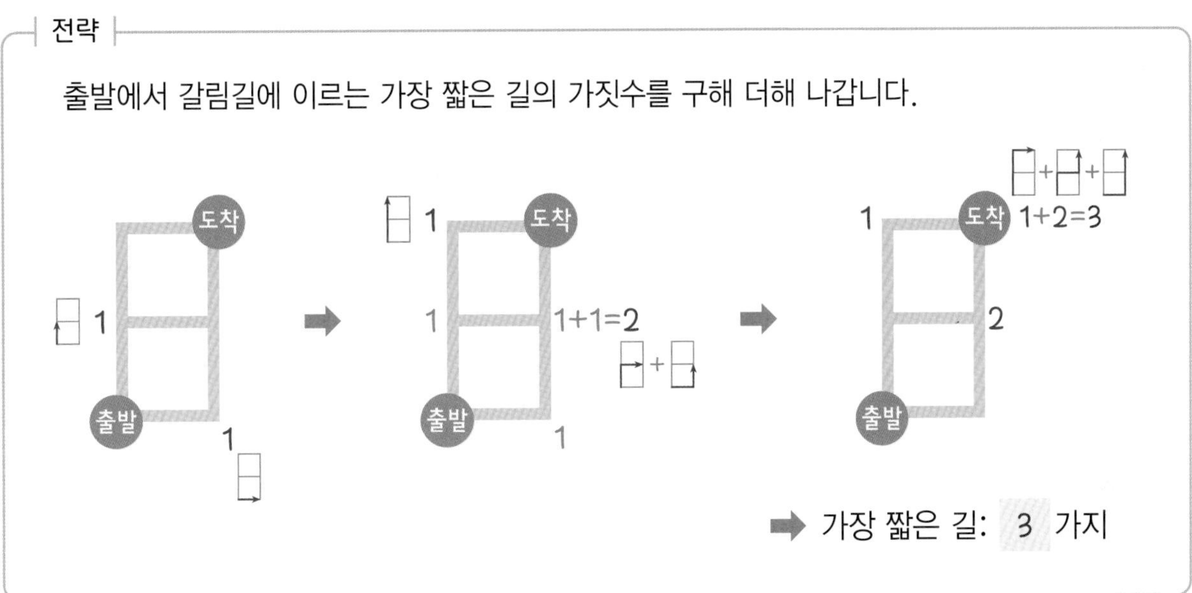

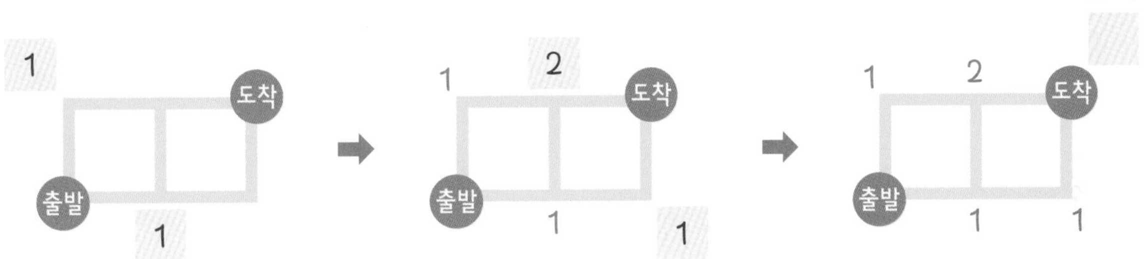

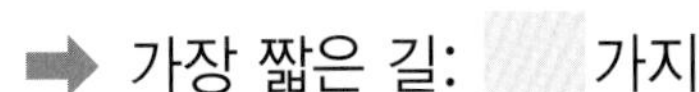

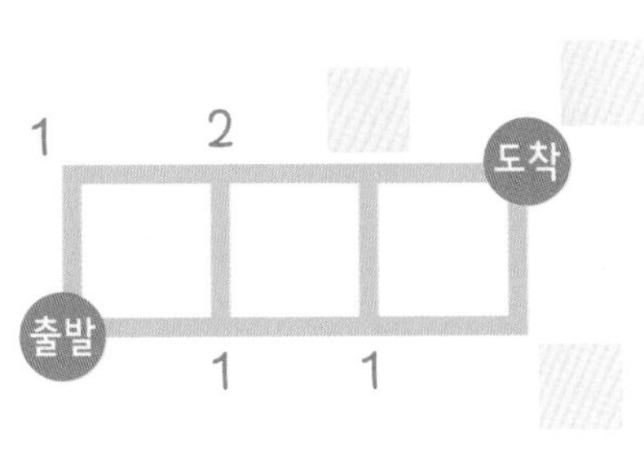

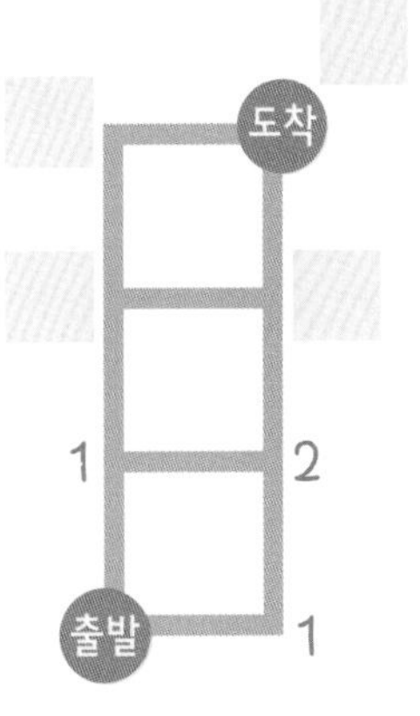

➡ 가장 짧은 길: 가지

➡ 가장 짧은 길: 가지

대표문제

출발에서 도착까지 가는 가장 짧은 길의 가짓수를 구해 보시오.

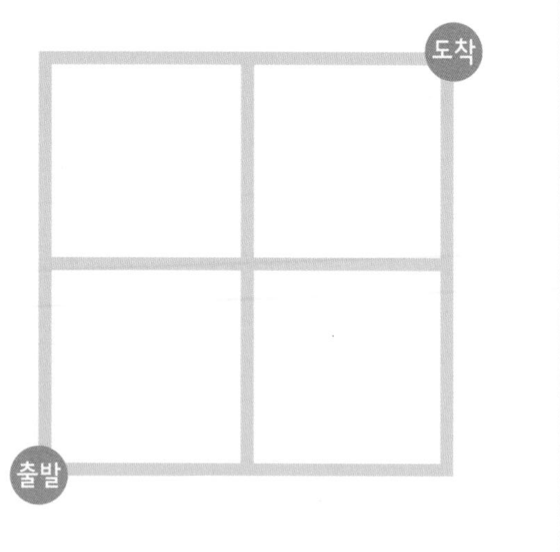

STEP 1 출발에서 ▢까지 가는 가장 짧은 길의 가짓수를 ▢ 안에 각각 써넣으시오.

STEP 2 출발에서 ▢까지 가는 가장 짧은 길의 가짓수를 ▢ 안에 각각 써넣으시오.

STEP 3 출발에서 ▢까지 가는 가장 짧은 길의 가짓수를 ▢ 안에 각각 써넣으시오.

STEP 4 출발에서 도착까지 가는 가장 짧은 길의 가짓수를 ▢ 안에 써넣으시오.

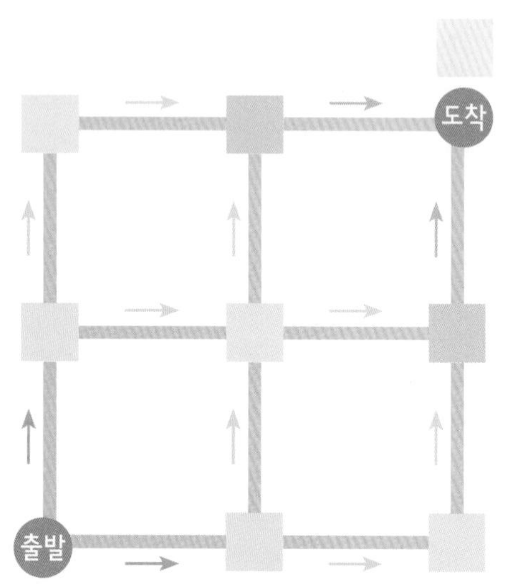

정답과 풀이 35쪽

01 출발에서 도착까지 가는 가장 짧은 길의 가짓수를 구해 보시오.

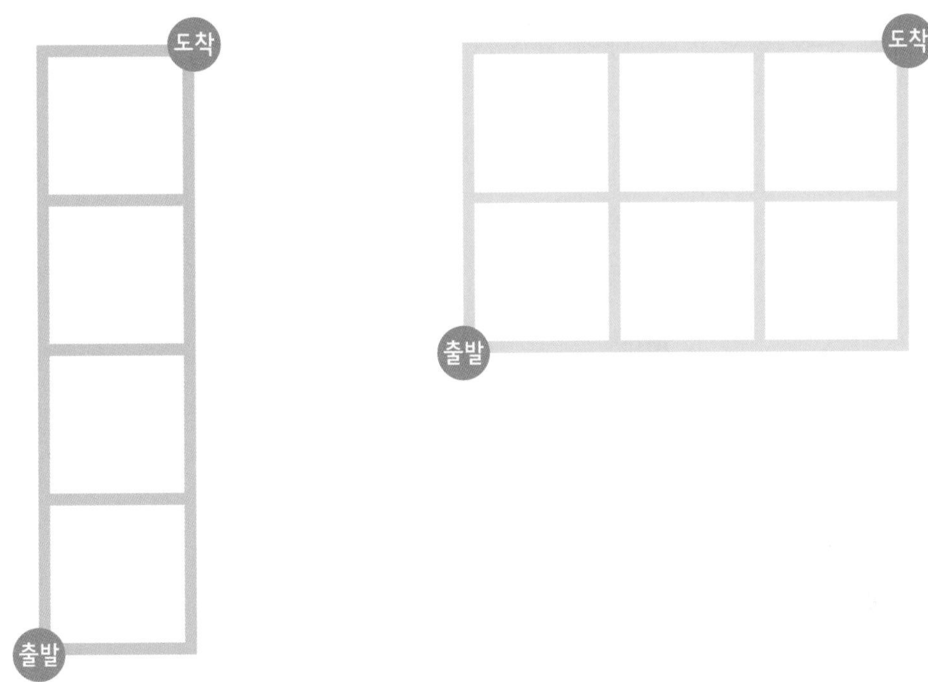

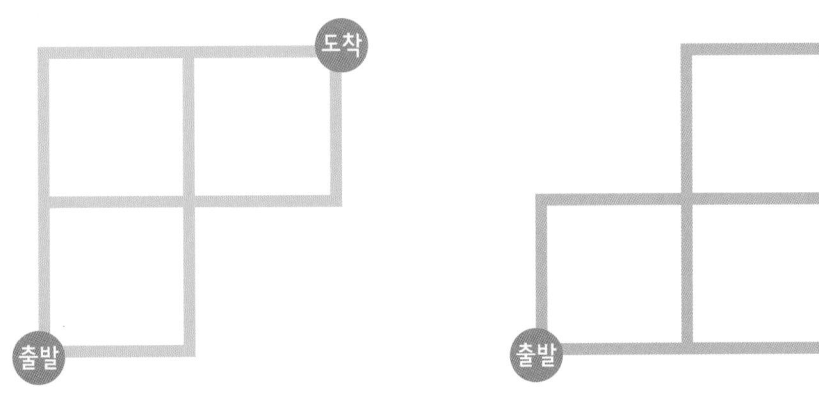

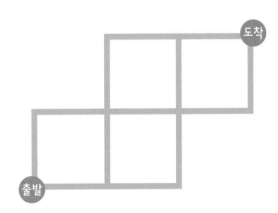

2 진실과 거짓

주어진 문장을 보고 ▨ 안에 알맞은 문장을 써넣으시오.

보기

거짓
하준이는 유리를 깨뜨렸어.

➡ 하준이는 유리를

깨뜨리지 않았습니다.

진실
예빈이는 사탕을 먹지 않았어.

➡ 예빈이는 사탕을

거짓
서현이는 색종이를 찢지 않았어.

➡ 서현이는 색종이를

거짓
준호는 학원에 가지 않았어.

➡ 준호는 학원에

진실
수아는 핸드폰을 떨어뜨렸어.

➡ 수아는 핸드폰을

› 정답과 풀이 36쪽

범인 찾기

친구들의 대화의 진실과 거짓을 보고, 범인 1명을 찾아보시오.

보기

[거짓] 유미는 게임기를 망가뜨리지 않았어.

준수 — 거짓이므로 유미가 망가뜨렸다.

[진실] 나는 누가 게임기를 망가뜨렸는지 알아.

건우 — 진실이므로 누가 망가뜨렸는지 안다.

[거짓] 건우가 게임기를 망가뜨렸어.

유미 — 거짓이므로 건우는 망가뜨리지 않았다.

➡ 게임기를 망가뜨린 사람은 유미 입니다.

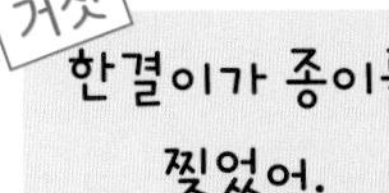

[거짓] 나는 종이를 찢었어.

수희

[거짓] 한결이가 종이를 찢었어.

예원

[진실] 아니야. 예원이가 종이를 찢었어.

한결

➡ 종이를 찢은 사람은 ______ 입니다.

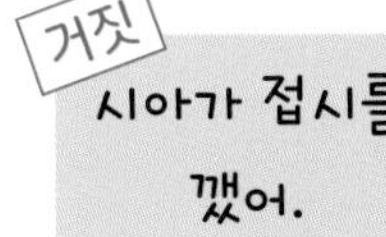

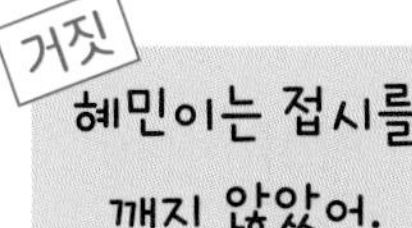

[진실] 윤성이는 접시를 깨지 않았어.

시아

[거짓] 시아가 접시를 깼어.

혜민

[거짓] 혜민이는 접시를 깨지 않았어.

윤성

➡ 접시를 깬 사람은 ______ 입니다.

대표문제

3명의 친구 중 1명만 진실을 이야기하고 나머지 2명은 거짓을 이야기했습니다. 거울을 깬 범인은 1명일 때, 범인을 찾아보시오.

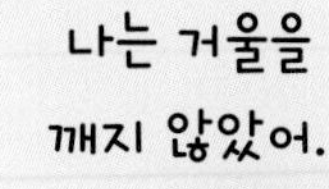

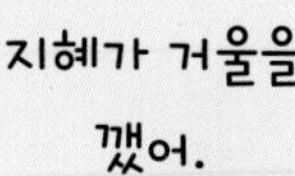

아니야. 나는 거울을
깨지 않았어.

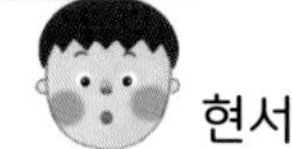

STEP 1 만약 민아의 말이 진실이라면, 범인을 찾을 수 있는지 알아보시오.

민아는 거울을
깨지 않았다.

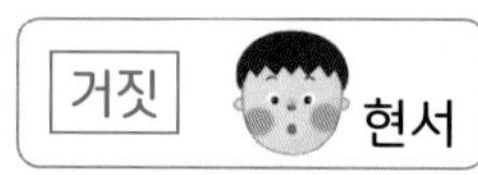

지혜는 거울을
깨지 않았다.

지혜는 거울을
깼다.

➡ 현서와 지혜가 말한 것은 서로 맞지 않으므로 민아의 말은 (진실 , 거짓)입니다.

STEP 2 만약 현서의 말이 진실이라면, 범인을 찾을 수 있는지 알아보시오.

민아는 거울을

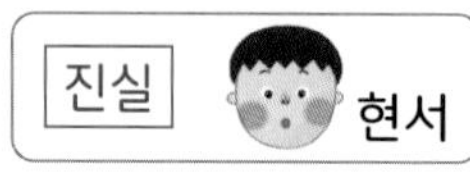

지혜는 거울을

지혜는 거울을

➡ 거울을 깬 범인은 2명이므로 현서의 말은 (진실 , 거짓)입니다.

STEP 3 만약 지혜의 말이 진실이라면, 범인을 찾을 수 있는지 알아보시오.

민아는 거울을

지혜는 거울을

지혜는 거울을

STEP 4 STEP 3 을 이용하여 범인을 찾아보시오.

정답과 풀이 37쪽

01 3명의 친구 중 1명만 진실을 이야기하고 나머지 2명은 거짓을 이야기했습니다. 쓰레기를 버린 범인은 1명일 때, 범인을 찾아보시오.

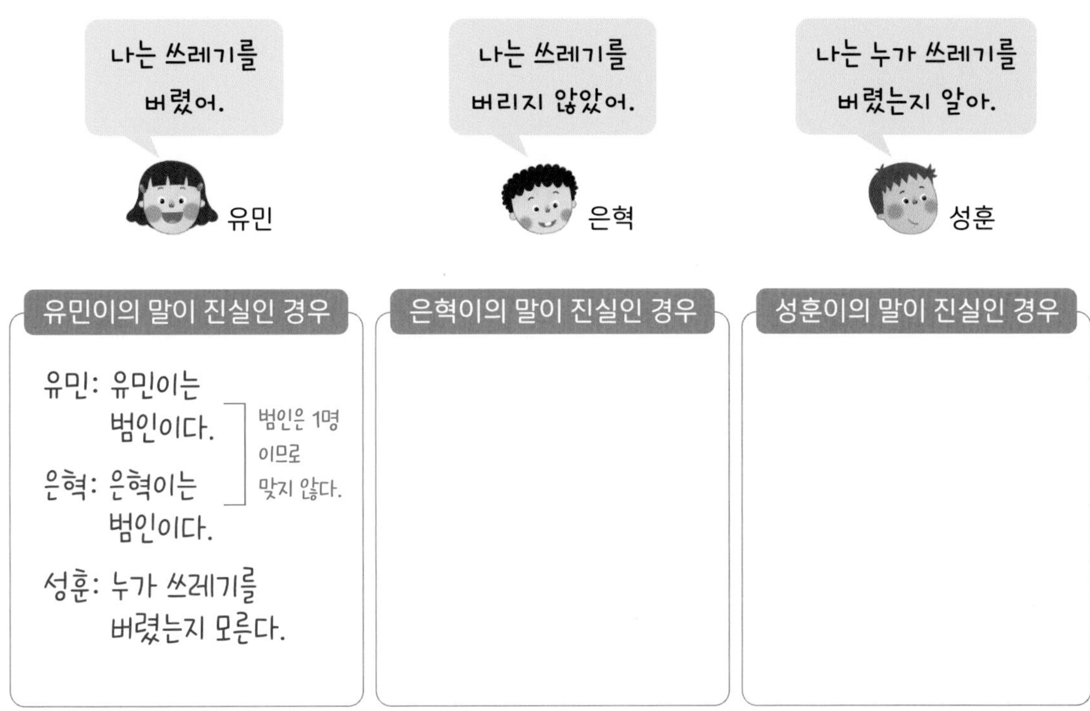

02 3명의 친구 중 1명만 진실을 이야기하고 나머지 2명은 거짓을 이야기했습니다. 액자를 깨뜨린 범인은 1명일 때, 범인을 찾아보시오.

- **민진**: 나는 액자를 깨뜨리지 않았어.
- **수경**: 나는 누가 액자를 깨뜨렸는지 알아.
- **지훈**: 내가 액자를 깨뜨렸어.

3 순서도 해석하기

순서도에서 출력되는 S의 값을 구해 보시오.

순서도의 기호

(둥근 사각형)	(직사각형)	(아래가 물결 모양인 사각형)	(마름모)
순서도의 시작과 끝	하는 일	출력되는 결과	판단

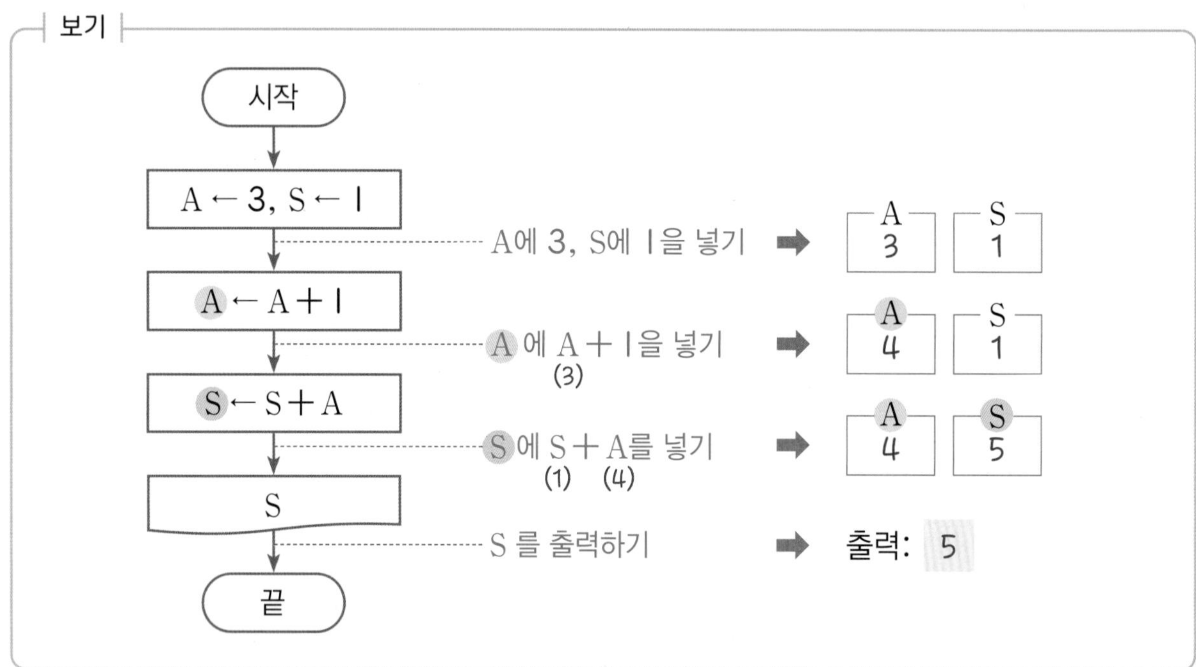

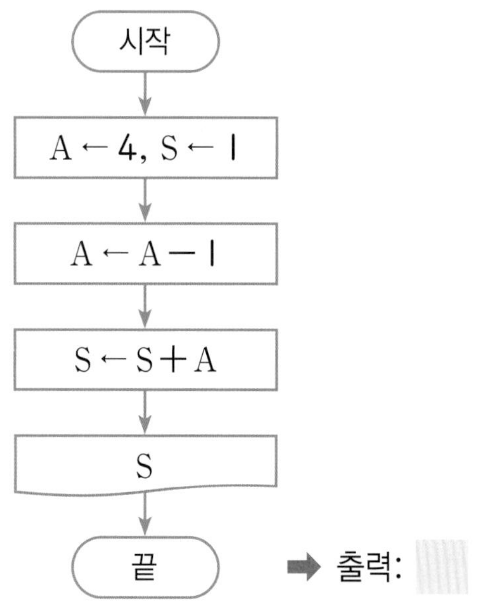

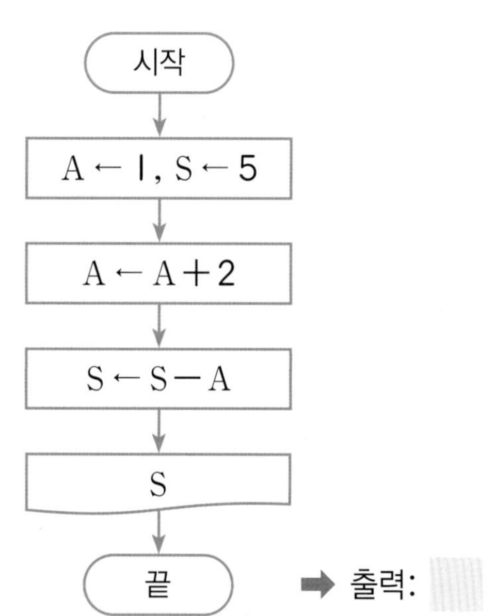

정답과 풀이 38쪽

판단이 있는 순서도 해석하기

순서도에서 출력되는 A의 값을 구해 보시오.

보기

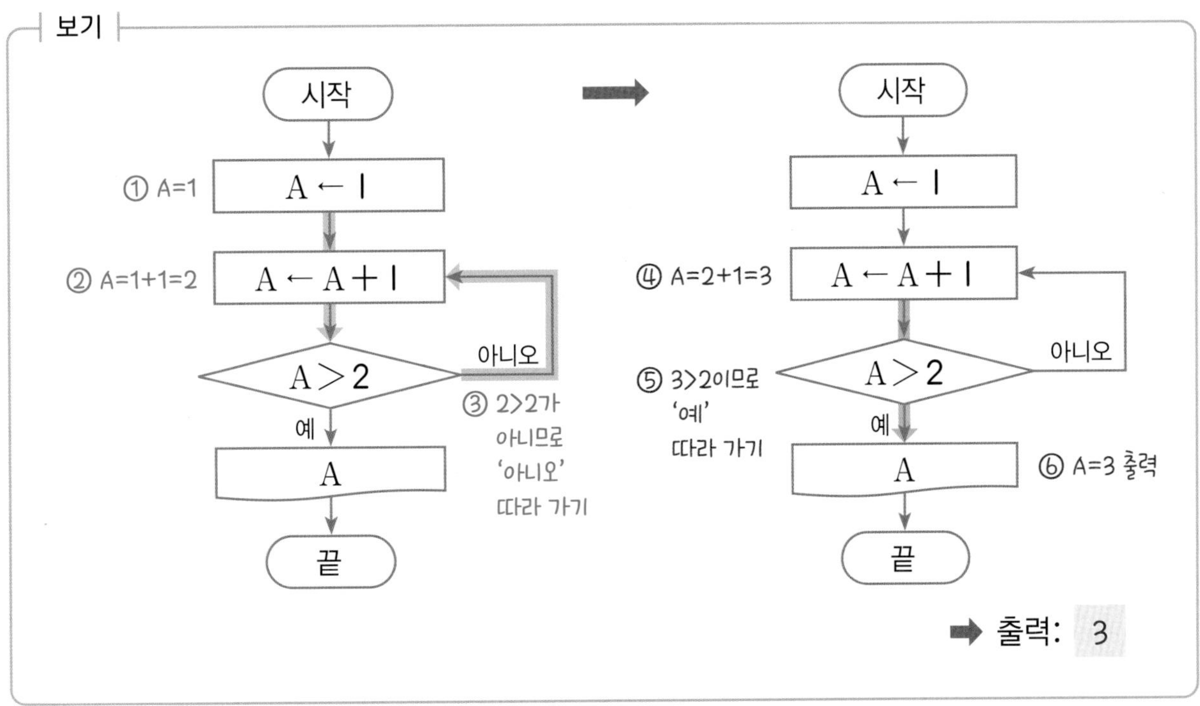

➡ 출력: 3

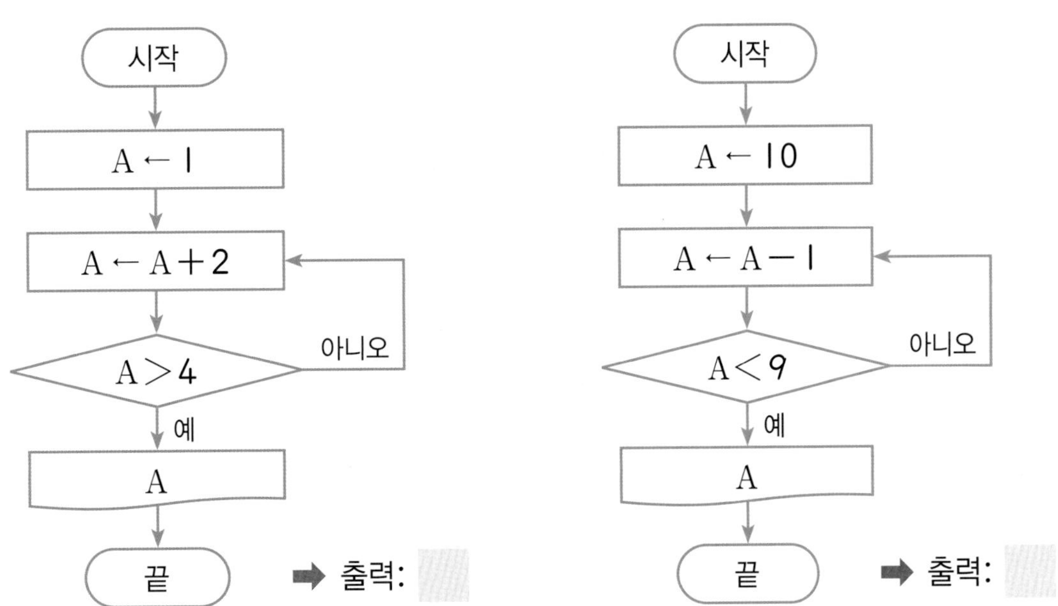

➡ 출력:

➡ 출력:

대표 문제

순서도에서 출력되는 S의 값을 구해 보시오.

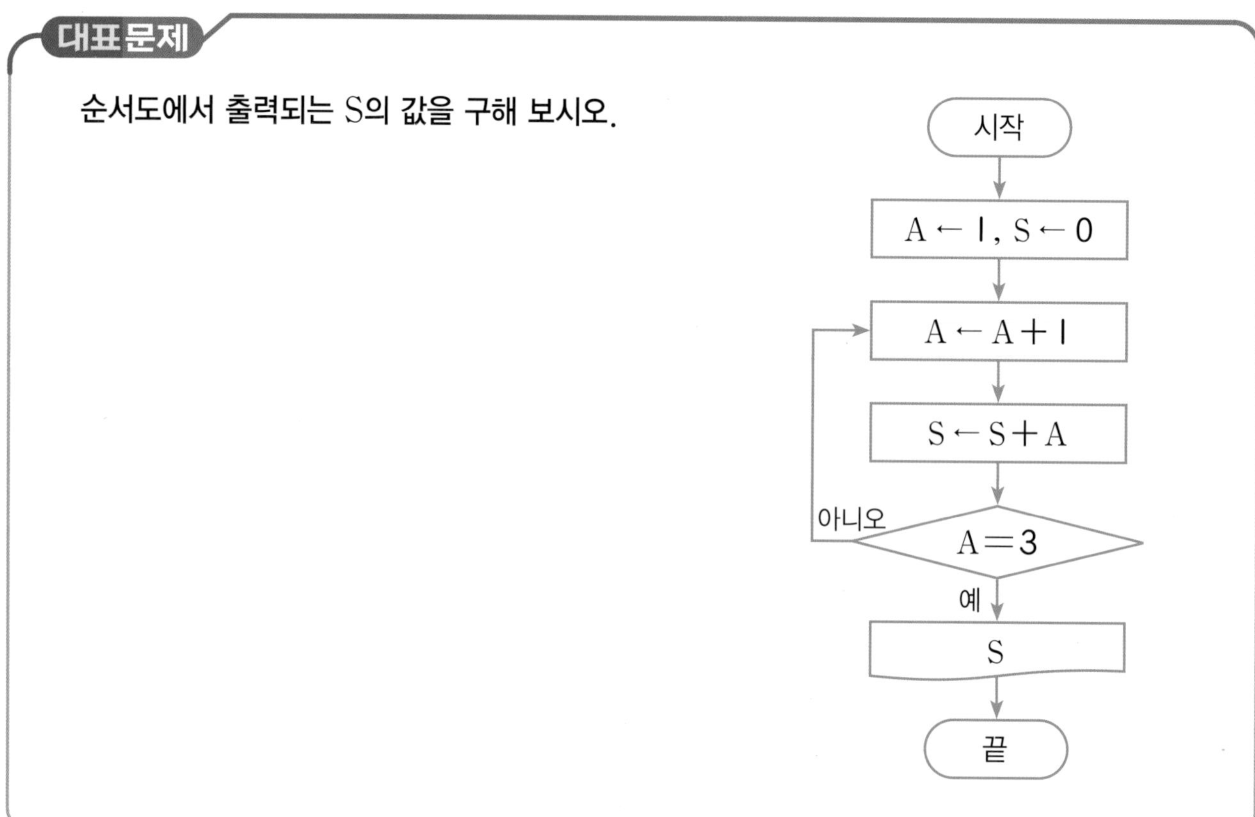

STEP 1 A, S의 값을 각각 구하여 ▒ 안에 쓰고, '예' 또는 '아니오'인지 판단해 보시오.

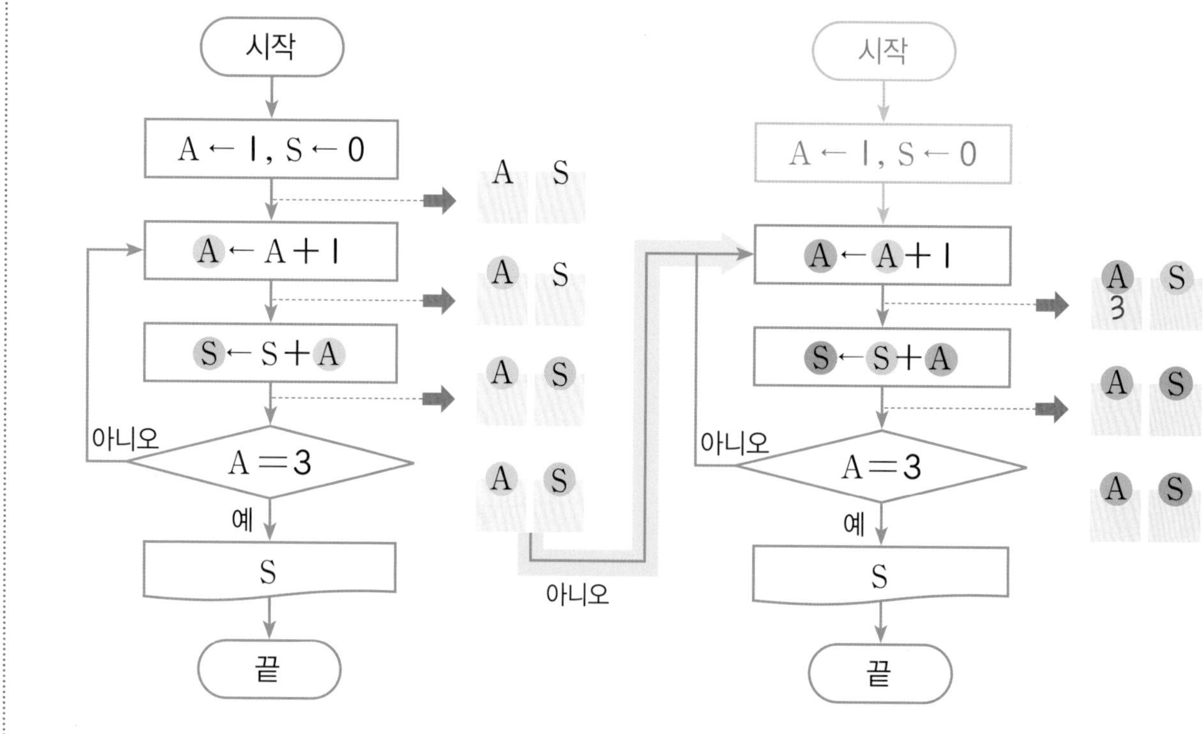

STEP 2 순서도에서 출력되는 값을 구해 보시오.

정답과 풀이 39쪽

01 순서도에서 출력되는 S의 값을 구해 보시오.

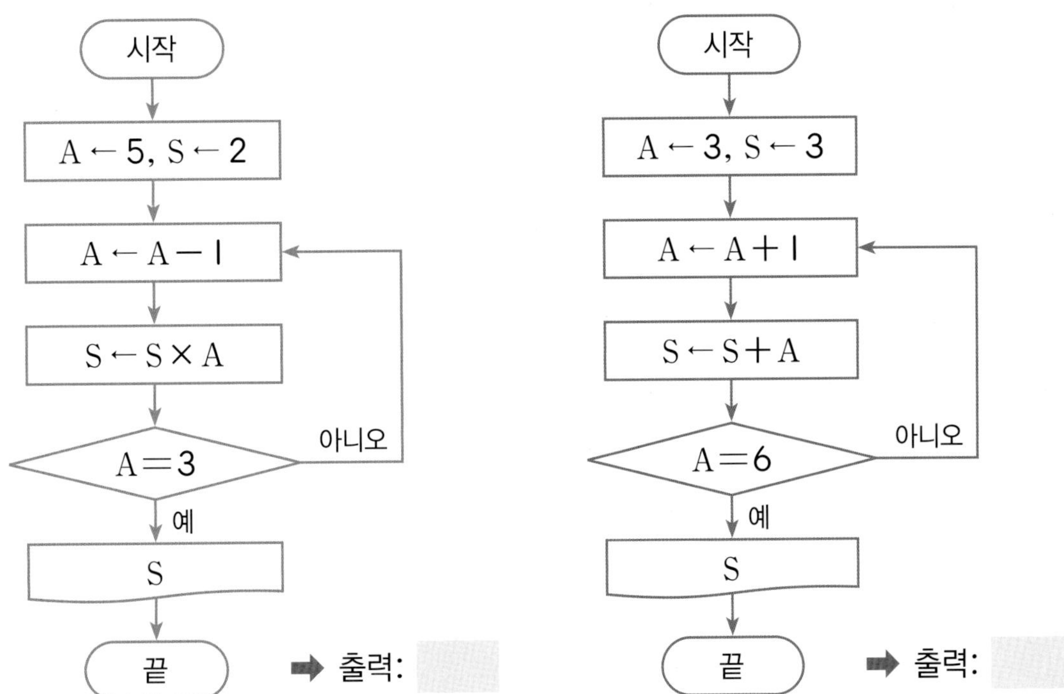

02 순서도에서 출력되는 S의 값과 그때의 A의 값을 각각 구해 보시오.

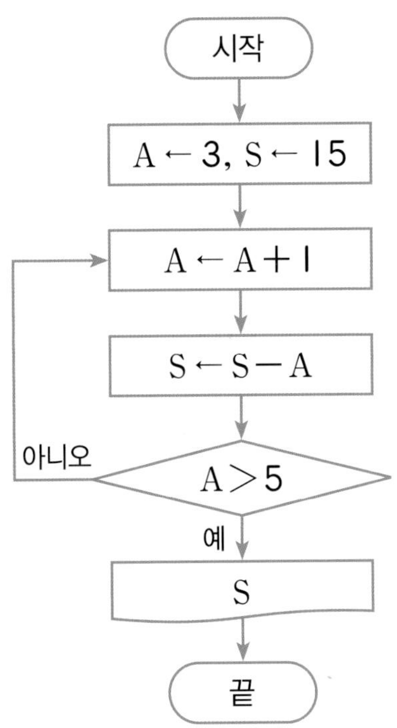

Creative 팩토

01 서아는 호수의 오리를 구경하러 가려고 합니다. 서아의 현재 위치에서 호수까지 가는 가장 짧은 길의 가짓수를 구해 보시오.

02 3명의 친구 중 1명만 진실을 이야기하고 나머지 2명은 거짓을 이야기했습니다. 몰래 초콜릿을 먹은 범인은 1명일 때, 범인을 찾아보시오.

규현이는 초콜릿을 먹지 않았어.
유하
그래? 나도 초콜릿을 먹지 않았어.
호윤
호윤이가 초콜릿을 먹었어.
규현

정답과 풀이 40쪽

03 순서도에서 출력되는 S의 값을 구해 보시오.

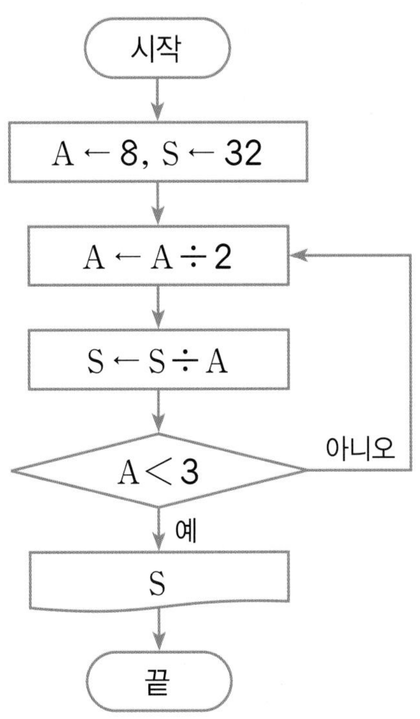

04 3명의 친구 중 1명만 진실을 이야기하고 나머지 2명은 거짓을 이야기했습니다. 휴지를 버린 범인은 1명일 때, 범인을 찾아보시오.

- **예서**: 주원이가 휴지를 버렸어.
- **아윤**: 아니야. 내가 휴지를 버렸어.
- **주원**: 예서의 말은 진실이야.

4 배치하기

건물 위치 찾기

|보기|와 같이 건물의 위치를 찾아 빈 곳에 알맞게 써넣으시오.

보기

병원, 공원 위치 찾기

- 우리집의 동쪽에는 병원이 있습니다.
- 우리집의 북동쪽에는 공원이 있습니다.

북쪽
북서쪽 북동쪽
서쪽 동쪽
남서쪽 남동쪽
남쪽

공원
북동쪽
동쪽
병원
우리집

마트, 도서관 위치 찾기

- 약국의 남쪽에는 마트가 있습니다.
- 약국의 남동쪽에는 도서관이 있습니다.

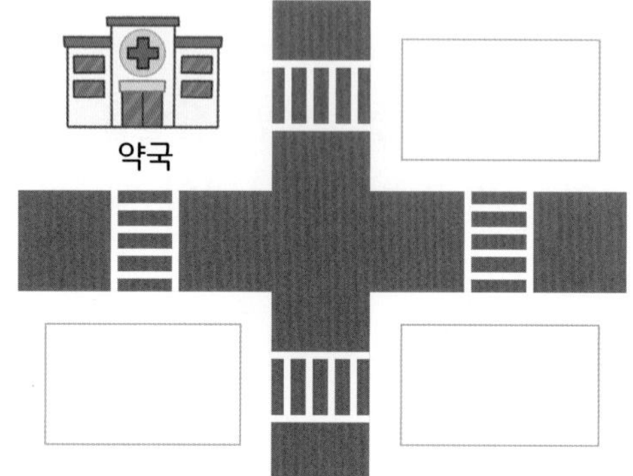

은행, 세탁소 위치 찾기

- 도서관의 남서쪽에는 은행이 있습니다.
- 도서관의 서쪽에는 세탁소가 있습니다.

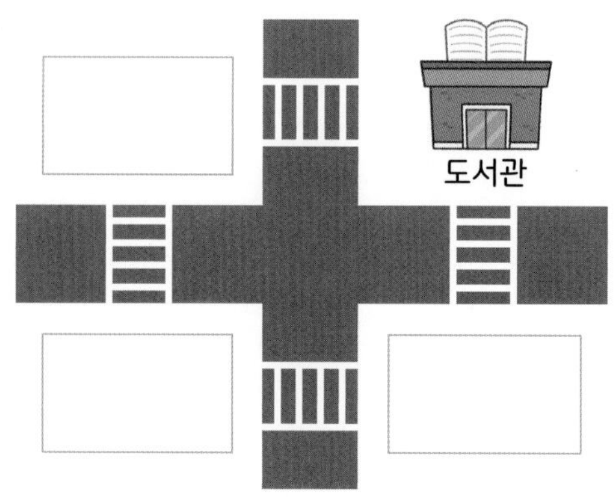

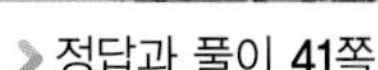
정답과 풀이 41쪽

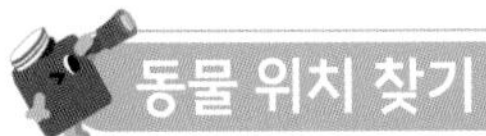

동물 위치 찾기

동물의 위치를 찾아 빈 곳에 알맞게 써넣으시오.

- 원숭이의 남쪽에는 토끼가 있습니다.
- 원숭이의 동쪽에는 코끼리가 있습니다.

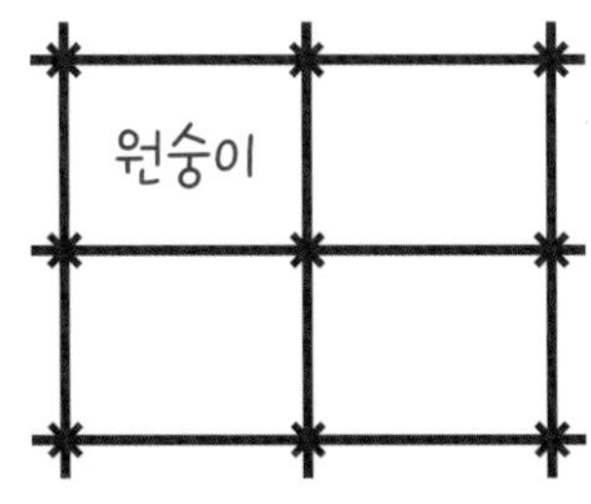

- 여우의 남쪽에는 호랑이가 있습니다.
- 여우의 남동쪽에는 기린이 있습니다.

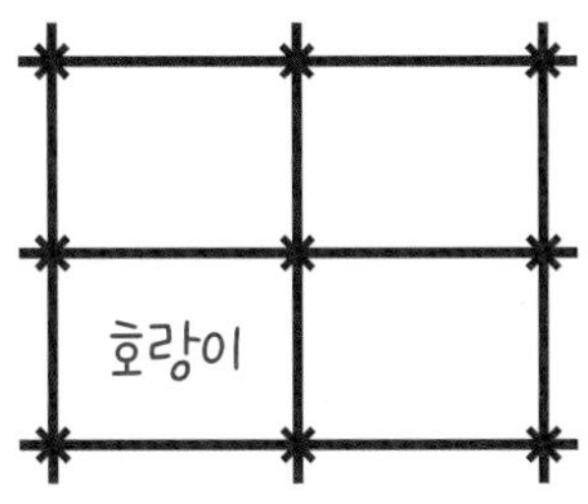

- 곰의 북쪽에는 사자가 있습니다.
- 얼룩말의 서쪽에는 곰이 있습니다.

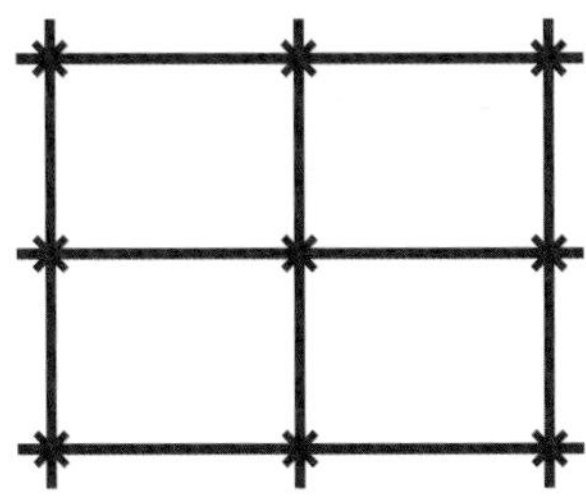

- 양의 동쪽에는 호랑이가 있습니다.
- 악어의 북서쪽에는 양이 있습니다.

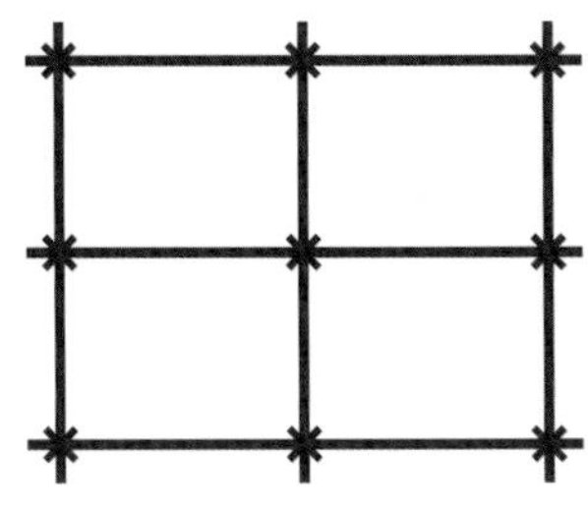

대표문제

길을 사이에 두고 서점, 병원, 약국, 문구점, 은행, 편의점이 있습니다. 각각의 위치를 찾아 빈 곳에 알맞게 써넣으시오.

- 서점의 남쪽에는 병원이 있습니다.
- 병원의 서쪽에는 약국이 있습니다.
- 서점과 문구점은 가장 멀리 떨어져 있습니다.
- 은행의 동쪽에는 편의점이 있습니다.

STEP 1 주어진 문장을 보고, 2가지 경우로 나누어 서점, 병원, 약국의 위치를 찾아 써넣으시오.

- 서점의 남쪽에는 병원이 있습니다.
- 병원의 서쪽에는 약국이 있습니다.

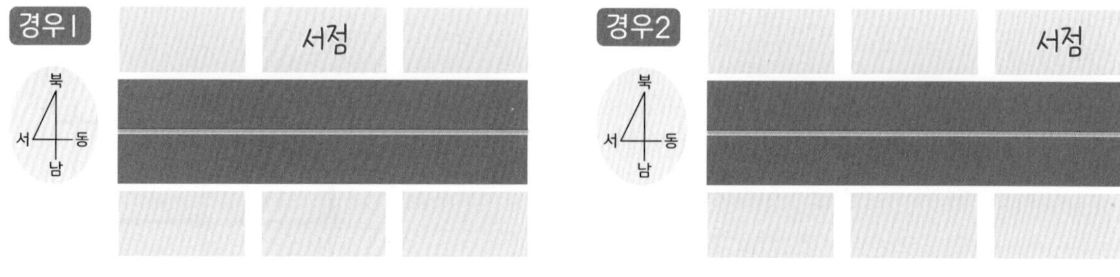

STEP 2 STEP 1의 경우1 또는 경우2 중 문구점의 위치로 알맞은 것을 찾아보시오. 그리고 알맞은 위치에 문구점을 써넣으시오.

- 서점과 문구점은 가장 멀리 떨어져 있습니다.

➡ 서점과 문구점은 가장 멀리 떨어져 있어야 하므로 (경우1 , 경우2)이(가) 맞습니다.

STEP 3 주어진 문장을 보고 STEP 1의 그림에 은행과 편의점의 위치를 찾아 써넣으시오.

- 은행의 동쪽에는 편의점이 있습니다.

정답과 풀이 42쪽

01 사거리에는 은행, 공원, 마트, 병원이 서로 다른 곳에 있습니다. 다음 설명을 보고 각각의 위치를 찾아 빈 곳에 알맞게 써넣으시오.

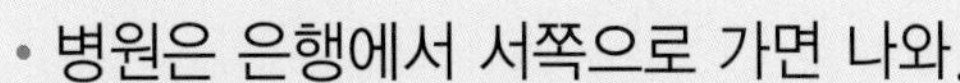

- 병원은 은행에서 서쪽으로 가면 나와.
- 공원은 병원의 북쪽에 있어.

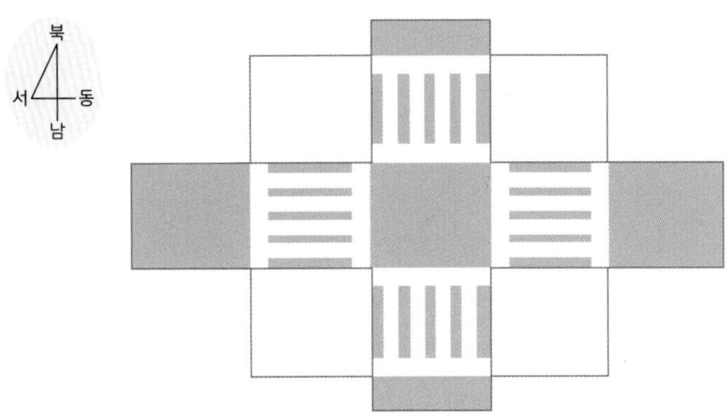

02 다음과 같은 4칸의 우리 안에는 각각 호랑이, 사슴, 기린, 사자가 있습니다. 동물의 위치를 찾아 빈 곳에 알맞게 써넣으시오.

- 호랑이와 사자는 붙어 있으면 안 됩니다.
- 기린은 사자의 북쪽에 있습니다.
- 사슴은 사자의 동쪽에 있습니다.

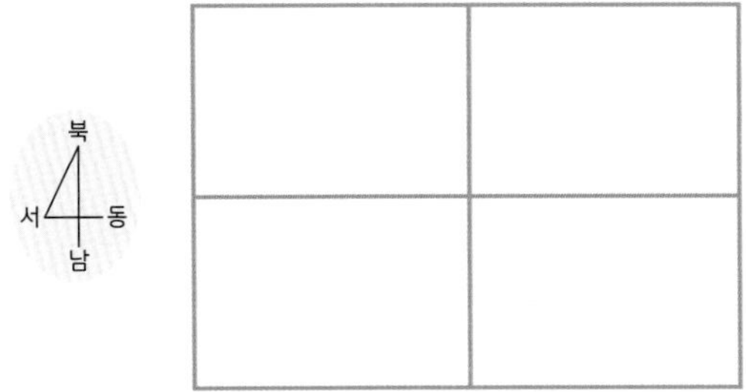

북
서
동
남

5 프로그래밍

로봇이 순서도대로 움직여서 도착하는 곳에 ★표 하시오.

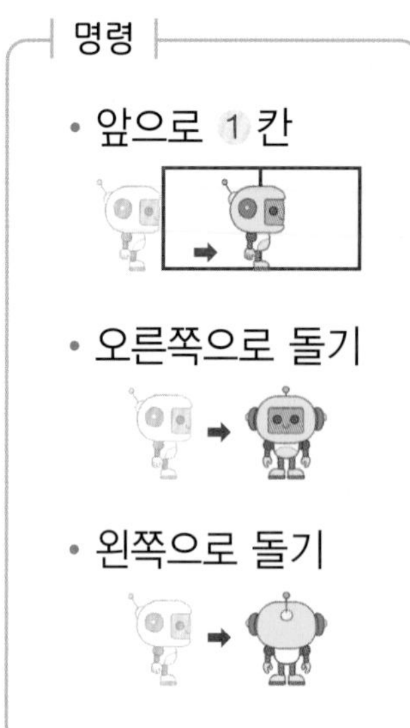

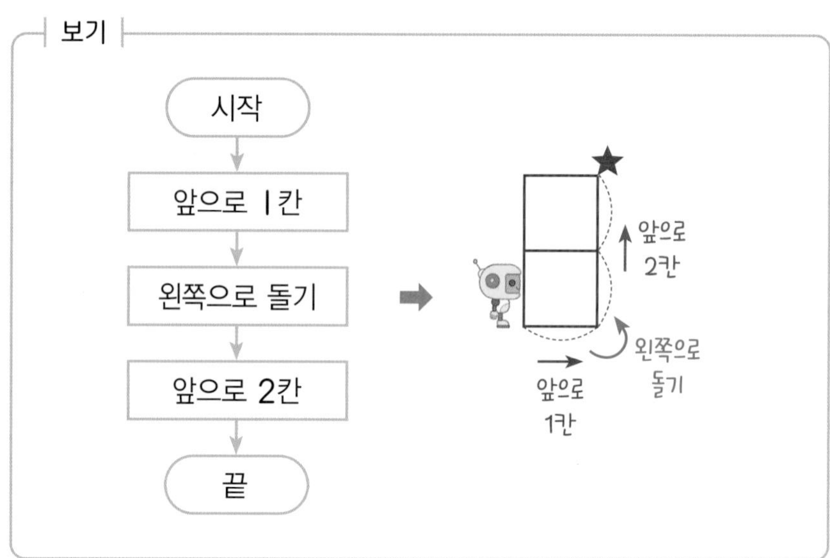

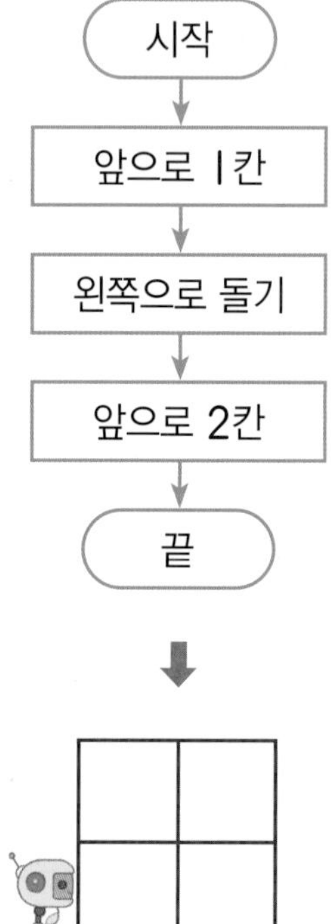

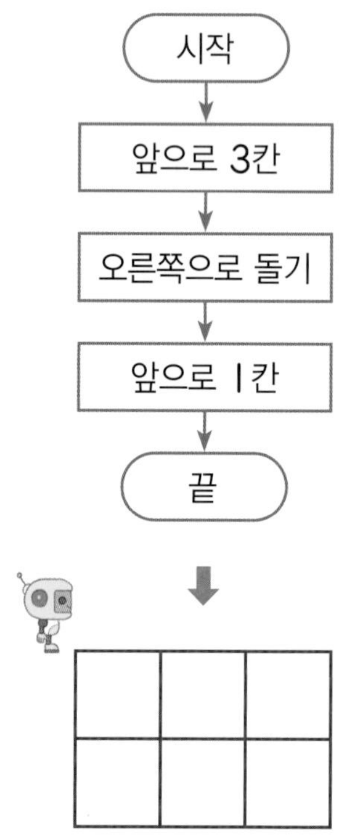

정답과 풀이 43쪽

로봇의 움직임을 순서도로 나타내기

로봇이 깃발에 도착하도록 순서도를 완성해 보시오.

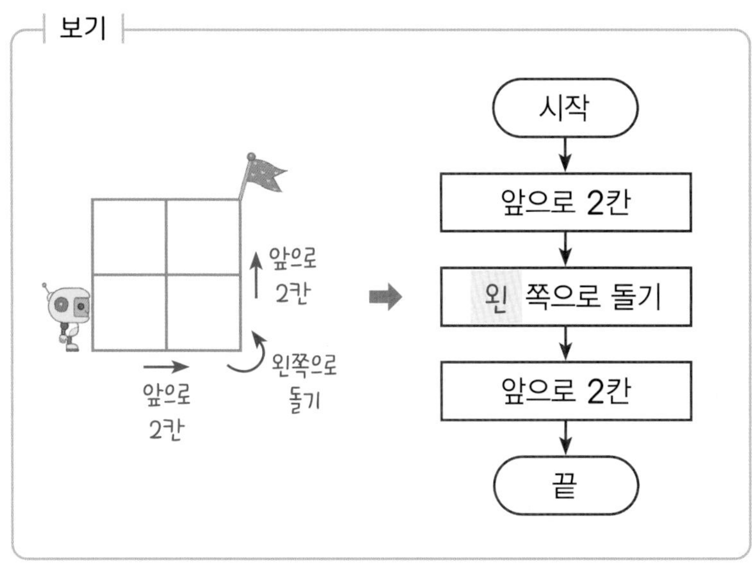

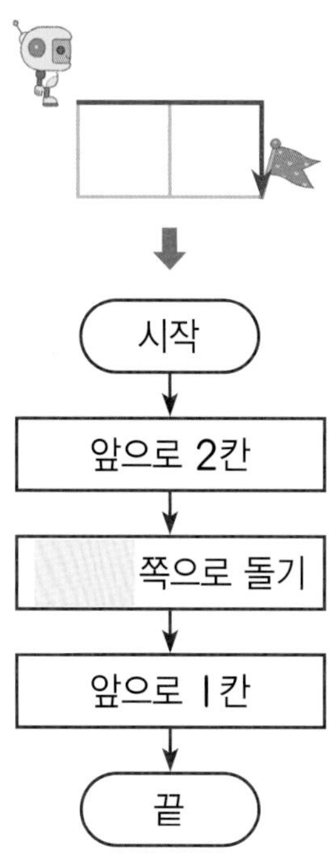

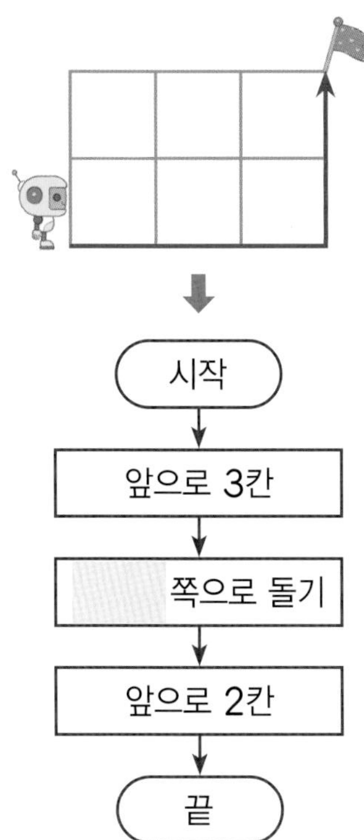

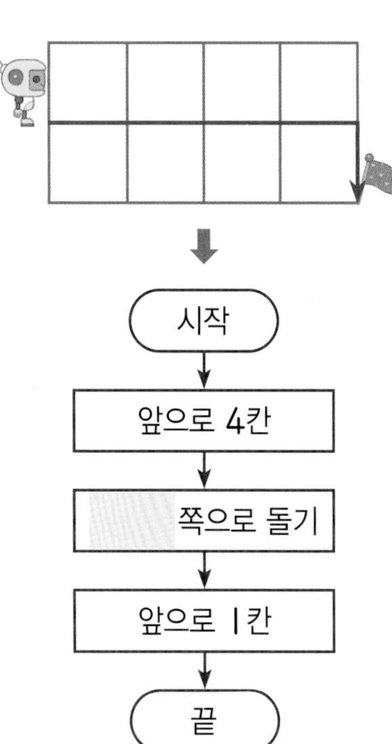

대표문제

로봇이 장애물(⊗)을 피해 깃발에 도착하도록 순서도를 완성해 보시오. (단, 빈칸에는 한 가지 명령만 쓸 수 있습니다.)

명령
- 앞으로 ■ 칸
- 오른쪽으로 돌기
- 왼쪽으로 돌기

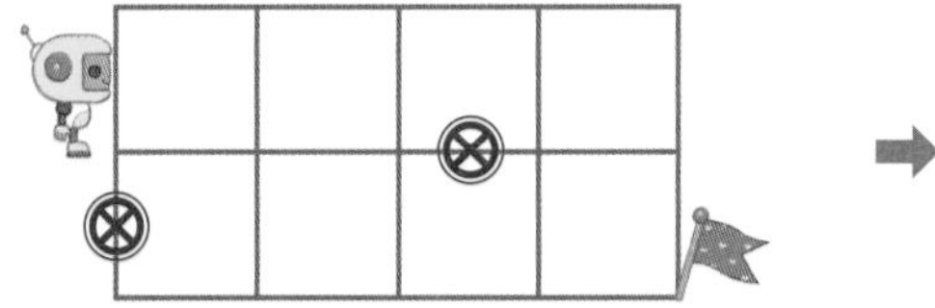

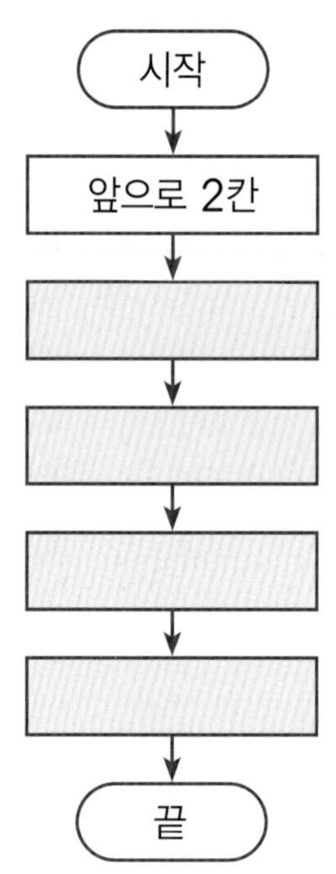

STEP 1 로봇이 장애물을 피해 깃발에 도착하는 길을 그려 보시오.

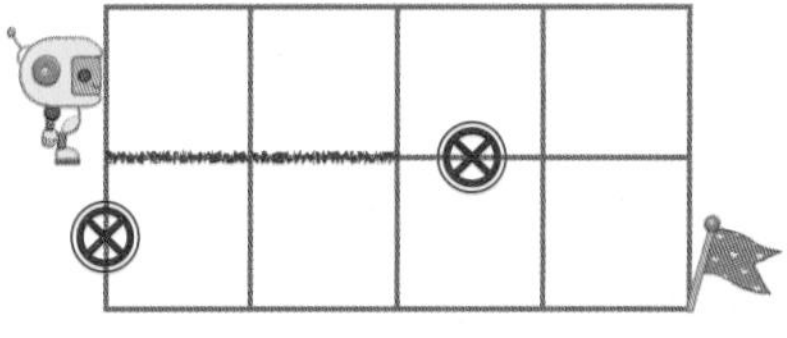

STEP 2 STEP 1에서 움직인 길을 보고 순서도를 완성해 보시오.

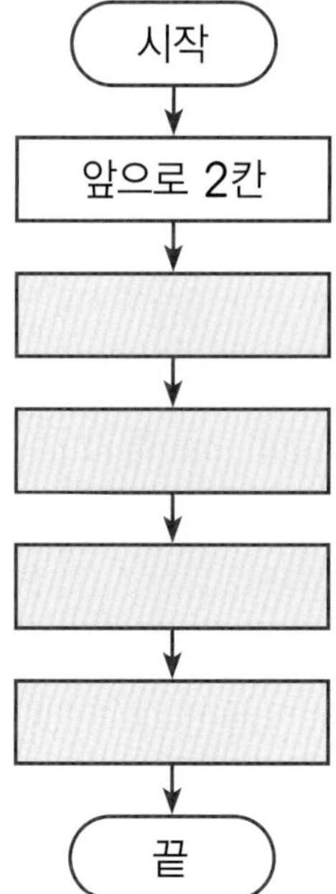

정답과 풀이 44쪽

01 로봇이 장애물(⊗)을 피해 깃발에 도착하도록 순서도를 완성해 보시오.
(단, 빈칸에는 한 가지 명령만 쓸 수 있습니다.)

명령
- 앞으로 ■ 칸
- 오른쪽으로 돌기
- 왼쪽으로 돌기

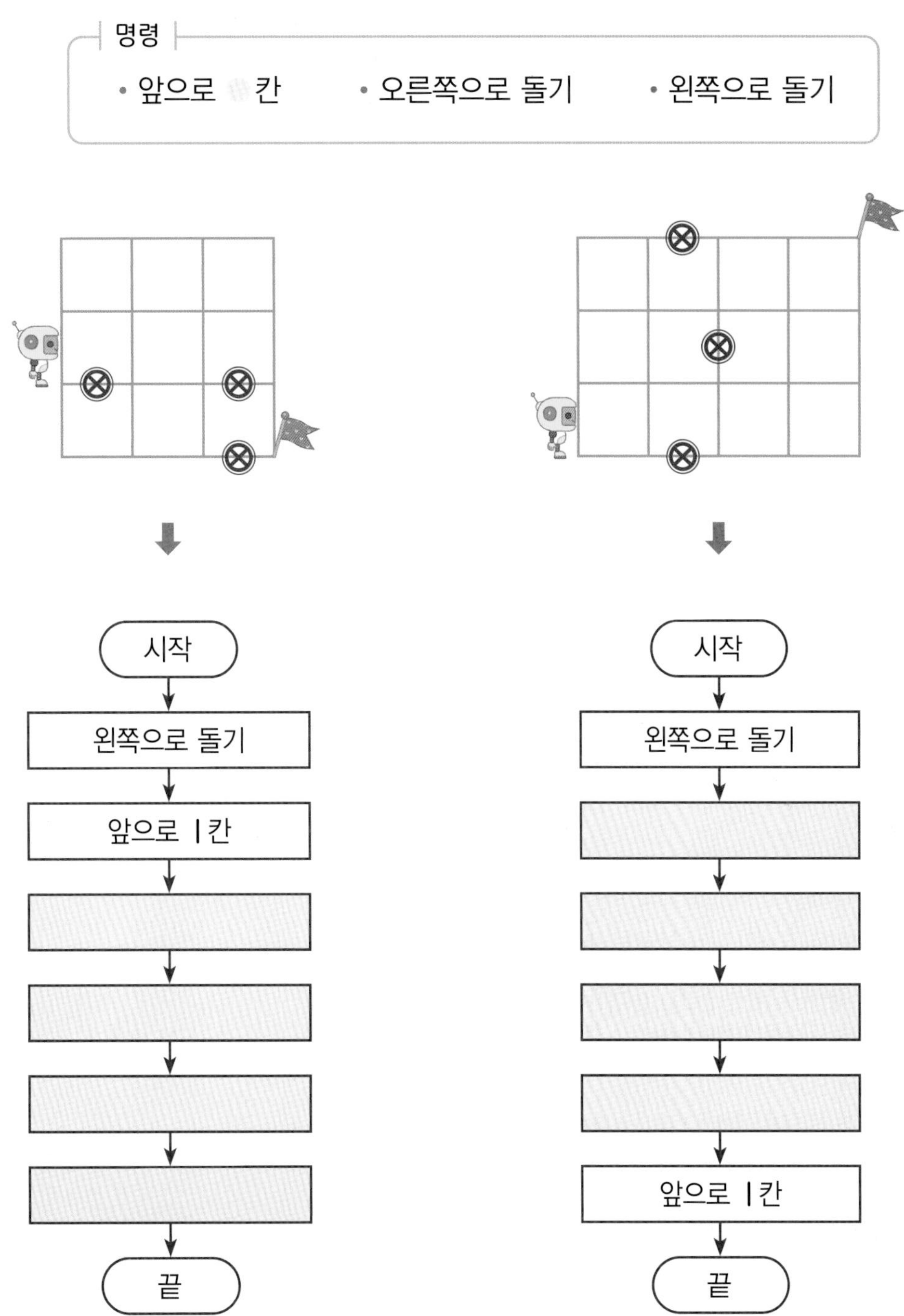

6 연역표

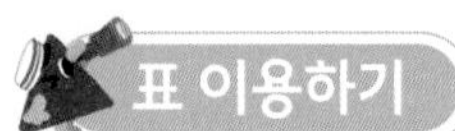

주어진 문장을 보고, ▨ 안에 맞으면 ○, 틀리면 ×표 하시오.

보기

- 희선, 예나, 선욱이는 강아지, 토끼, 고양이 중 서로 다른 동물을 1가지씩 기릅니다.
- **선욱이는 토끼와 고양이를 기르지 않습니다.**

	강아지	토끼	고양이
희선			
예나			
선욱	○	×	×

선욱이는 토끼, 고양이를 기르지 않으므로, 강아지를 기릅니다.

➡

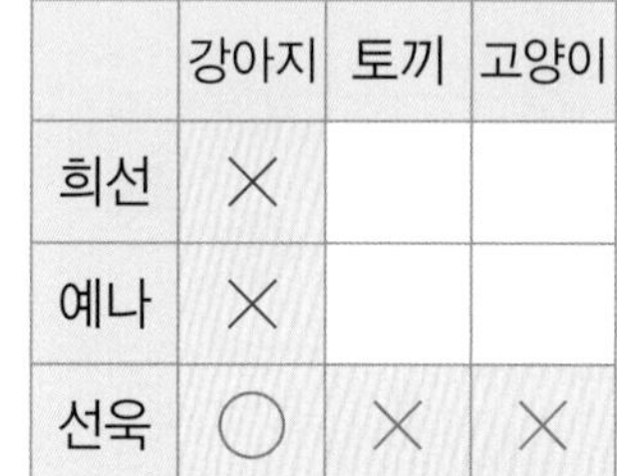

	강아지	토끼	고양이
희선	×		
예나	×		
선욱	○	×	×

선욱이가 강아지를 기르므로, 희선, 예나는 강아지를 기르지 않습니다.

- 서연, 주영, 현우는 의사, 가수, 경찰관 중 서로 다른 장래희망을 1가지씩 가지고 있습니다.
- **장래희망이 의사, 가수인 친구들과 주영이는 영화를 보러 갑니다.**

	의사	가수	경찰관
서연			
주영	×	×	
현우			

- 진우, 연경, 승아의 나이는 10살, 11살, 12살 중 서로 다른 나이입니다.
- **진우보다 어린 사람은 1명 밖에 없습니다.**

	10살	11살	12살
진우			
연경			
승아			

정답과 풀이 45쪽

문장을 보고, 표 안에 좋아하는 것은 ○, 좋아하지 않는 것은 ×표 하시오.

보기

- 시은, 유선, 정우는 나비, 잠자리, 매미 중 서로 다른 곤충을 1가지씩 좋아합니다.
- 시은이는 나비를 좋아합니다.
- 정우는 잠자리를 좋아하지 않습니다.

	나비	잠자리	매미
시은	○	×	×
유선			
정우			

시은이는 나비를 좋아하므로 잠자리와 매미를 좋아하지 않습니다.

➡

	나비	잠자리	매미
시은	○	×	×
유선	×		
정우	×		

시은이는 나비를 좋아하므로 유선이와 정우는 나비를 좋아하지 않습니다.

➡

	나비	잠자리	매미
시은	○	×	×
유선	×	○	×
정우	×	×	○

정우가 매미를 좋아하므로 유선이는 잠자리를 좋아합니다.

- 준후, 민성, 지연이는 사과, 배, 망고 중 서로 다른 과일을 1가지씩 좋아합니다.
- 민성이는 망고를 좋아합니다.
- 준후가 좋아하는 과일 이름은 한 글자입니다.

	사과	배	망고
준후			
민성			
지연			

대표문제

은서, 민재, 수아, 시우는 강아지, 병아리, 앵무새, 토끼 중 서로 다른 동물을 1마리씩 기릅니다. 문장을 보고, 친구들이 기르는 동물을 알아보시오.

- 수아는 다리가 4개인 동물을 기릅니다.
- 시우가 기르는 동물은 3글자가 아닙니다.
- 민재는 앵무새를 기르는 친구와 이웃입니다.

STEP 1 문장을 보고 알 수 있는 사실을 완성하고, 표 안에 기르는 것은 ○, 기르지 않는 것은 ×표 하시오.

	강아지	병아리	앵무새	토끼
은서				
민재				
수아				
시우				

1 표의 □ 안에 ○ 또는 ×표 하기

수아는 다리가 4개인 동물을 기릅니다.

알 수 있는 사실

수아는 (강아지 , 병아리 , 앵무새 , 토끼)를 기르지 않습니다.

2 표의 □ 안에 ○ 또는 ×표 하기

시우가 기르는 동물은 3글자가 아닙니다.

알 수 있는 사실

시우는 (강아지 , 병아리 , 앵무새 , 토끼)를 기르지 않습니다.

3 표의 □ 안에 ○ 또는 ×표 하기

민재는 앵무새를 기르는 친구와 이웃입니다.

알 수 있는 사실

민재는 (강아지 , 병아리 , 앵무새 , 토끼)를 기르지 않습니다.

STEP 2 STEP 1 의 표의 남은 칸을 완성하여 친구들이 기르는 동물을 알아보시오.

정답과 풀이 46쪽

01 수현, 민우, 채원, 혜지는 동화책, 과학책, 위인전, 만화책 중 서로 다른 책을 1가지씩 읽었습니다. 문장을 보고, 표를 이용하여 수현이가 읽은 책을 알아보시오.

- 혜지는 과학책을 읽었습니다.
- 민우는 동화책, 위인전을 읽지 않았습니다.
- 채원이는 위인전을 읽은 친구와 친합니다.

	동화책	과학책	위인전	만화책
수현				
민우				
채원				
혜지				

02 정민, 주안, 서아, 유주는 장미, 무궁화, 개나리, 해바라기 중 서로 다른 꽃을 1가지씩 좋아합니다. 문장을 보고, 표를 이용하여 친구들이 좋아하는 꽃을 알아보시오.

- 주안이가 좋아하는 꽃 이름은 2글자입니다.
- 서아는 해바라기를 좋아하는 사람과 짝꿍입니다.
- 유주는 개나리를 좋아합니다.

	장미	무궁화	개나리	해바라기
정민				
주안				
서아				
유주				

Creative 팩토

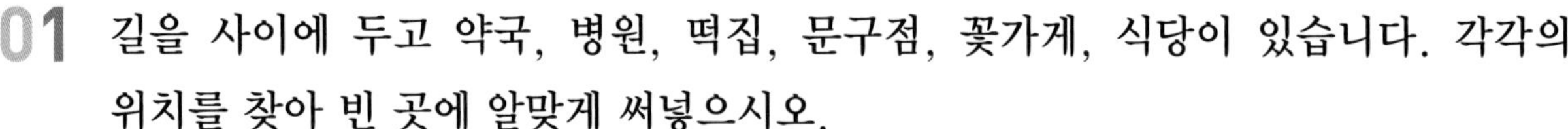

01 길을 사이에 두고 약국, 병원, 떡집, 문구점, 꽃가게, 식당이 있습니다. 각각의 위치를 찾아 빈 곳에 알맞게 써넣으시오.

- 길의 남쪽에는 꽃가게, 문구점, 식당이 있습니다.
- 떡집에서 길을 건너면 바로 문구점이 있습니다.
- 약국은 병원과 떡집 사이에 있습니다.
- 꽃가게과 문구점은 조금 떨어져 있습니다.

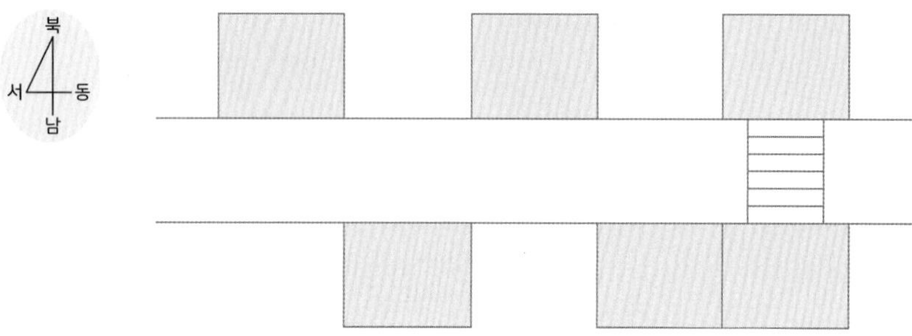

02 청소 로봇은 쓰레기를 집어 쓰레기통에 버리려고 합니다. 순서도를 완성해 보시오. (단, 빈칸에는 한 가지 명령만 쓸 수 있습니다.)

명령
- 앞으로 ● 칸
- 오른쪽으로 돌기
- 왼쪽으로 돌기

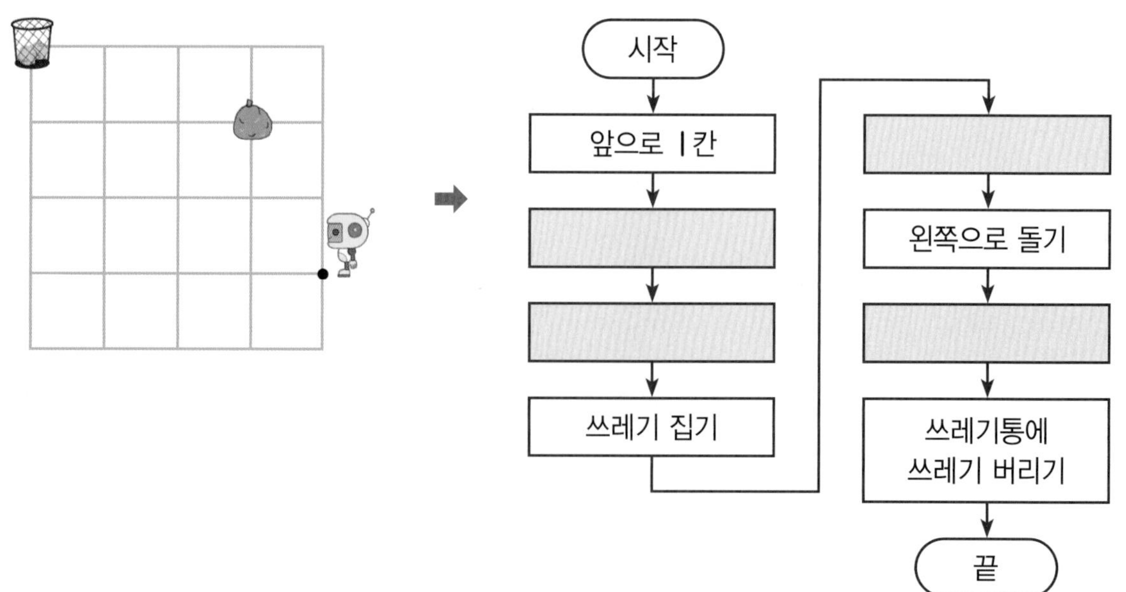

정답과 풀이 47쪽

03 다음과 같은 6칸의 우리 안에는 각각 사자, 염소, 여우, 곰, 원숭이, 코끼리가 있습니다. 동물의 위치를 찾아 빈 곳에 알맞게 써넣으시오.

- 곰과 원숭이는 가장 멀리 떨어져 있습니다.
- 여우는 곰의 북쪽에 있습니다.
- 원숭이의 동쪽에는 동물이 없습니다.
- 코끼리는 염소의 남동쪽에 있습니다.

04 지원, 도현, 로운, 소윤의 성은 김씨, 이씨, 정씨 중에서 한 가지입니다. 문장을 보고, 표를 이용하여 친구들의 성을 알아보시오.

- 김씨 성을 가진 사람은 2명입니다.
- 도현이의 성은 이씨도 정씨도 아닙니다.
- 소윤이는 정씨 성을 가진 사람과 친합니다.
- 이씨 성을 가진 사람은 로운이 1명입니다.

	김씨	이씨	정씨
지원			
도현			
로운			
소윤			

Perfect 경시대회

01 소율이는 집에서 할머니 댁까지 걸어 가려고 합니다. 그런데 공사 중이라 지나갈 수 없는 길이 있습니다. 소율이가 집에서 댁까지 가는 가장 짧은 길의 가짓수를 구해 보시오.

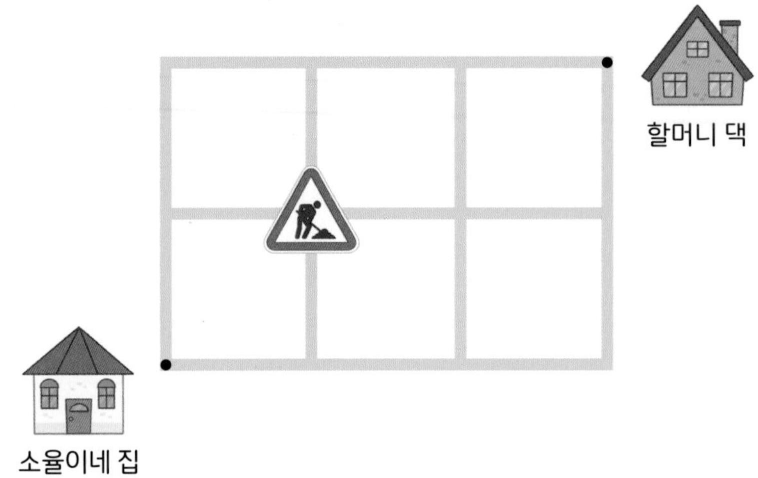

02 1, 2, 3, 4, 5의 번호가 붙은 다섯 명이 옆으로 한 줄로 서 있습니다. 문장을 보고, 가장 오른쪽에 서 있는 사람은 몇 번인지 구해 보시오.

- 5번의 왼쪽에는 2번밖에 없습니다.
- 2번과 4번 사이에는 두 명이 있습니다.
- 1번의 오른쪽과 왼쪽에는 같은 수의 사람이 서 있습니다.

> 정답과 풀이 48쪽

03 길을 사이에 두고 은행, 미용실, 마트, 꽃집, 식당, 도서관이 있습니다. 각각의 위치를 찾아 빈 곳에 알맞게 써넣으시오.

- 은행은 식당에서 가장 멀리 떨어져 있습니다.
- 식당의 북쪽에는 마트가 있습니다.
- 꽃집과 미용실은 길을 기준으로 같은 쪽에 있습니다.
- 꽃집의 북동쪽에는 도서관이 있습니다.

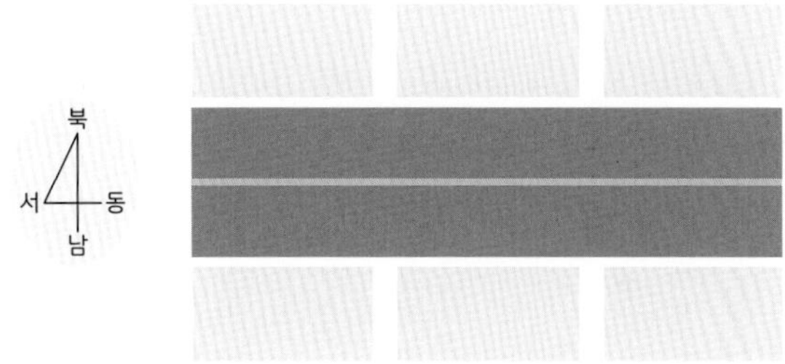

04 1부터 5까지의 합 S를 구하는 순서도를 완성하고, 출력되는 S의 값을 구해 보시오.

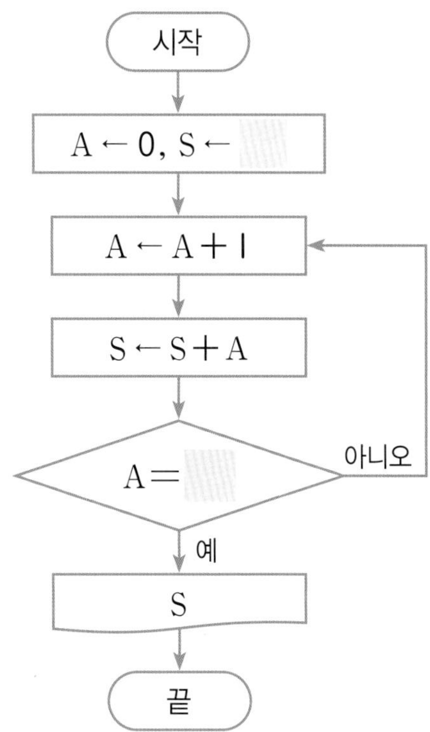

01 입체도형의 점선을 따라 ㉮에서 ㉯까지의 가장 짧은 길을 모두 찾아 그려 보시오. (단, 각 점과 점 사이의 점선의 길이는 모두 같습니다.)

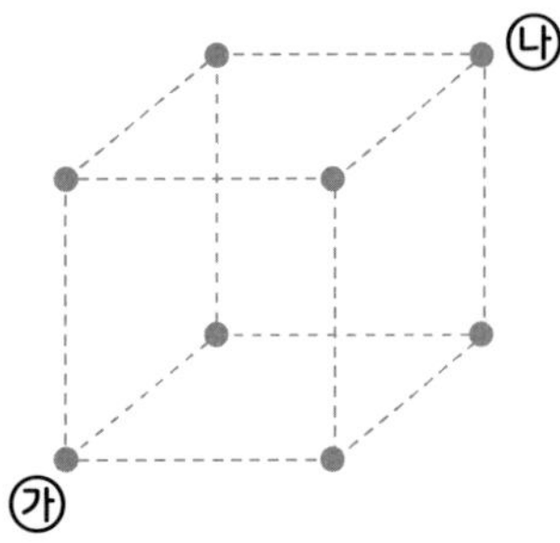

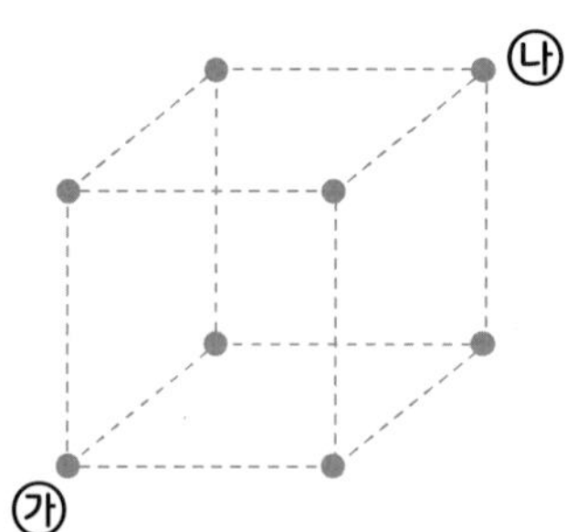

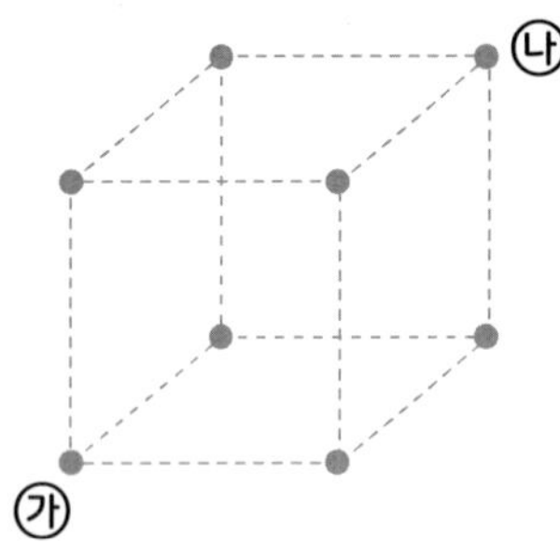

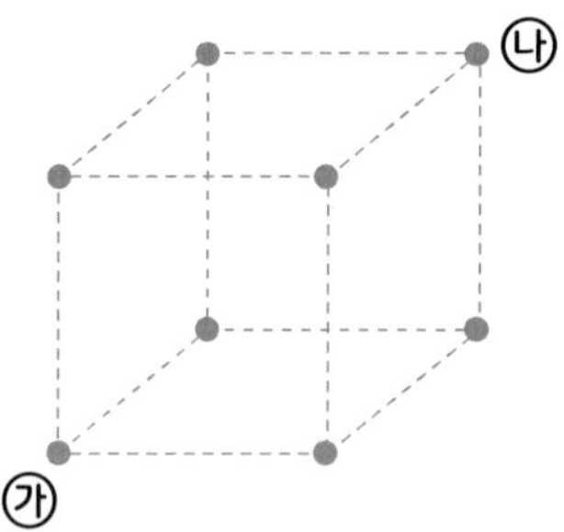

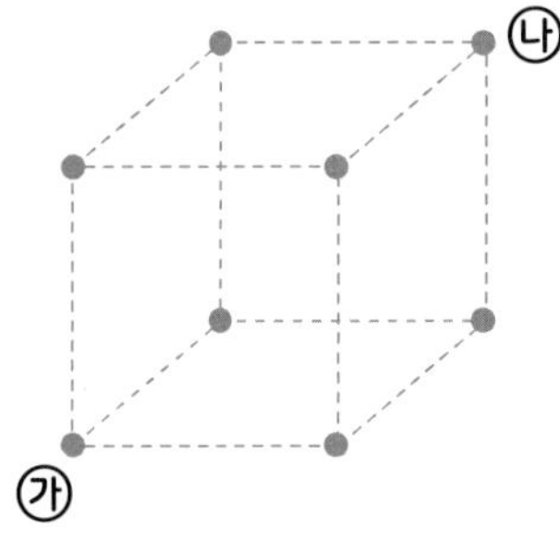

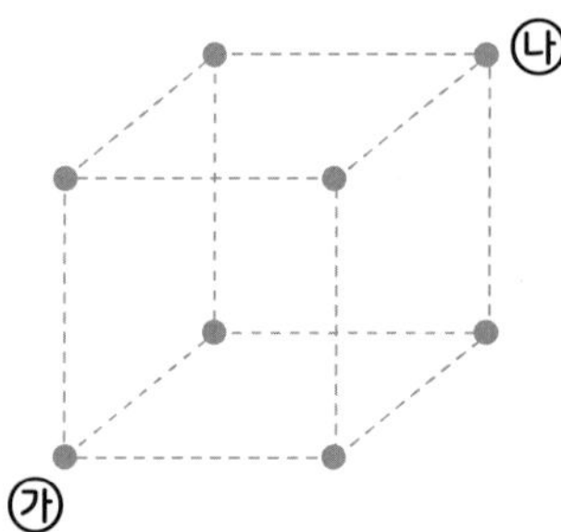

정답과 풀이 49쪽

02 생활 속에서 일어나는 일을 예로 들어 순서도로 표현해 보시오.

보기

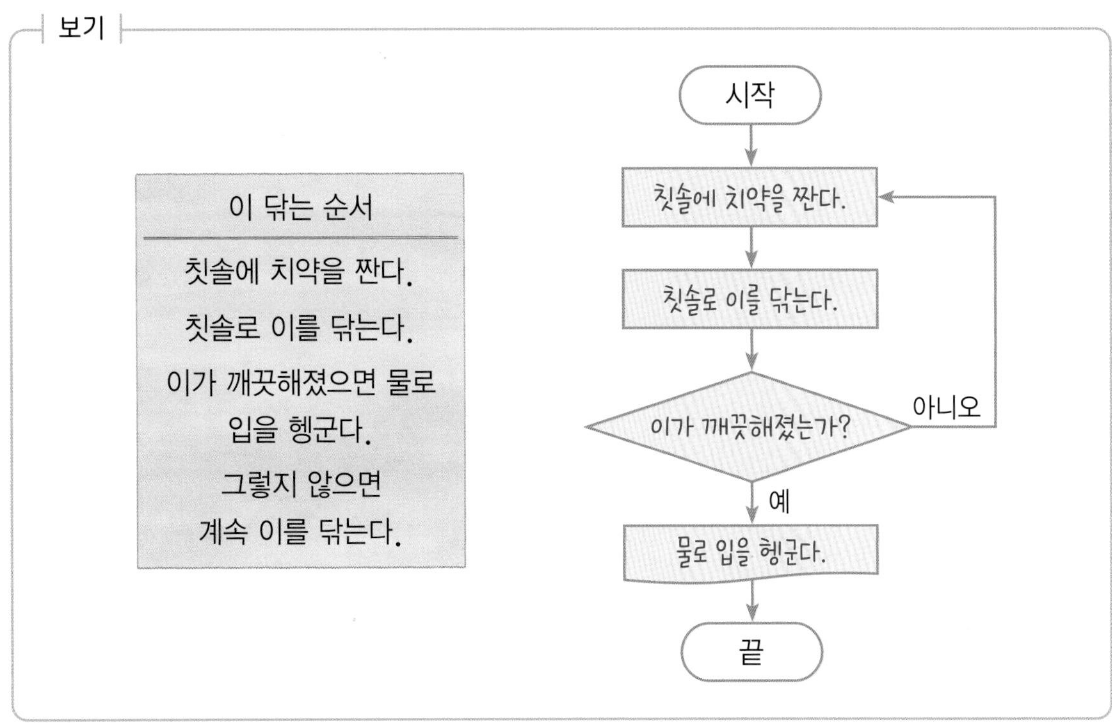

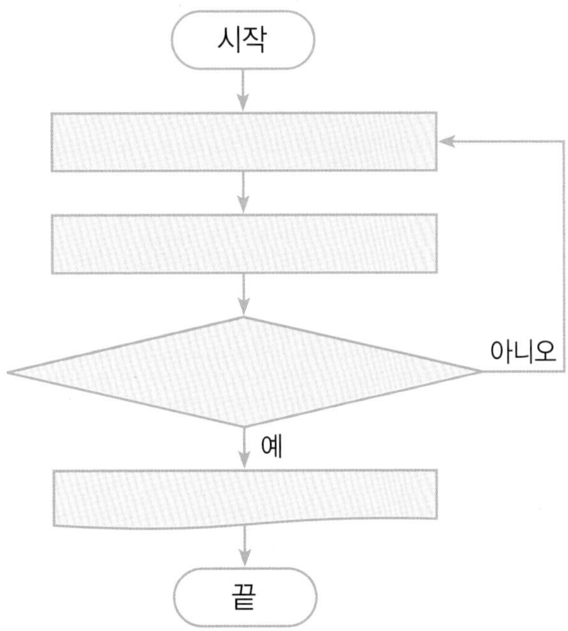

MEMO

영재학급, 영재교육원,
경시대회 준비를 위한

창의사고력
초등수학

팩토

형성 평가
총괄 평가

형성평가

연산 영역

시험일시	년 월 일
이 름	

권장 시험 시간 30분

- ✓ 총 문항 수(10문항)를 확인해 주세요.
- ✓ 권장 시험 시간(30분) 안에 문제를 풀어 주세요.
- ✓ 문제를 정확히 읽고 답을 바르게 쓰세요.
- ✓ 잘 풀리지 않는 문제가 있으면 쉬운 문제부터 해결한 후 다시 도전해 보세요.

채점 결과를 매스티안 홈페이지(https://www.mathtian.com)에 방문하여 양식에 맞게 입력해 보세요.
「형성평가 결과지」를 직접 받아보실 수 있습니다.

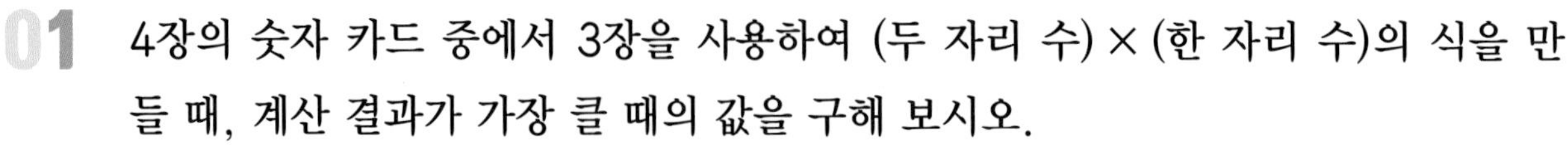

01 4장의 숫자 카드 중에서 3장을 사용하여 (두 자리 수) × (한 자리 수)의 식을 만들 때, 계산 결과가 가장 클 때의 값을 구해 보시오.

02 4장의 숫자 카드를 모두 사용하여 다음과 같이 2가지 방법으로 곱셈식을 만들려고 합니다. 2가지 방법 중 계산 결과가 가장 클 때의 값을 구해 보시오.

3 8
1 7

×

×

03 다음 덧셈식에서 A+B+C의 값을 구해 보시오. (단, A, B, C는 0이 아닌 서로 다른 숫자를 나타냅니다.)

$$\begin{array}{r} B\ A \\ +\ C\ B \\ \hline A\ A\ C \end{array}$$

04 다음 곱셈식에서 각각의 모양이 나타내는 숫자를 구해 보시오. (단, 같은 모양은 같은 숫자를, 다른 모양은 다른 숫자를 나타내고, ♥, ▲, ★은 1이 아닙니다.)

$$\begin{array}{r} ♥\ ▲\ ▲ \\ \times\quad\ ♥ \\ \hline 1\ ★\ ▲\ ♥ \end{array}$$

05 주어진 숫자 카드를 모두 사용하여 세 자리 수끼리의 뺄셈식을 만들려고 합니다. 계산 결과가 가장 클 때와 가장 작을 때의 값을 각각 구해 보시오.

06 라윤이와 주하는 각자 엄마의 휴대폰 번호의 끝 네 자리에 있는 숫자를 모두 사용하여 두 수를 만든 후, 두 수의 곱이 가장 큰 식을 만들려고 합니다. 라윤이와 주하가 사용하려는 숫자가 다음과 같을 때, 계산 결과가 더 큰 식을 만들 수 있는 사람의 이름을 써 보시오.

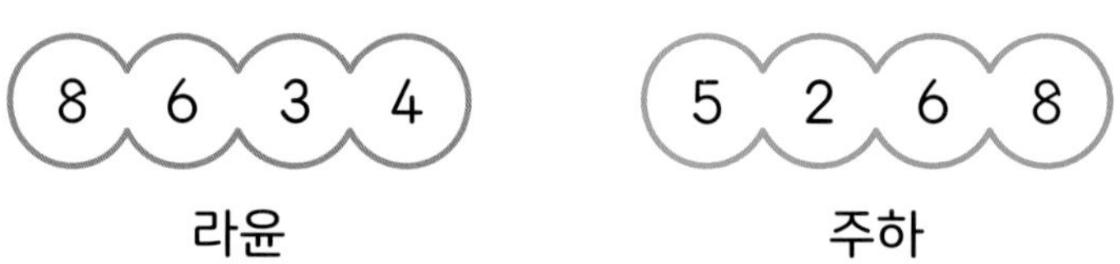

07 다음 식에서 ♠+▲+●의 값을 구해 보시오. (단, 같은 모양은 같은 숫자를, 다른 모양은 다른 숫자를 나타냅니다.)

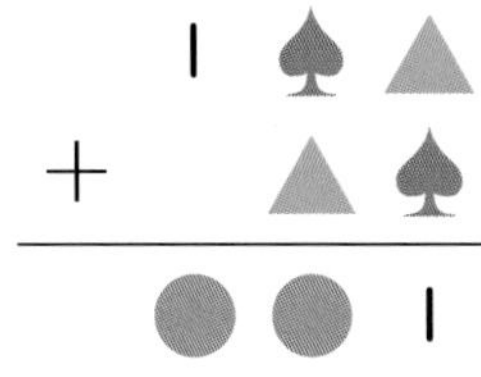

08 다음 식에서 각각의 모양이 나타내는 숫자를 구해 보시오. (단, 같은 모양은 같은 숫자를, 다른 모양은 다른 숫자를 나타냅니다.)

♥×♥+♥+1=♥◆

09 오른쪽과 아래쪽에 있는 수는 각 줄의 모양이 나타내는 수들의 합입니다. ▨ 안에 알맞은 수를 써넣으시오. (단, 같은 모양은 같은 수를, 다른 모양은 다른 수를 나타냅니다.)

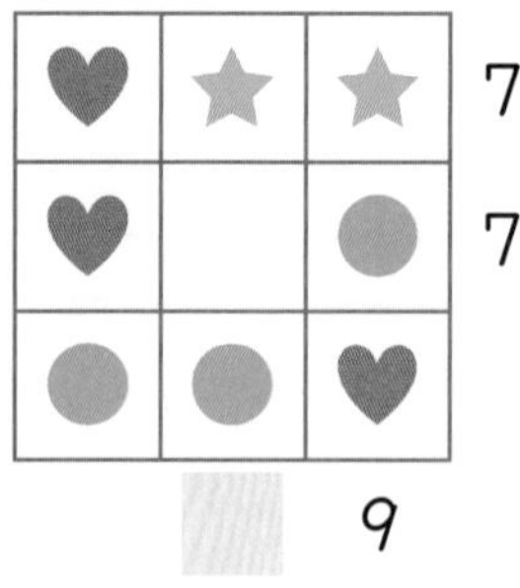

10 다음 식에서 ▨ 안에 알맞은 수를 써넣으시오. (단, 같은 모양은 같은 수를 나타내고, ◆, ●, ♣은 각각 0이 아닌 서로 다른 수입니다.)

◆ + ◆ + ● = 5

♣ − ◆ − ● = 1

◆ − ● = 1

♣ + ♣ − ● = ▨

수고하셨습니다!

정답과 풀이 50쪽

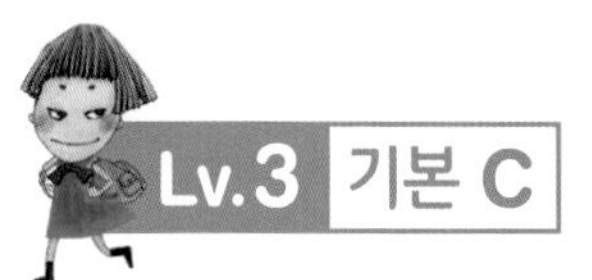

형성평가

공간 영역

시험일시	년 월 일
이 름	

권장 시험 시간 30분

- ✓ 총 문항 수(10문항)를 확인해 주세요.
- ✓ 권장 시험 시간(30분) 안에 문제를 풀어 주세요.
- ✓ 문제를 정확히 읽고 답을 바르게 쓰세요.
- ✓ 잘 풀리지 않는 문제가 있으면 쉬운 문제부터 해결한 후 다시 도전해 보세요.

채점 결과를 매스티안 홈페이지(https://www.mathtian.com)에 방문하여 양식에 맞게 입력해 보세요.
「형성평가 결과지」를 직접 받아보실 수 있습니다.

01 주어진 삼각형과 원을 여러 방향으로 돌려 가며 서로 겹쳤을 때, 겹쳐진 부분의 모양이 될 수 <u>없는</u> 것을 찾아 기호를 써 보시오.

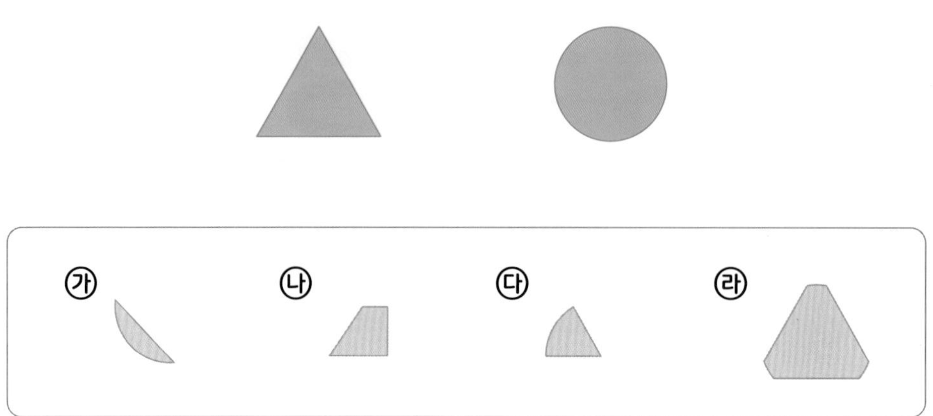

02 다음 중 위에서 본 모양이 같은 모양 2개를 찾아 기호를 써 보시오.

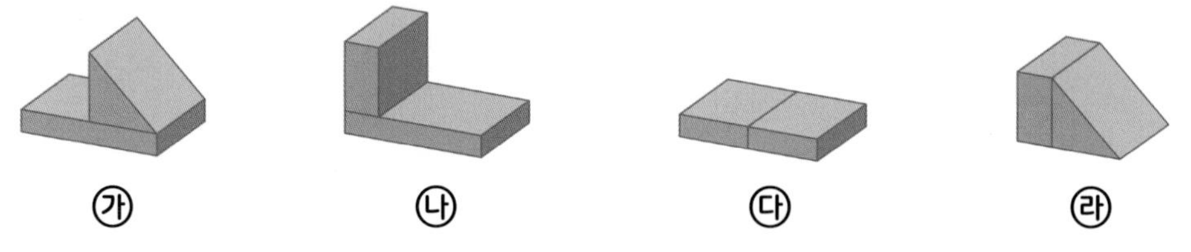

03 주어진 주사위를 맞닿은 두 면의 눈의 수의 합이 5가 되도록 이어 붙였을 때, 분홍색으로 칠한 면의 눈의 수를 구해 보시오. (단, 주사위의 마주 보는 두 면의 눈의 수의 합은 7입니다.)

04 다음과 같이 색종이를 접어 검은색 선을 따라 자른 후 펼쳤을 때 나오는 삼각형과 사각형은 각각 몇 개인지 구해 보시오.

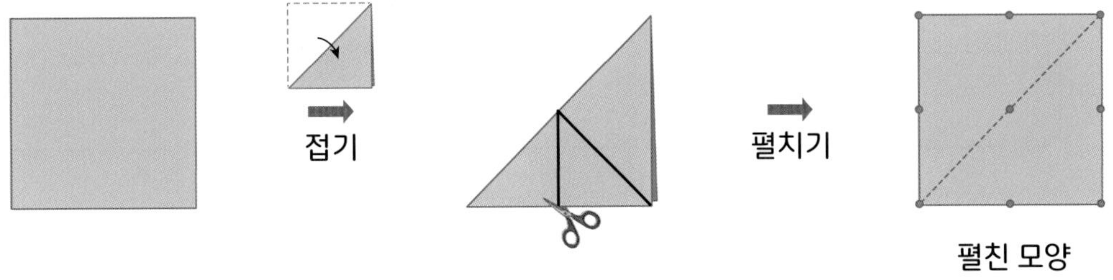

05 다음은 쌓기나무로 쌓은 모양을 위에서 본 모양에 각 자리에 쌓여 있는 쌓기나무의 개수를 나타낸 것입니다. 앞에서 본 모양을 그려 보시오.

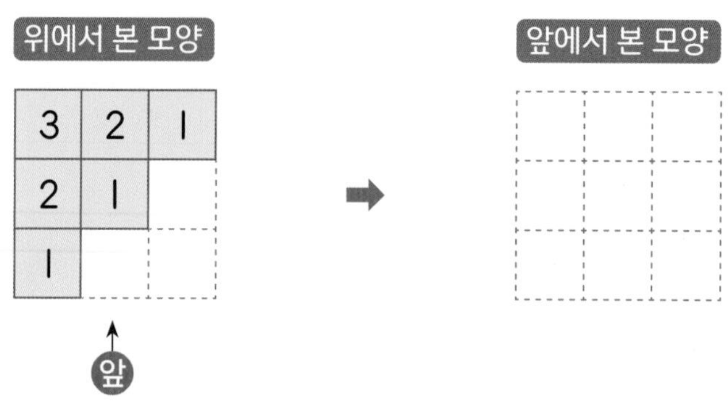

06 다음 종이를 숫자 '5'가 가장 위에 올라오도록 선을 따라 접은 후, 검은색 부분을 자르고 펼쳤습니다. 펼친 모양에 잘려진 부분을 색칠해 보시오. (단, 종이 뒷면에는 아무것도 쓰여 있지 않습니다.)

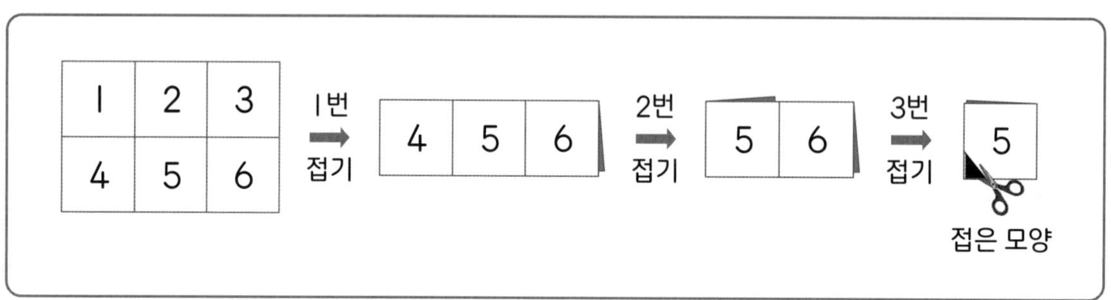

1	2	3
4	5	6

펼친 모양

07 다음과 같이 색종이를 접어 검은색 선을 따라 자른 후 펼쳤을 때 나오는 삼각형과 사각형은 각각 몇 개인지 구해 보시오.

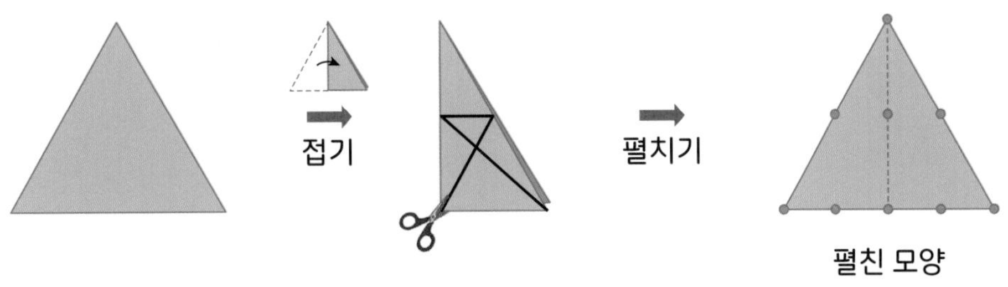

08 주어진 주사위를 맞닿은 두 면의 눈의 수의 합이 6이 되도록 이어 붙였을 때, 분홍색으로 칠한 면의 눈의 수를 구해 보시오. (단, 주사위의 마주 보는 두 면의 눈의 수의 합은 7입니다.)

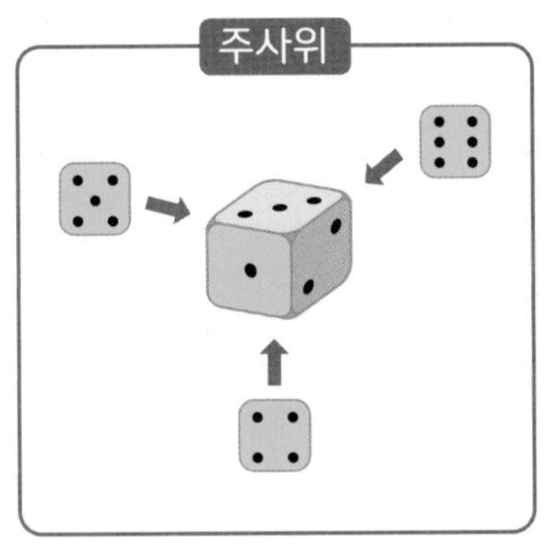

09 다음 모양을 보고 위, 앞, 옆에서 본 모양을 각각 그려 보시오.

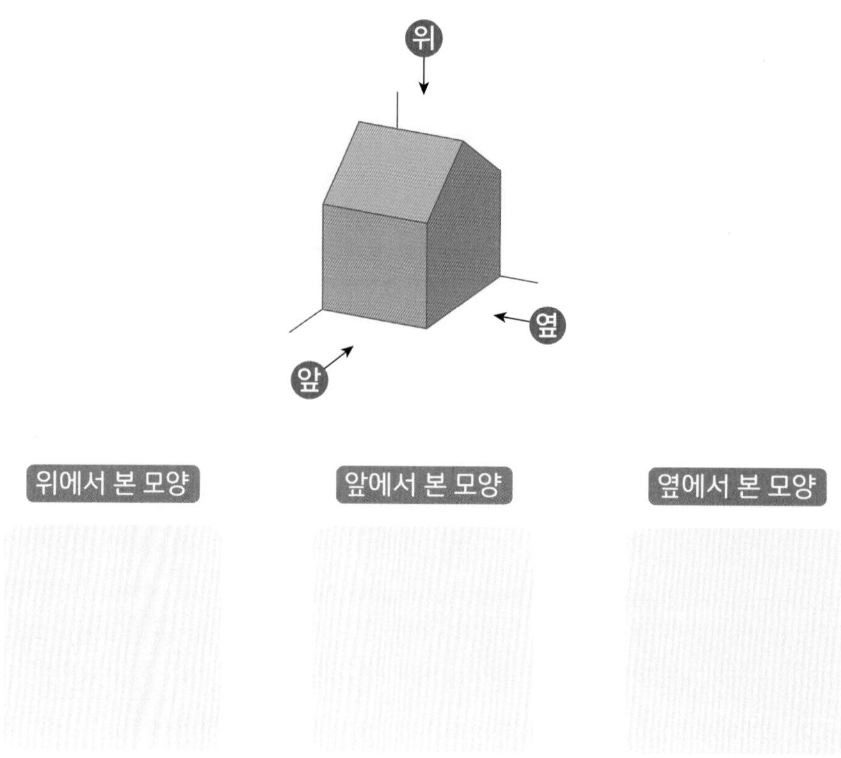

10 다음 종이를 숫자 '1'이 가장 위에 올라오도록 선을 따라 접고, 자른 다음 펼쳤습니다. 펼친 모양의 일부분이 오른쪽과 같이 잘려져 있을 때, 접은 모양에 자른 부분을 색칠해 보시오. (단, 종이 뒷면에는 아무것도 쓰여 있지 않습니다.)

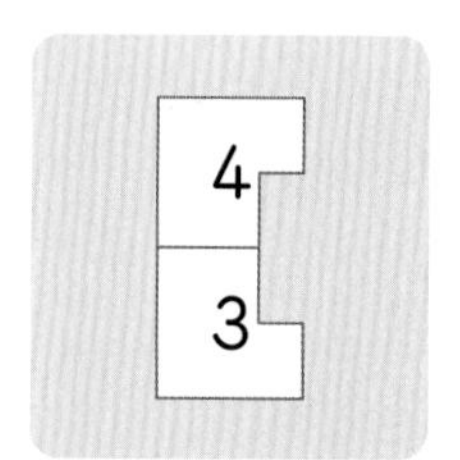

펼친 모양의 일부분

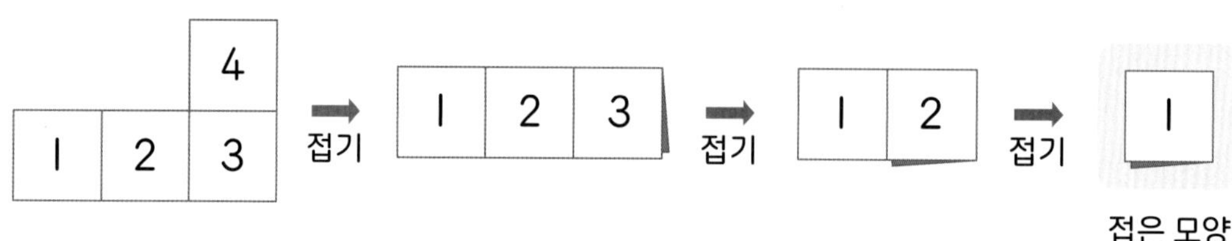

접은 모양

정답과 풀이 53쪽

형성평가

논리추론 영역

시험일시	년 월 일
이 름	

권장 시험 시간 30분

- ✓ 총 문항 수(10문항)를 확인해 주세요.
- ✓ 권장 시험 시간(30분) 안에 문제를 풀어 주세요.
- ✓ 문제를 정확히 읽고 답을 바르게 쓰세요.
- ✓ 잘 풀리지 않는 문제가 있으면 쉬운 문제부터 해결한 후 다시 도전해 보세요.

채점 결과를 매스티안 홈페이지(https://www.mathtian.com)에 방문하여 양식에 맞게 입력해 보세요.
「형성평가 결과지」를 직접 받아보실 수 있습니다.

01 출발에서 도착까지 가는 가장 짧은 길의 가짓수를 구해 보시오.

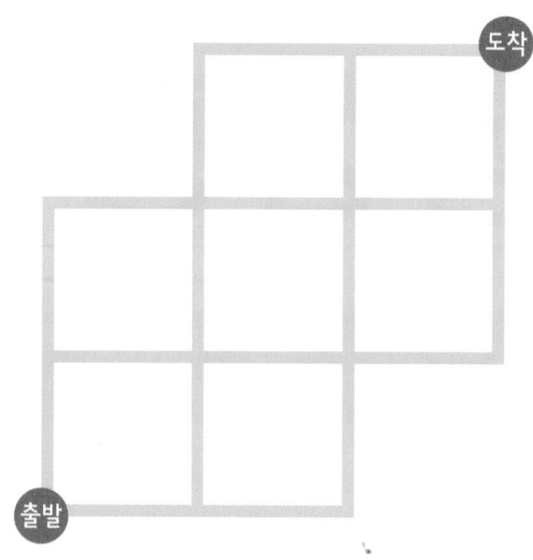

02 3남매 중 1명만 진실을 이야기하고 나머지 2명은 거짓을 이야기했습니다. 숙제를 안 한 사람은 1명일 때, 누구인지 찾아보시오.

03 순서도에서 출력되는 S의 값을 구해 보시오.

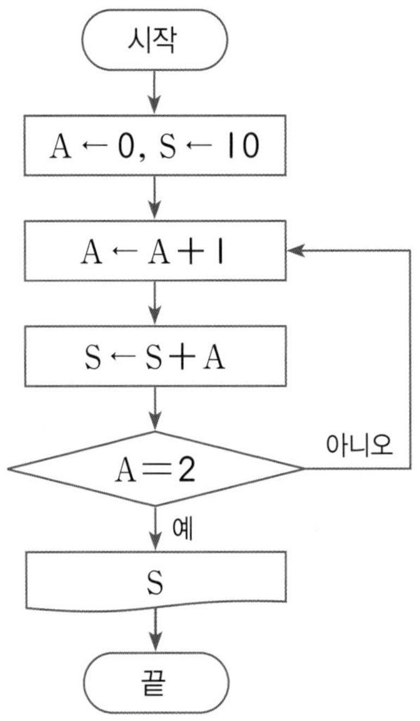

04 도서관에 책들이 꽂혀 있습니다. 책의 위치를 찾아 빈 곳에 알맞게 써넣으시오.

- 동화책과 과학책은 가장 멀리 떨어져 있습니다.
- 역사책의 서쪽에는 소설책이 있습니다.
- 위인전의 북쪽에는 동화책이 있습니다.
- 소설책과 수학책은 마주 보는 자리에 있습니다.

북
서 동
남

05 로봇이 빨간색 길을 따라 장애물(⊗)을 피해 깃발에 도착하도록 순서도를 완성해 보시오. (단, 빈칸에는 한 가지 명령만 쓸 수 있습니다.)

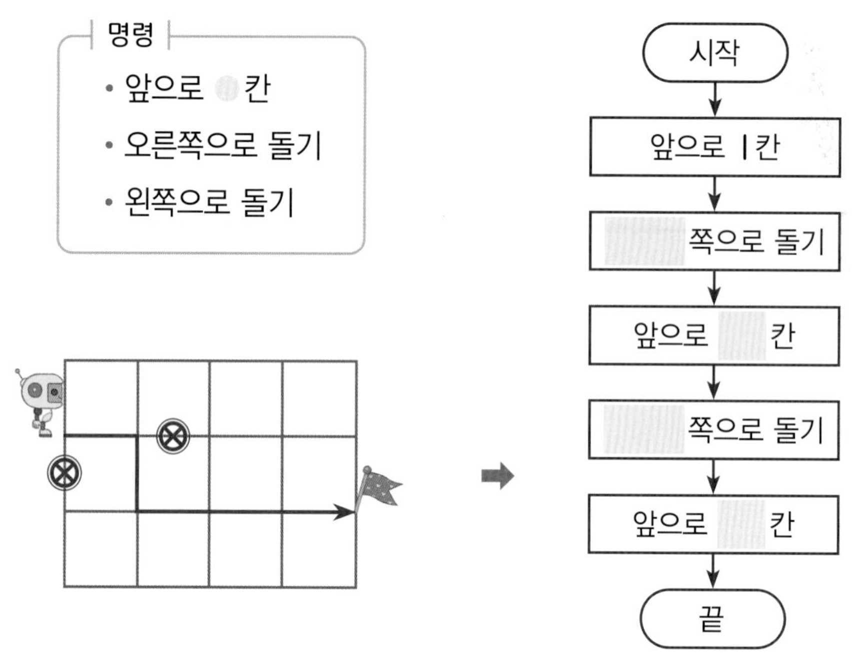

06 도연, 경서, 이현, 태오는 브라질, 네팔, 프랑스, 이탈리아 중 서로 다른 나라를 한 곳씩 가 보고 싶어합니다. 문장을 보고, 표를 이용하여 이현이가 가 보고 싶은 나라를 알아보시오.

- 도연이가 가 보고 싶은 나라는 프랑스입니다.
- 경서가 가 보고 싶은 나라는 브라질, 네팔은 아닙니다.
- 태오는 브라질에 가 보고 싶은 친구와 친합니다.

	브라질	네팔	프랑스	이탈리아
도연				
경서				
이현				
태오				

07 출발에서 도착까지 가는 가장 짧은 길의 가짓수를 구해 보시오.

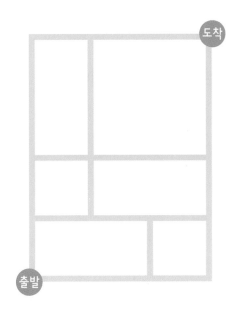

08 3명의 친구 중 1명만 진실을 이야기하고 나머지 2명은 거짓을 이야기했습니다. 케이크를 먹은 사람은 1명일 때, 누구인지 찾아보시오.

- **이안**: 나는 케이크를 먹지 않았어.
- **은우**: 아윤이는 케이크를 먹지 않았어.
- **아윤**: 이안이가 케이크를 먹었어.

09 건물 1층에 서점, 음식점, 편의점, 은행이 있습니다. 가게의 위치를 찾아 빈 곳에 알맞게 써넣으시오.

- 음식점과 편의점은 붙어 있지 않습니다.
- 서점은 음식점의 남쪽에 있습니다.
- 편의점은 서점의 서쪽에 있습니다.

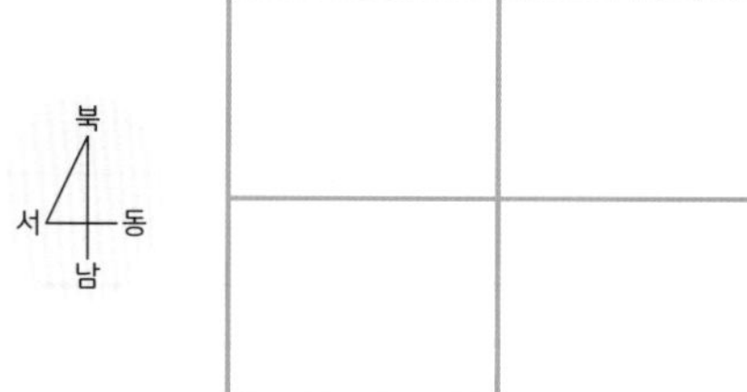

10 도윤, 하준, 선우, 지호는 소방관, 경찰관, 조종사, 건축가 중 서로 다른 장래 희망을 1가지씩 가지고 있습니다. 문장을 보고, 표를 이용하여 친구들의 장래 희망을 알아보시오.

- 하준이의 장래 희망은 비행기를 조종하는 것입니다.
- 지호의 장래 희망은 소방관과 건축가가 아닙니다.
- 선우의 장래 희망은 건물을 짓는 것과 관계 없습니다.

	소방관	경찰관	조종사	건축가
도윤				
하준				
선우				
지호				

수고하셨습니다!

정답과 풀이 56쪽

총괄평가

권장 시험 시간	30분

시험일시	년 월 일
이 름	

- 총 문항 수(10문항)를 확인해 주세요.
- 권장 시험 시간(30분) 안에 문제를 풀어 주세요.
- 문제를 정확히 읽고 답을 바르게 쓰세요.
- 잘 풀리지 않는 문제가 있으면 쉬운 문제부터 해결한 후 다시 도전해 보세요.

채점 결과를 매스티안 홈페이지(https://www.mathtian.com)에 방문하여 양식에 맞게 입력해 보세요. 「총괄평가 결과지」를 직접 받아보실 수 있습니다.

총괄평가

01 주어진 숫자 카드를 모두 사용하여 세 자리 수끼리의 뺄셈식을 만들려고 합니다. 계산 결과가 가장 작을 때의 값을 구해 보시오.

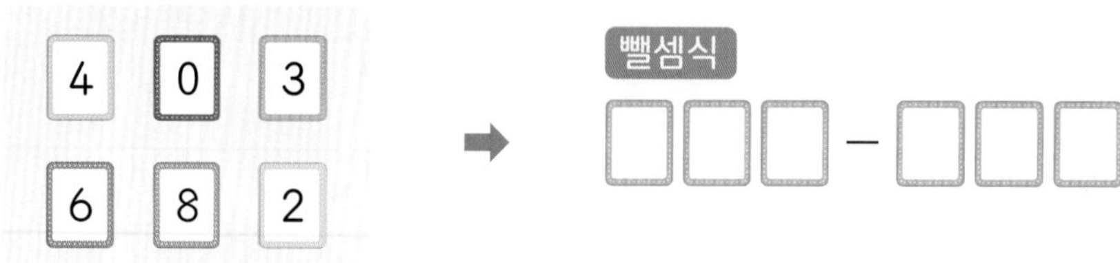

02 6장의 숫자 카드 중 4장을 사용하여 두 수를 만든 후, 두 수의 곱을 구하려고 합니다. 계산 결과가 가장 클 때의 값을 구해 보시오.

1 3 4 6 8 9

03 다음 곱셈식에서 ●, ★이 나타내는 숫자의 합을 구해 보시오. (단, 같은 모양은 같은 숫자를, 다른 모양은 다른 숫자를 나타냅니다.)

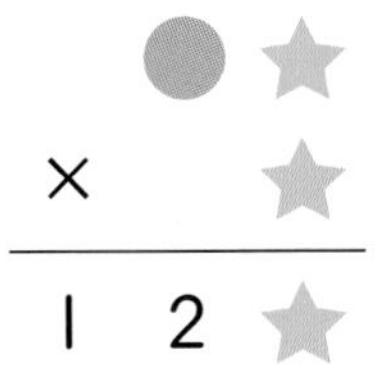

04 오른쪽과 아래쪽에 있는 수는 각 줄의 모양이 나타내는 수들의 합입니다. ▢ 안에 알맞은 수를 써넣으시오. (단, 같은 모양은 같은 수를, 다른 모양은 다른 수를 나타냅니다.)

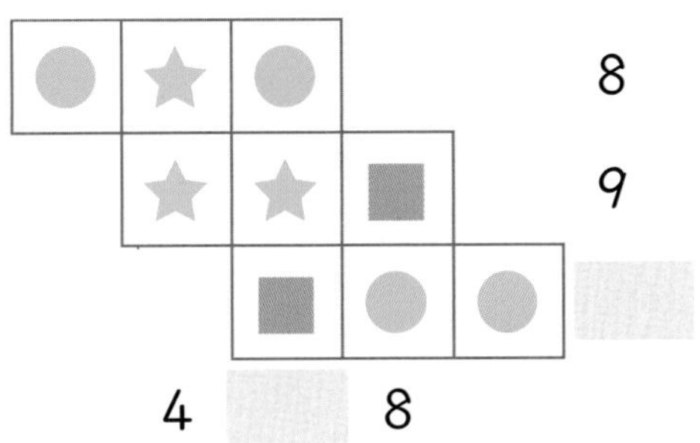

05 다음 모양을 보고 위에서 본 모양을 찾아 기호를 써 보시오.

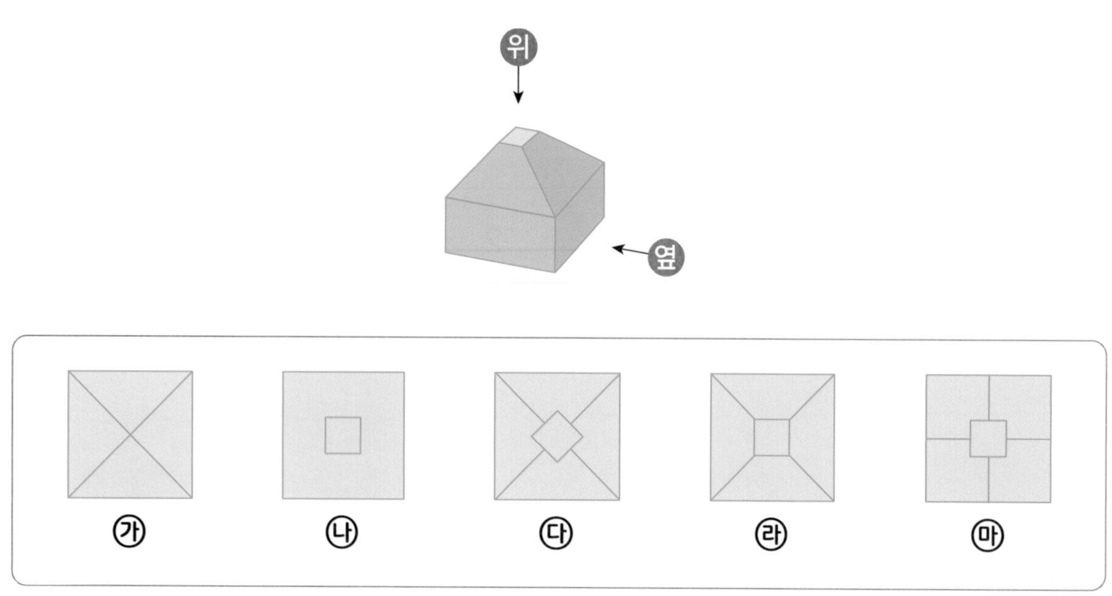

06 다음과 같이 색종이를 접어 검은색 선을 따라 자른 후 펼쳤을 때 나오는 삼각형과 사각형은 각각 몇 개인지 구해 보시오.

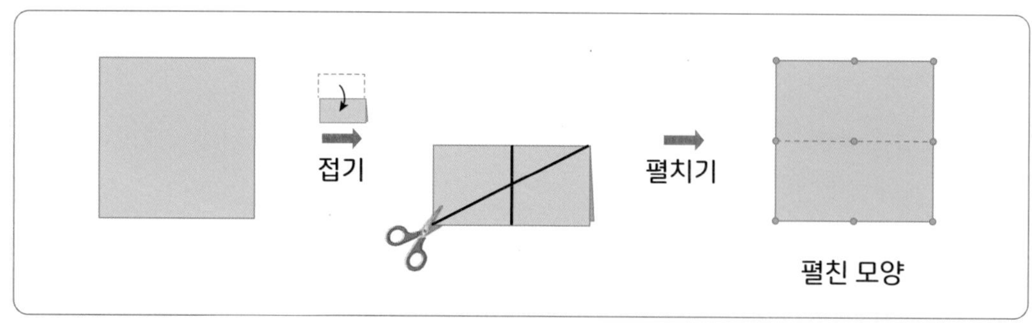

07 다음은 쌓기나무로 쌓은 모양을 위에서 본 모양에 각 자리에 쌓여 있는 쌓기나무의 개수를 나타낸 것입니다. 옆에서 본 모양을 그려 보시오.

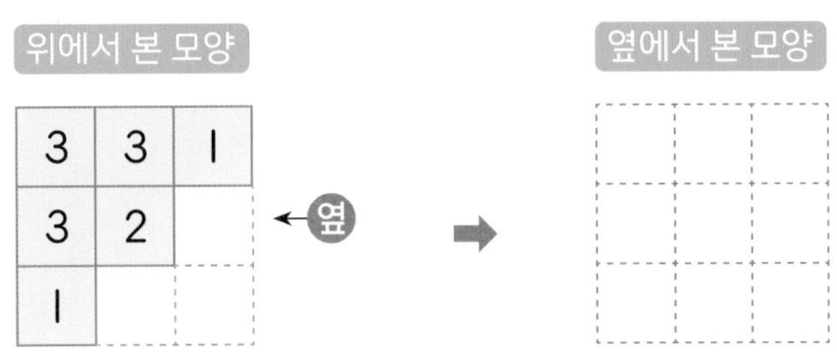

08 그림과 같이 길이 나 있는 도로를 따라 집에서 병원까지 가려고 합니다. 공사 중인 곳은 지날 수 없을 때, 집에서 병원까지 가는 가장 짧은 길의 가짓수를 구해 보시오.

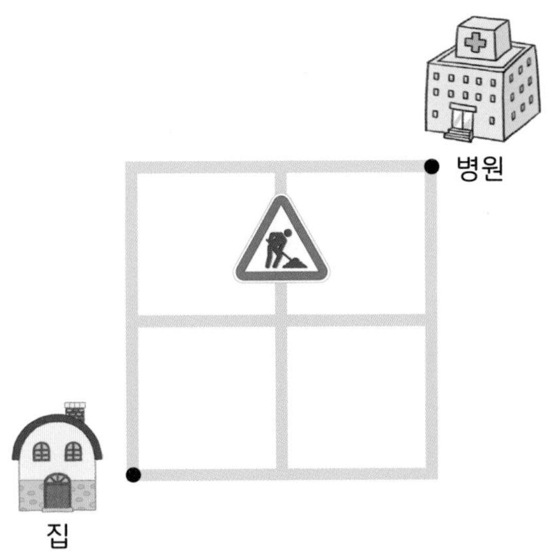

09 순서도에서 출력되는 값을 구해 보시오.

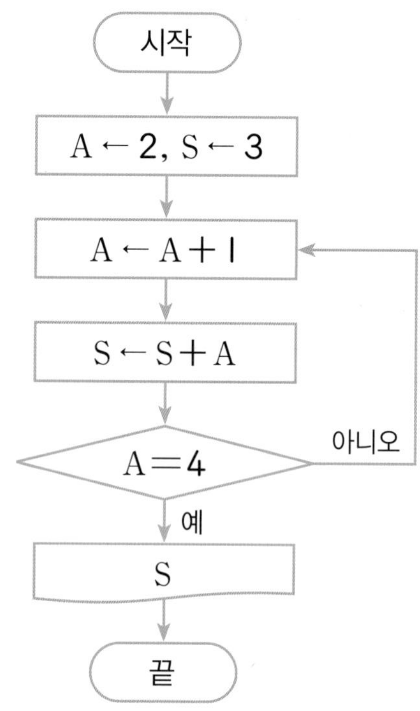

10 토끼, 오리, 강아지, 원숭이가 멀리뛰기 시합을 하였습니다. 다음 설명을 보고 2등을 한 동물의 이름을 써 보시오.

- 토끼는 강아지보다 2배만큼 멀리 뛰었습니다.
- 원숭이보다 멀리 못 뛴 동물은 오리밖에 없습니다.

정답과 풀이 59쪽

창의사고력
초등수학

팩토

팩토는 자유롭게 자신감있게 창의적으로
생각하는 주·니·어·수·학·자입니다.

Free Active Creative Thinking O. Junior mathtian

영재학급, 영재교육원,
경시대회 준비를 위한

창의사고력 초등수학 팩토

명확한 답
친절한 풀이

영재학급, 영재교육원,
경시대회 준비를 위한

창의사고력
초등수학

팩토

1 뺄셈식에서 가장 큰 값, 가장 작은 값

정답과 풀이 02쪽

(세 자리 수)-(세 자리 수)에서 가장 큰 값

주어진 숫자 카드를 모두 사용하여 계산 결과가 가장 큰 값이 되도록 만들어 보시오.

보기

1 3 4 5 7 9

가장 큰 수, 작은 수 만들기 → 큰 수는 빼어지는 수에 작은 수는 빼는 수에 넣기 → 가장 큰 값

가장 큰 수: 975
가장 작은 수: 134

975 − 134 = 841

(1) 3 5 6 1 8 9 가장 큰 값: 986(가장 큰 수) − 135(가장 작은 수) = 851

(2) 1 2 4 5 7 6 가장 큰 값: 765(가장 큰 수) − 124(가장 작은 수) = 641

(3) 4 3 7 3 8 2 가장 큰 값: 874 − 233 = 641

(4) 3 9 7 4 5 0 가장 큰 값: 975 − 304 = 671

8

(세 자리 수)-(세 자리 수)에서 가장 작은 값

주어진 숫자 카드를 모두 사용하여 계산 결과가 가장 작은 값이 되도록 만들어 보시오.

보기

9 0 4 6 8 2

차가 가장 작은 두 수를 백의 자리에 넣기 → 남은 수 중 가장 작은 수를 만들어 빼어지는 수에 넣기 → 남은 수로 가장 큰 수를 만들어 빼는 수에 넣기

9□□ − 8□□ → 902 − 8□□ → 902 − 864 = 38

(1) 4 0 2 6 1 8 가장 작은 값: 204 − 186 = 18 (차가 가장 작은 두 수, 남은 수 중 가장 작은 수, 남은 수 중 가장 큰 수)

(2) 8 9 1 3 5 0 가장 작은 값: 901 − 853 = 48 (차가 가장 작은 두 수, 남은 수 중 가장 작은 수, 남은 수 중 가장 큰 수)

(3) 9 7 5 6 0 2 가장 작은 값: 602 − 597 = 5

(4) 1 0 8 9 0 3 가장 작은 값: 900 − 831 = 69

9

(세 자리 수)-(세 자리 수)에서 가장 큰 값

(1) 9>8>6>5>3>1이므로 만들 수 있는 가장 큰 수는 986이고 가장 작은 수는 135입니다.

(2) 7>6>5>4>2>1이므로 만들 수 있는 가장 큰 수는 765이고 가장 작은 수는 124입니다.

(3) 8>7>4>3=3>2이므로 만들 수 있는 가장 큰 수는 874이고 가장 작은 수는 233입니다.

(4) 9>7>5>4>3>0이므로 만들 수 있는 가장 큰 수는 975이고 백의 자리에 0을 넣을 수 없으므로 가장 작은 수는 304입니다.

(세 자리 수)-(세 자리 수)에서 가장 작은 값

(1) 차가 가장 작은 두 수는 1과 0, 2와 1입니다. 백의 자리에 0을 넣을 수 없으므로 2를 빼어지는 수에, 1을 빼는 수에 넣습니다. 남은 수 4, 0, 6, 8로 만들 수 있는 가장 작은 수 04를 빼어지는 수에, 가장 큰 수 86을 빼는 수에 넣습니다.

(2) 차가 가장 작은 두 수는 1과 0, 9와 8입니다. 백의 자리에 0을 넣을 수 없으므로 9를 빼어지는 수에, 8을 빼는 수에 넣습니다. 남은 수 1, 3, 5, 0으로 만들 수 있는 가장 작은 수 01을 빼어지는 수에, 가장 큰 수 53을 빼는 수에 넣습니다.

(3) 차가 가장 작은 두 수 6과 5 또는 7과 6을 각각 빼어지는 수와 빼는 수에 넣습니다. 두 경우 중 남은 수로 만들 수 있는 가장 작은 수를 비교해 구합니다.

(4) 차가 가장 작은 두 수는 1과 0, 9와 8입니다. 백의 자리에 0을 넣을 수 없으므로 9를 빼어지는 수에, 8을 빼는 수에 넣습니다. 남은 수 1, 0, 0, 3으로 만들 수 있는 가장 작은 수 00을 빼어지는 수에, 가장 큰 수 31을 빼는 수에 넣습니다.

① 뺄셈식에서 가장 큰 값, 가장 작은 값

대표문제

주어진 7장의 숫자 카드 중 6장을 사용하여 세 자리 수끼리의 뺄셈식을 만들려고 합니다. 계산 결과가 가장 작을 때의 값을 구하시오. 4

0 1 3 4 6 7 9 ➡ 뺄셈식 □□□-□□□

STEP ① 차가 가장 작은 2개의 수를 골라 백의 자리에 넣으려고 합니다. 백의 자리에 올 수 있는 2개의 수를 모두 골라 보시오.

방법1 (3, 4)　방법2 (6, 7)

STEP ② STEP①에서 찾은 수를 사용하여 아래의 2가지 방법으로 계산 결과가 가장 작을 때의 값을 각각 구하시오.

	차가 가장 작은 두 수를 백의 자리에 넣기	남은 수 중 가장 작은 수를 만들어 빼어지는 수에 넣기	남은 수로 가장 큰 수를 만들어 빼는 수에 넣기
방법1	4□□ - 3□□	401 - 3□□	401 - 397 = 4
방법2	7□□ - 6□□	701 - 6□□	701 - 694 = 7

STEP ③ STEP②에서 방법1과 방법2 중 계산 결과가 가장 작을 때의 값을 구하시오. 4

10

정답과 풀이 03쪽

01 주어진 7장의 숫자 카드 중 6장을 사용하여 세 자리 수끼리의 뺄셈식을 만들려고 합니다. 계산 결과가 가장 작을 때의 값을 구하시오. 5

0 0 3 5 7 8 9 ➡ 뺄셈식 □□□-□□□

02 주어진 숫자 카드를 모두 사용하여 세 자리 수끼리의 뺄셈식을 만들려고 합니다. 계산 결과가 가장 클 때와 가장 작을 때의 값을 각각 구하시오.
가장 클 때: 672, 가장 작을 때: 18

0 2 4 6 7 8

가장 큰 값: 876 - 204 = 672　가장 작은 값: 702 - 684 = 18

11

대표문제

STEP① 백의 자리에 넣을 수 있는 두 수의 차가 가장 작은 수는 차가 1인 3과 4, 6과 7입니다.

STEP② 방법1 4를 빼어지는 수에, 3을 빼는 수에 넣습니다. 남은 수 0, 1, 6, 7, 9로 만들 수 있는 가장 작은 수 01을 빼어지는 수에, 가장 큰 수 97을 빼는 수에 넣습니다.

방법2 7을 빼어지는 수에, 6을 빼는 수에 넣습니다. 남은 수 0, 1, 3, 4, 9로 만들 수 있는 가장 작은 수 01을 빼어지는 수에, 가장 큰 수 94를 빼는 수에 넣습니다.

STEP③ 계산 결과가 가장 작은 뺄셈식은 $401-397=4$입니다.

01 차가 가장 작은 두 수는 8과 9, 7과 8입니다.

- 백의 자리에 8과 9를 넣을 때:
  남은 수 0, 0, 3, 5, 7로 만들 수 있는 가장 작은 수 00을 빼어지는 수에, 가장 큰 수 75를 빼는 수에 넣습니다.
  ➡ $900-875=25$
- 백의 자리에 7과 8을 넣을 때:
  남은 수 0, 0, 3, 5, 9로 만들 수 있는 가장 작은 수 00을 빼어지는 수에, 가장 큰 수 95를 빼는 수에 넣습니다.
  ➡ $800-795=5$

따라서 차가 가장 작을 때의 값은 5입니다.

02
- 계산 결과가 가장 클 때: $876-204=672$
- 계산 결과가 가장 작을 때:
  차가 가장 작은 두 수는 6과 7, 7과 8입니다.
  백의 자리에 6과 7을 넣고 남은 수 0, 2, 4, 8로 만들 수 있는 계산 결과가 가장 작은 뺄셈식은 $702-684=18$입니다.
  백의 자리에 7과 8을 넣고 남은 수 0, 2, 4, 6으로 만들 수 있는 계산 결과가 가장 작은 뺄셈식은 $802-764=38$입니다.
  따라서 계산 결과가 가장 작은 뺄셈식은 $702-684=18$입니다.

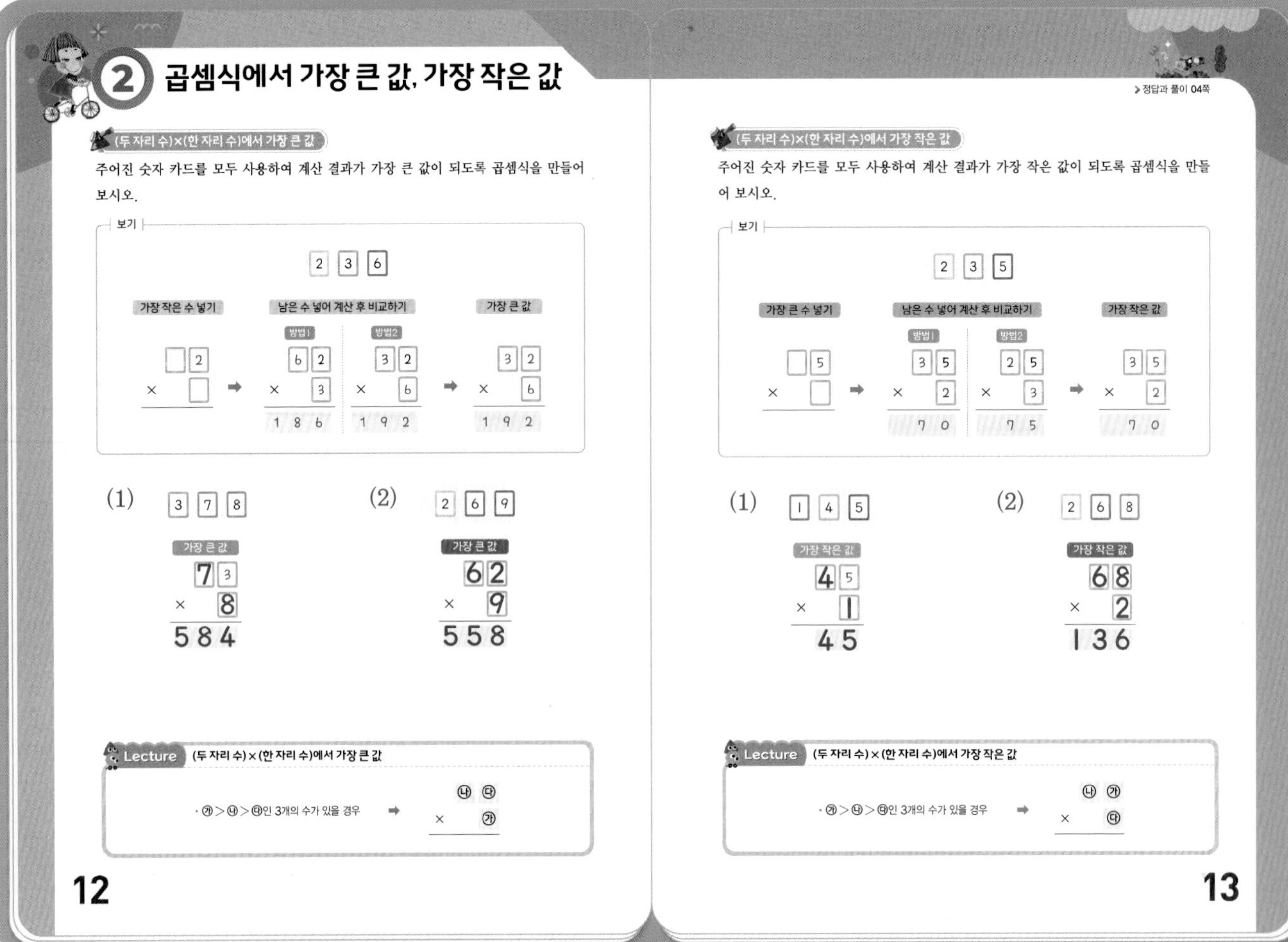

(두 자리 수)×(한 자리 수)에서 가장 큰 값

(1) 빈칸에 7과 8을 넣어 계산 후 비교합니다.

$$\begin{array}{r} 83 \\ \times\ 7 \\ \hline 581 \end{array} \qquad \begin{array}{r} 73 \\ \times\ 8 \\ \hline 584 \end{array}$$

따라서 계산 결과가 가장 큰 곱셈식은 73×8=584입니다.

(2) 가장 작은 수 2를 곱해지는 수의 일의 자리에 넣고 남은 수를 넣어 계산 후 비교합니다.

$$\begin{array}{r} 92 \\ \times\ 6 \\ \hline 552 \end{array} \qquad \begin{array}{r} 62 \\ \times\ 9 \\ \hline 558 \end{array}$$

따라서 계산 결과가 가장 큰 곱셈식은 62×9=558입니다.

(두 자리 수)×(한 자리 수)에서 가장 작은 값

(1) 빈칸에 1과 4를 넣어 계산 후 비교합니다.

$$\begin{array}{r} 15 \\ \times\ 4 \\ \hline 60 \end{array} \qquad \begin{array}{r} 45 \\ \times\ 1 \\ \hline 45 \end{array}$$

따라서 계산 결과가 가장 작은 곱셈식은 45×1=45입니다.

(2) 가장 큰 수 8을 곱해지는 수의 일의 자리에 넣고 남은 수를 넣어 계산 후 비교합니다.

$$\begin{array}{r} 28 \\ \times\ 6 \\ \hline 168 \end{array} \qquad \begin{array}{r} 68 \\ \times\ 2 \\ \hline 136 \end{array}$$

따라서 계산 결과가 가장 작은 곱셈식은 68×2=136입니다.

② 곱셈식에서 가장 큰 값, 가장 작은 값

> 정답과 풀이 05쪽

대표문제

주어진 4장의 숫자 카드 중 3장을 사용하여 (두 자리 수)×(한 자리 수)의 식을 만들려고 합니다. 계산 결과가 가장 클 때의 값을 구하시오. 371

1 3 5 7

□□
× □

STEP① 4장의 숫자 카드 중에서 사용하지 않는 한 장의 숫자 카드의 수를 구하시오. 1

STEP② STEP①에서 찾은 3장의 카드의 숫자를 사용하여 2가지 방법으로 계산 결과가 가장 클 때의 값을 각각 구하시오.

□ 안에 가장 작은 수 넣기 / □ 안에 남은 수 넣어 계산하기

□3 × □ → 방법1: 73 × 5 = 365 / 방법2: 53 × 7 = 371

STEP③ STEP②의 계산 결과를 비교하여 계산 결과가 가장 클 때의 값을 구하시오. 371

14

01 주어진 4장의 숫자 카드 중 3장을 사용하여 (두 자리 수)×(한 자리 수)의 식을 만들려고 합니다. 계산 결과가 가장 작을 때의 값을 구하시오. 141

3 4 7 9

□□
× □

02 은서와 지우가 각각 가지고 있는 숫자 카드를 모두 사용하여 (두 자리 수)×(한 자리 수)의 식을 만들려고 합니다. 더 큰 곱을 만들 수 있는 사람의 이름을 써 보시오. 지우

<은서> 2 4 7 <지우> 1 5 6

15

대표문제

STEP① 곱이 가장 클 때의 값을 구해야 하므로 가장 작은 수 1은 사용하지 않습니다.

STEP② 3, 5, 7 중에서 가장 작은 수 3을 곱해지는 수의 일의 자리에 넣고, 남은 수 5와 7을 2가지 방법으로 넣은 후 계산해 봅니다.

STEP③ 365<371이므로 곱이 가장 클 때의 값은 371입니다.

01 곱이 가장 작을 때의 값을 구해야 하므로 가장 큰 수 9는 사용하지 않습니다.
3, 4, 7 중에서 가장 큰 수 7을 곱해지는 수의 일의 자리에 넣고 남은 수를 넣어 계산 후 비교합니다.

$37 \times 4 = 148$, $47 \times 3 = 141$

따라서 계산 결과가 가장 작을 때의 값은 141입니다.

02 • 은서가 만들 수 있는 가장 큰 곱

$42 \times 7 = 294$

• 지우가 만들 수 있는 가장 큰 곱

$51 \times 6 = 306$

따라서 지우가 더 큰 곱을 만들 수 있습니다.

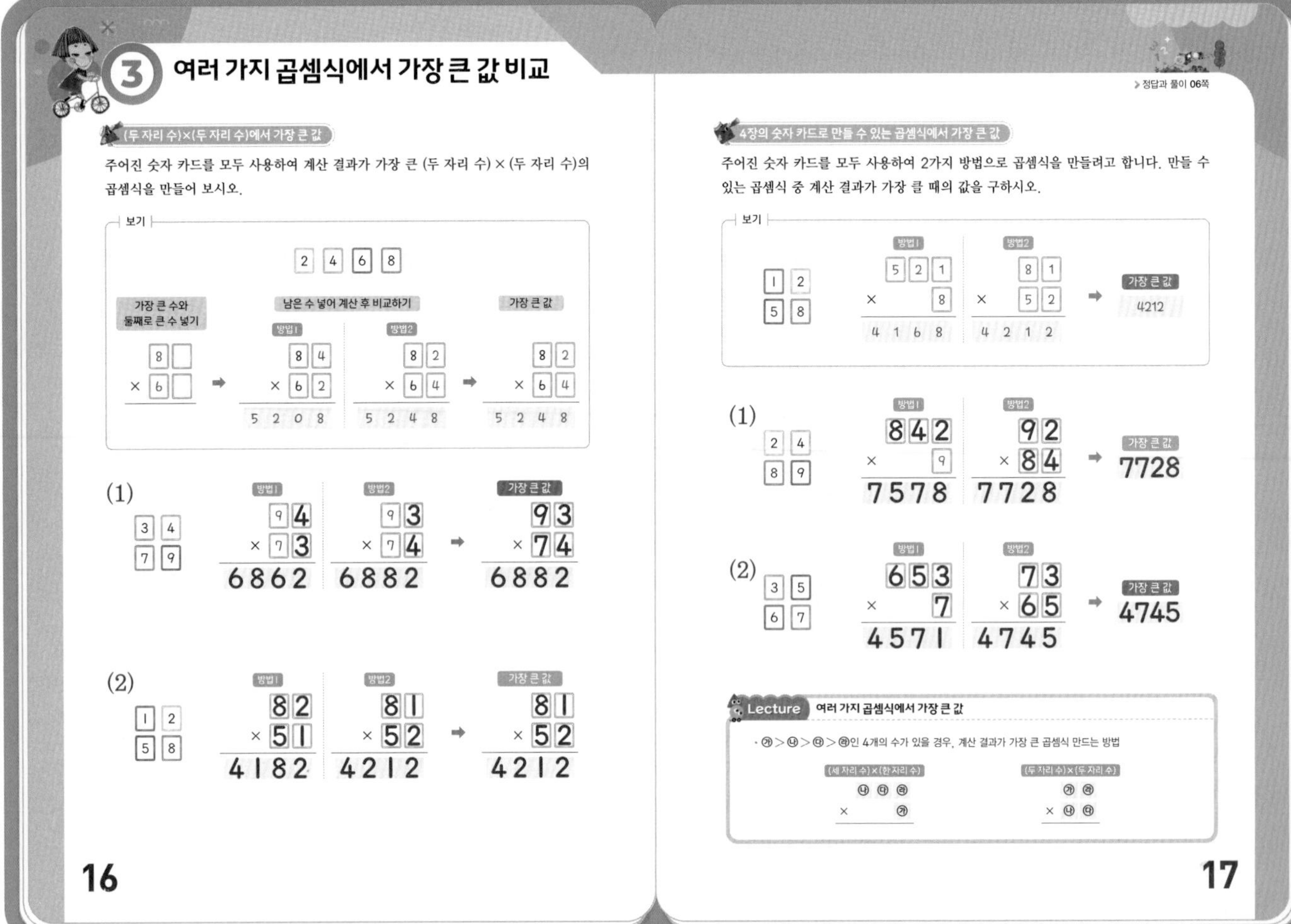

(두 자리 수)×(두 자리 수)에서 가장 큰 값

(1) 가장 큰 수 9와 둘째로 큰 수 7을 십의 자리에 넣고, 남은 수 3과 4를 일의 자리에 넣어 계산한 후 비교합니다.
6862 $<$ 6882이므로 곱이 가장 큰 곱셈식은
93 $\times$ 74 $=$ 6882입니다.

(2) 가장 큰 수 8과 둘째로 큰 수 5를 십의 자리에 넣고, 남은 수 1과 2를 일의 자리에 넣어 계산한 후 비교합니다.
4182 $<$ 4212이므로 곱이 가장 큰 곱셈식은
81 $\times$ 52 $=$ 4212입니다.

4장의 숫자 카드로 만들 수 있는 곱셈식에서 가장 큰 값

방법1 가장 큰 수를 곱하는 수에 넣고, 남은 수로 가장 큰 세 자리 수를 만들어 곱해지는 수에 넣습니다.

방법2 가장 큰 수와 둘째로 큰 수를 십의 자리에 넣고, 남은 두 수를 일의 자리에 넣어 계산한 후 비교합니다.

(1) 7578 $<$ 7728이므로 곱이 가장 클 때의 값은 7728입니다.

(2) 4571 $<$ 4745이므로 곱이 가장 클 때의 값은 4745입니다.

3 여러 가지 곱셈식에서 가장 큰 값 비교

대표문제

주어진 4장의 숫자 카드를 모두 사용하여 다음과 같이 2가지 방법으로 곱셈식을 만들려고 합니다. 만들 수 있는 곱셈식 중 계산 결과가 가장 클 때의 값을 구하시오. 2460

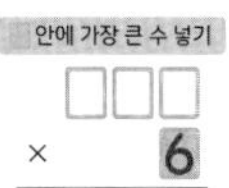

□□□ × □　　□□ × □□

STEP① 4장의 숫자 카드를 사용하여 계산 결과가 가장 클 때의 (세 자리 수)×(한 자리 수)를 만들어 계산해 보시오.

안에 가장 큰 수 넣기: □□□ × 6

안에 남은 수 넣어 계산하기: 410 × 6 = 2460

STEP② 4장의 숫자 카드를 사용하여 계산 결과가 가장 클 때의 (두 자리 수)×(두 자리 수)를 만들어 계산해 보시오.

안에 가장 큰 수와 둘째로 큰 수 넣기: 6□ × 4□ ➡

안에 남은 수 넣어 계산 후 비교하기: 방법1 61 × 40 = 2440, 방법2 60 × 41 = 2460

STEP③ STEP① 과 STEP② 의 계산 결과를 비교하여 계산 결과가 가장 클 때의 값을 구하시오. 2460

18

정답과 풀이 07쪽

01 주어진 5장의 숫자 카드 중 4장을 사용하여 두 수를 만든 후, 두 수의 곱을 구하려고 합니다. 계산 결과가 가장 클 때의 값을 구하시오. 4565

1 3 5 5 8

02 유나와 지호는 자동차의 번호판에 적힌 숫자를 모두 사용하여 두 수를 만든 후, 두 수의 곱이 가장 큰 식을 만들려고 합니다. 유나와 지호 중 계산 결과가 더 큰 식을 만들 수 있는 사람을 찾아보시오. 유나

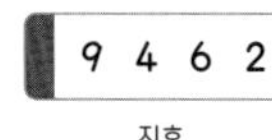

2 8 7 3 (유나)　　9 4 6 2 (지호)

19

대표문제

STEP① 가장 큰 수 6을 곱하는 수에 넣고, 남은 수로 만든 가장 큰 수 410을 곱해지는 수에 넣습니다.

STEP② 가장 큰 수 6과 둘째로 큰 수 4를 십의 자리에 넣고, 남은 두 수 0과 1을 일의 자리에 2가지 방법으로 넣어 계산한 후 비교합니다.

STEP③ 2460＞2440이므로 곱이 가장 클 때의 값은 2460입니다.

01 4장을 골라 곱이 가장 큰 곱셈식을 만들어야 하므로 가장 작은 수인 1은 사용하지 않습니다.
3, 5, 5, 8을 이용하여 (세 자리 수)×(한 자리 수) 또는 (두 자리 수)×(두 자리 수)의 곱이 가장 클 때의 값을 구해 비교합니다.

(세 자리 수)×(한 자리 수)	(두 자리 수)×(두 자리 수)
553 × 8 = 4424	83 × 55 = 4565

02 숫자 4개를 사용하여 (세 자리 수)×(한 자리 수) 또는 (두 자리 수)×(두 자리 수)를 만들 수 있습니다. 2가지 곱셈식 중 계산 결과를 더 크게 만들 수 있는 것은 (두 자리 수)×(두 자리 수)입니다.

〈유나〉	〈지호〉
82 × 73 = 5986	92 × 64 = 5888

따라서 곱이 더 큰 식을 만들 수 있는 사람은 유나입니다.

01 주어진 7장의 숫자 카드 중 6장을 사용하여 세 자리 수끼리의 뺄셈식을 만들려고 합니다. 계산 결과가 가장 클 때의 값을 구하시오. 783

0 2 3 4 6 8 9

02 주어진 5장의 숫자 카드 중 3장을 사용하여 두 수를 만든 후, 두 수의 곱을 구하려고 합니다. 계산 결과가 가장 클 때와 가장 작을 때의 값의 합을 구하시오. 555

1 3 5 6 8

20

정답과 풀이 08쪽

03 민기와 수지는 각자 가지고 있는 5장의 숫자 카드 중 4장을 사용하여 계산 결과가 가장 큰 (세 자리 수) × (한 자리 수)의 식을 만들려고 합니다. 민기와 수지 중 계산 결과가 더 큰 식을 만들 수 있는 사람을 찾아보시오. 수지

〈민기〉 3 9 0 6 5

〈수지〉 7 4 2 5 8

04 서로 다른 4개의 숫자를 사용하여 계산 결과가 가장 큰 (두 자리 수) × (두 자리 수)의 식을 만들어 보시오.

$$\begin{array}{r} 96 \\ \times\ 87 \\ \hline 8352 \end{array}$$

21

01 차가 가장 크려면 가장 큰 세 자리 수에서 가장 작은 세 자리 수를 빼야 합니다.
만들 수 있는 가장 큰 수는 986, 가장 작은 수는 203입니다.
➡ 986－203＝783

02 수 카드 3장으로 만들 수 있는 두 수는 두 자리 수와 한 자리 수이므로 (두 자리 수) × (한 자리 수)의 곱셈식을 만듭니다.

〈곱이 가장 클 때〉

$$\begin{array}{r} 65 \\ \times\ \ 8 \\ \hline 520 \end{array}$$

〈곱이 가장 작을 때〉

$$\begin{array}{r} 35 \\ \times\ \ 1 \\ \hline 35 \end{array}$$

따라서 곱이 가장 큰 값과 가장 작은 값의 합은 520＋35＝555입니다.

03 가장 큰 수를 곱하는 수에 넣고 남은 수로 가장 큰 세 자리 수를 만들어 곱해지는 수에 넣습니다.

〈민기〉

$$\begin{array}{r} 653 \\ \times\ \ \ 9 \\ \hline 5877 \end{array}$$

〈수지〉

$$\begin{array}{r} 754 \\ \times\ \ \ 8 \\ \hline 6032 \end{array}$$

두 사람이 만든 식의 계산 결과는 수지가 더 큽니다.

04 계산 결과가 가장 크기 위해서는 큰 숫자인 9, 8, 7, 6을 사용하여야 합니다. 가장 큰 수와 둘째로 큰 수를 십의 자리에 각각 넣고, 남은 수를 일의 자리에 2가지 방법으로 넣어 계산 후 비교합니다.

$$\begin{array}{r} 97 \\ \times\ 86 \\ \hline 8342 \end{array} \qquad \begin{array}{r} 96 \\ \times\ 87 \\ \hline 8352 \end{array}$$

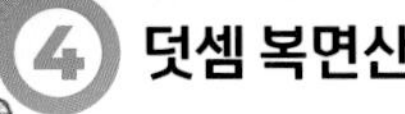

4 덧셈 복면산

정답과 풀이 09쪽

덧셈 복면산 (1)

|보기|와 같은 방법으로 각각의 모양이 나타내는 숫자를 구하시오. (단, 같은 모양은 같은 숫자를, 다른 모양은 다른 숫자를 나타냅니다.)

보기

★+★의 계산 결과의 일의 자리 숫자가 2가 되는 경우를 생각하여 식을 만족시키는 수를 찾습니다.

★★ + ★ = 72 ➡ 경우1: 11 + 1 = ~~7~~② / 경우2: 66 + 6 = ⑦② ➡ ★=6

♥♥ + ♥♥ = 154 ➡ 경우1: 22 + 22 = 15④ / 경우2: 77 + 77 = 15④ ➡ ♥=7

⬟▲ + ⬟▲ = 118 ➡ 경우1: 54 + 54 = ①~~X~~⑧ / 경우2: 59 + 59 = ①①⑧ ➡ ⬟=5, ▲=9

◆◆ + ●◆ = 166 ➡ 경우1: 33 + 73 = ①~~X~~⑥ / 경우2: 88 + 78 = ①⑥⑥ ➡ ◆=8, ●=7

덧셈 복면산 (2)

각각의 모양이 나타내는 숫자를 구하시오. (단, 같은 모양은 같은 숫자를, 다른 모양은 다른 숫자를 나타냅니다.)

(1) ◆2 + ◆♥ = 6◆ ➡ ◆=3, ♥=1

(2) ▲▲ + ▲● = 111 ➡ ▲=5, ●=6

(3) ★■ + ★■ + ★■ = 111 ➡ ★=3, ■=7

(4) ♣◆ + ♣◆ + ♣◆ = 222 ➡ ♣=7, ◆=4

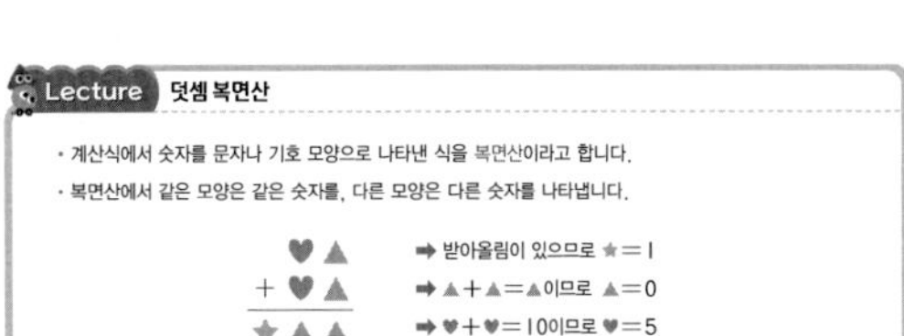
Lecture 덧셈 복면산

- 계산식에서 숫자를 문자나 기호 모양으로 나타낸 식을 복면산이라고 합니다.
- 복면산에서 같은 모양은 같은 숫자를, 다른 모양은 다른 숫자를 나타냅니다.

♥▲ + ♥▲ = ★▲▲

➡ 받아올림이 있으므로 ★=1
➡ ▲+▲=▲이므로 ▲=0
➡ ♥+♥=10이므로 ♥=5

22 23

덧셈 복면산 (1)

TIP 주어진 조건으로 모양이 나타내는 수를 예상하기 쉬운 곳부터 시작하여 차근차근 풀어 나갑니다.
덧셈식에서는 계산 결과의 가장 큰 자리 수나 받아올림이 문제 해결의 실마리가 되는 경우가 많습니다.

덧셈 복면산 (2)

(1) 십의 자리 계산에서 받아올림이 없으므로
◆+◆=6 ➡ ◆=3
2+♥=3 ➡ ♥=1

(2) 일의 자리와 십의 자리 계산에서 받아올림이 있으므로
▲+●=11, ▲+▲=10입니다.
▲+▲=10 ➡ ▲=5
5+●=11 ➡ ●=6

(3) ■+■+■=1이 될 수 있는 ■는 없으므로
■+■+■=21 ➡ ■=7
2+★+★+★=11
★+★+★=9 ➡ ★=3

(4) 일의 자리 계산에서 받아올림이 있으므로
◆+◆+◆=12 ➡ ◆=4
1+♣+♣+♣=22
♣+♣+♣=21 ➡ ♣=7

④ 덧셈 복면산

정답과 풀이 10쪽

대표문제

다음 덧셈식에서 A, B, C가 나타내는 숫자를 각각 구하시오. (단, A, B, C는 0이 아닌 서로 다른 숫자를 나타냅니다.) A=1, B=2, C=9

$$\begin{array}{r} A\ B \\ +\ C\ C \\ \hline A\ A\ A \end{array}$$

STEP① Ⓐ가 나타내는 숫자를 구하시오. 1

$$\begin{array}{r} A\ B \\ +\ C\ C \\ \hline A\ A\ A \end{array}$$

STEP② STEP①에서 구한 숫자를 안에 써넣은 후 C가 나타내는 숫자를 구하시오. 9

$$\begin{array}{r} 1\ B \\ +\ C\ C \\ \hline 1\ 1\ 1 \end{array}$$

STEP③ STEP①과 STEP②에서 구한 숫자를 안에 써넣은 후 B가 나타내는 숫자를 구하시오. 2

$$\begin{array}{r} 1\ B \\ +\ 9\ 9 \\ \hline 1\ 1\ 1 \end{array}$$

24

01 다음 식에서 각각의 모양이 나타내는 숫자를 구하시오. (단, 같은 모양은 같은 숫자를, 다른 모양은 다른 숫자를 나타냅니다.) ♥=8, ★=9

$$\begin{array}{r} ♥\ ★ \\ +\ \ ★ \\ \hline ★\ ♥ \end{array}$$

02 다음 식에서 ◆×▲×●의 값을 구하시오. (단, 같은 모양은 같은 숫자를, 다른 모양은 다른 숫자를 나타냅니다.) 48

$$\begin{array}{r} 1\ ◆\ ▲ \\ +\ \ ▲\ 4 \\ \hline ●\ ●\ ● \end{array}$$

25

대표문제

STEP① (두 자리 수)+(두 자리 수)의 합은 200을 넘을 수 없습니다. 따라서 A=1입니다.

STEP② B, C는 0이 아닌 서로 다른 두 수이므로 일의 자리 계산에서 받아올림이 있습니다.
➡ 1+1+C=11, C=9

$$\begin{array}{r} {}^{1}\ \ \\ 1\ B \\ +\ C\ C \\ \hline 1\ 1\ 1 \end{array}$$

STEP③ B+9=11이므로 B=2입니다.

01

$$\begin{array}{r} ♥\ ★ \\ +\ \ ★ \\ \hline ★\ ♥ \end{array}$$ ➡ ♥+1=★

$$\begin{array}{r} ♥\ ★ \\ +\ \ ★ \\ \hline ★\ ♥ \end{array}$$ ➡ ★+★=10+♥

이 두 조건을 만족하는 수는 ♥=8, ★=9입니다.

$$\begin{array}{r} 8\ 9 \\ +\ \ 9 \\ \hline 9\ 8 \end{array}$$

02 주어진 식에서 계산 결과의 백의 자리 수인 ●은 1 또는 2가 됩니다.

① ●=1일 때

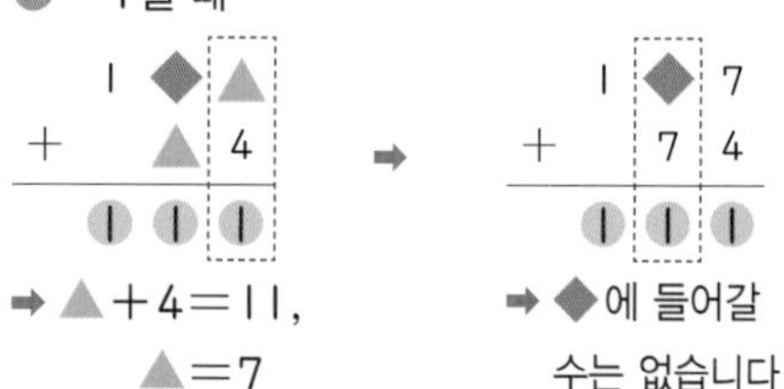

$$\begin{array}{r} 1\ ◆\ ▲ \\ +\ \ ▲\ 4 \\ \hline 1\ 1\ 1 \end{array}$$ ➡ $$\begin{array}{r} 1\ ◆\ 7 \\ +\ \ 7\ 4 \\ \hline 1\ 1\ 1 \end{array}$$

➡ ▲+4=11, ▲=7

➡ ◆에 들어갈 수는 없습니다.

② ●=2일 때

$$\begin{array}{r} 1\ ◆\ ▲ \\ +\ \ ▲\ 4 \\ \hline 2\ 2\ 2 \end{array}$$ ➡ $$\begin{array}{r} 1\ ◆\ 8 \\ +\ \ 8\ 4 \\ \hline 2\ 2\ 2 \end{array}$$

➡ ▲+4=12, ▲=8

➡ 1+◆+8=12, ◆=3

따라서 ◆×▲×●=3×8×2=48입니다.

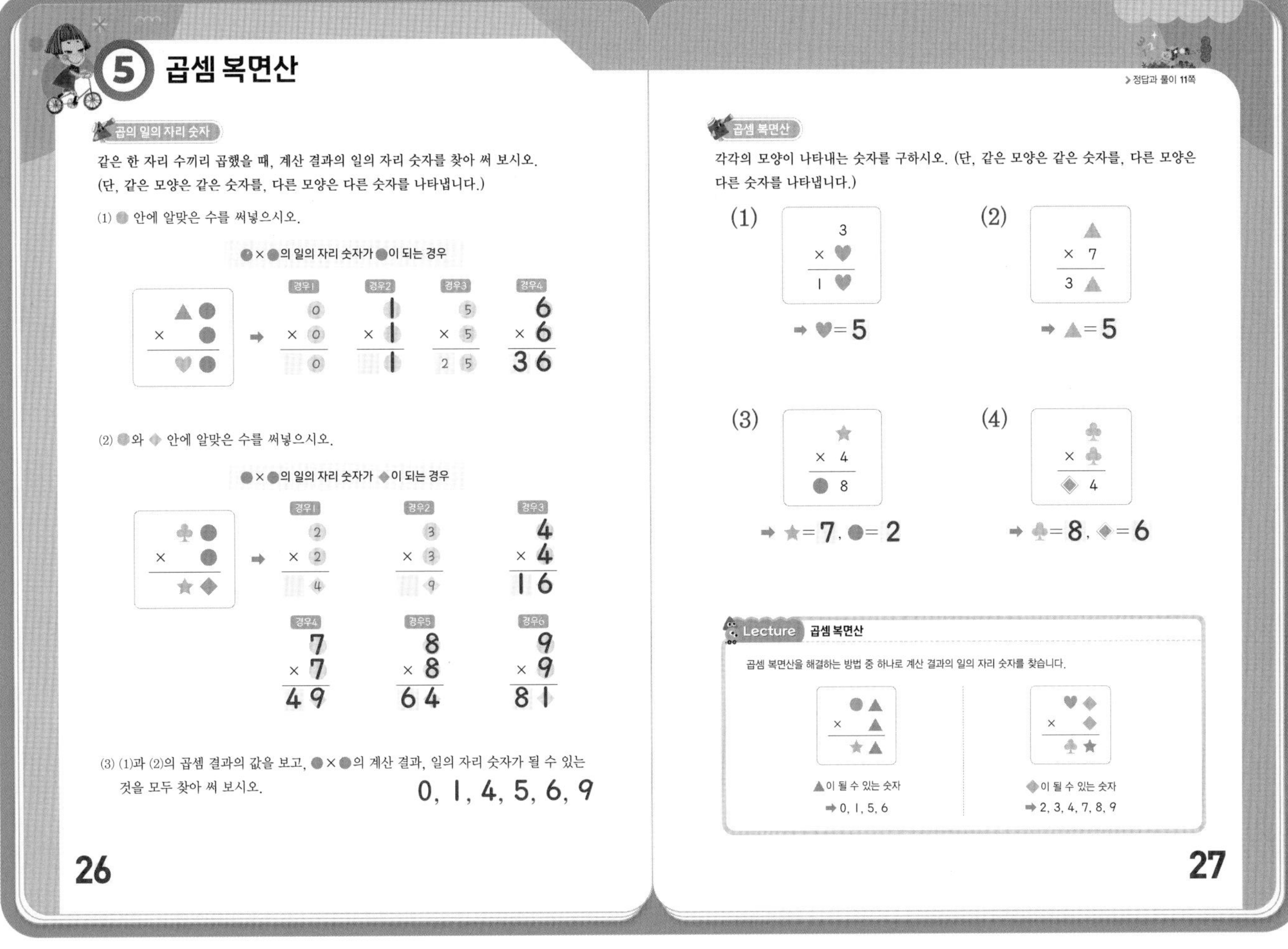

곱의 일의 자리 숫자

(1) ●×●의 곱의 일의 자리 숫자가 ●이 되는 경우를 찾아봅니다.

(2) ●×●의 곱의 일의 자리 숫자가 ◆이 되는 경우를 찾아봅니다.

TIP 곱셈으로 된 복면산을 풀 때에는 먼저 곱셈식의 일의 자리에서 힌트를 얻은 후, 해결할 수 있는 순서대로 차례차례 풀어나갑니다.
받아올림에 주의하면서 나머지 식을 완성하고 완성한 식이 올바른지 반드시 확인해 봅니다.

곱셈 복면산

(3) ★×4의 계산 결과가 두 자리 수이고 일의 자리 숫자가 8이므로 7×4=28입니다.

(4) ♣×♣의 계산 결과가 두 자리 수이고 계산 결과의 일의 자리 숫자가 4이므로 8×8=64입니다.

5 곱셈 복면산

> 정답과 풀이 12쪽

대표문제

다음 곱셈식에서 각각의 모양이 나타내는 숫자를 구하시오. (단, 같은 모양은 같은 숫자를, 다른 모양은 다른 숫자를 나타냅니다.) ◆=2, ●=4, ▲=3

$$\begin{array}{r} ◆\ ▲\ 7 \\ \times\quad\ ◆ \\ \hline ●\ 7\ ● \end{array}$$

STEP 1 주어진 식에서 ◆×◆의 계산 결과가 한 자리 수이어야 합니다. ◆이 될 수 있는 숫자를 모두 구하시오. 1, 2, 3

STEP 2 STEP 1에서 구한 ◆이 될 수 있는 숫자를 안에 써넣어 ●, ▲이 나타내는 숫자를 각각 구하시오.

$$\begin{array}{r} 2\ ▲\ 7 \\ \times\quad\ 2 \\ \hline ●\ 7\ ● \end{array}$$

STEP 3 각각의 모양이 나타내는 숫자를 구하시오. ◆=2, ●=4, ▲=3

01 다음 곱셈식에서 ◆, ♥이 나타내는 숫자를 각각 구하시오. (단, 같은 모양은 같은 숫자를, 다른 모양은 다른 숫자를 나타냅니다.) ♥=5, ◆=7

$$\begin{array}{r} ♥\ ♥ \\ \times\quad ♥ \\ \hline 2\ ◆\ ♥ \end{array}$$

02 다음 식에서 각각의 모양이 나타내는 숫자를 구하시오. (단, 같은 모양은 같은 숫자를, 다른 모양은 다른 숫자를 나타냅니다.) ◆=6, ★=4

★×★×★=◆★

대표문제

STEP 1 주어진 식에서 곱해지는 수의 백의 자리와 곱하는 수에 ◆이 있습니다. ◆×◆의 계산 결과가 한 자리 수이어야 하므로 ◆은 1, 2, 3입니다.

STEP 2 ① ◆=1일 때, 1▲7×1=1▲7입니다.
1▲7=●7●에서 백의 자리 숫자와 일의 자리 숫자가 같지 않으므로 ◆은 1이 될 수 없습니다.

② ◆=2일 때

$$\begin{array}{r} 2\ ▲\ 7 \\ \times\quad\ 2 \\ \hline ●\ 7\ ● \end{array} \Rightarrow \begin{array}{r} 2\ ▲\ 7 \\ \times\quad\ 2 \\ \hline 4\ 7\ 4 \end{array}$$

➡ 7×2=14, ●=4　　➡ ▲×2+1=7, ▲=3

③ ◆=3일 때

$$\begin{array}{r} 3\ ▲\ 7 \\ \times\quad\ 3 \\ \hline ●\ 7\ ● \end{array}$$

➡ 7×3=21, ●=1

이때 3▲7×3=171은 성립하지 않으므로 ◆은 3이 될 수 없습니다.

01 (두 자리 수)×(한 자리 수)=(세 자리 수)가 되는 곱셈식입니다. 계산 결과가 2◆♥이므로 ♥×♥=2♥가 되는 수를 찾으면 됩니다. 5×5=25이므로 ♥=5입니다.
♥ 자리에 5를 넣어 계산하면, ◆=7입니다.

$$\begin{array}{r} 5\ 5 \\ \times\quad 5 \\ \hline 2\ 7\ 5 \end{array}$$

02 1부터 9까지의 수 중에서 3번 곱했을 때 두 자리 수가 되어야 합니다.
2×2×2=8, 3×3×3=27, 4×4×4=64, 5×5×5=125이므로 ★=4, ◆=6입니다.

6 도형이 나타내는 수

정답과 풀이 13쪽

가로줄과 세로줄의 합을 이용하여 구하기

오른쪽과 아래쪽에 있는 수는 각 줄의 모양이 나타내는 수들의 합입니다. 다음 정리를 이용하여 □ 안에 알맞은 수를 써넣으시오.

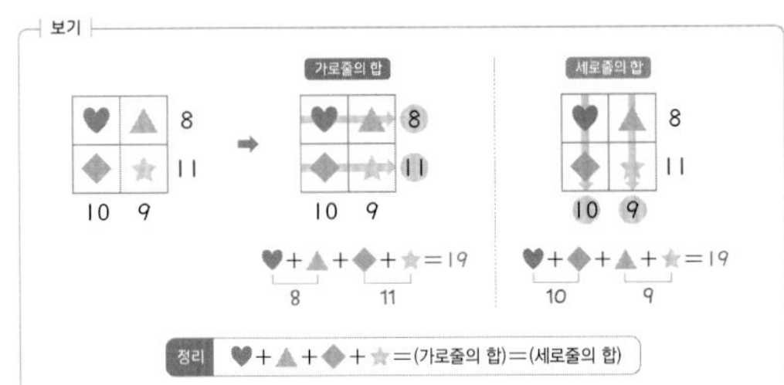

보기
가로줄의 합
세로줄의 합
♥+▲+◆+★=19
♥+◆+▲+★=19
정리 ♥+▲+◆+★=(가로줄의 합)=(세로줄의 합)

(1) 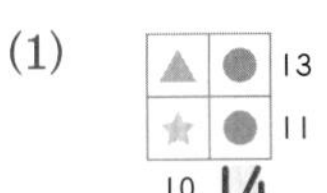 13, 11 / 10 **14**

(2) 17, **16** / 14 10 9

(3) **4**, 15, 17 / 5 12 19

(4) 16, **3**, 17 / 15 14 7

도형의 관계를 이용하여 구하기

오른쪽과 아래쪽에 있는 수는 각 줄의 모양이 나타내는 수들의 합입니다. □ 안에 들어갈 수를 구하시오. (단, 같은 모양은 같은 수를, 다른 모양은 다른 수를 나타냅니다.)

(1) 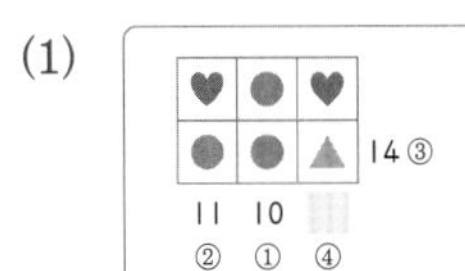

① ●+●=10 ➡ ●=**5**
② ♥+●=11 ➡ ♥=**6**
③ ●+●+▲=14 ➡ ▲=**4**
④ ♥+▲=**10**

(2) 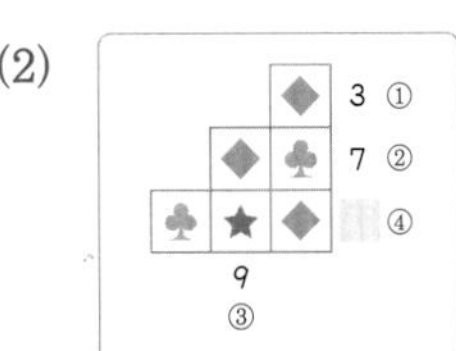

① ◆=**3**
② ◆+♣=7 ➡ ♣=**4**
③ ◆+★=9 ➡ ★=**6**
④ ♣+★+◆=**13**

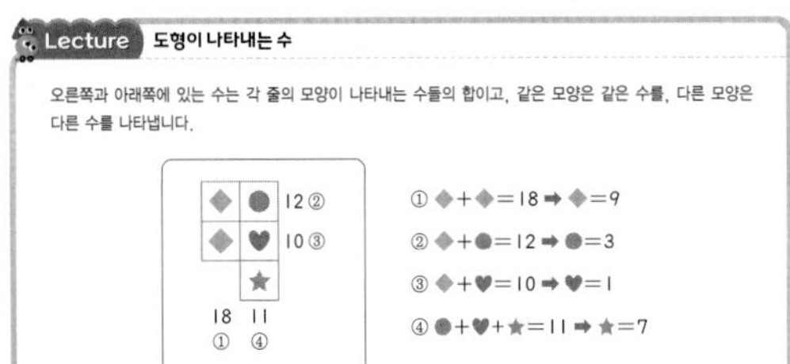

Lecture 도형이 나타내는 수
오른쪽과 아래쪽에 있는 수는 각 줄의 모양이 나타내는 수들의 합이고, 같은 모양은 같은 수를, 다른 모양은 다른 수를 나타냅니다.
① ◆+◆=18 ➡ ◆=9
② ◆+●=12 ➡ ●=3
③ ◆+♥=10 ➡ ♥=1
④ ●+♥+★=11 ➡ ★=7

30 31

가로줄과 세로줄의 합을 이용하여 구하기

(1) ① 13+11=24
② 10+□=24 ➡ □=14

(2) ② 17+□=33 ➡ □=16
① 14+10+9=33

(3) ② □+15+17=36 ➡ □=4
① 5+12+19=36

(4) ② 16+□+17=36 ➡ □=3
① 15+14+7=36

도형의 관계를 이용하여 구하기

(1) ① ●+●=10 ➡ ●=5
② ♥+5=11 ➡ ♥=6
③ 5+5+▲=14 ➡ ▲=4
④ 6+4=10

(2) ② 3+♣=7 ➡ ♣=4
③ 3+★=9 ➡ ★=6
④ 4+6+3=13

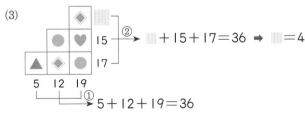

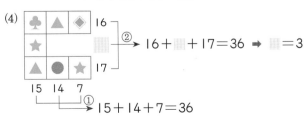

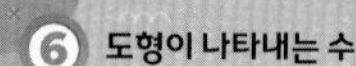

6 도형이 나타내는 수

대표문제

오른쪽과 아래쪽에 있는 수는 각 줄의 모양이 나타내는 수들의 합입니다. □ 안에 알맞은 수를 써넣으시오. (단, 같은 모양은 같은 수를, 다른 모양은 다른 수를 나타냅니다.)

▲	♥	●	♥	
●	♥	▲	▲	
●	♥	♥	▲	
★	★	★	★	16
20	13	18	19	

STEP 1 ★+★+★+★=16을 이용하여 ★이 나타내는 수를 구하시오. 4

STEP 2 ♥+♥+♥+★=13을 이용하여 ♥이 나타내는 수를 구하시오. 3

STEP 3 ♥+▲+▲+★=19를 이용하여 ▲이 나타내는 수를 구하시오. 6

STEP 4 ▲+●+●+★=20을 이용하여 ●이 나타내는 수를 구하시오. 5

STEP 5 ●+▲+♥+★의 값을 구하여 □ 안에 써넣으시오. 18

32

> 정답과 풀이 14쪽

01 □ 안에 알맞은 수를 써넣으시오. (단, 같은 모양은 같은 수를, 다른 모양은 다른 수를 나타냅니다.)

●+★+★=15 ◈+●+★=20
●+●+●=9 ◈−★=5

02 오른쪽과 아래쪽에 있는 수는 각 줄의 모양이 나타내는 수들의 합입니다. □ 안에 들어갈 수를 구하시오. (단, 같은 모양은 같은 수를, 다른 모양은 다른 수를 나타냅니다.) 16

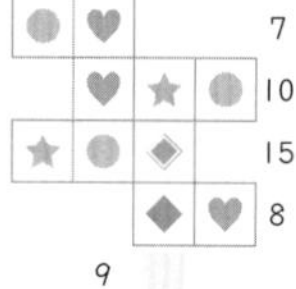

33

대표문제

STEP 1 ★+★+★+★=16, 4+4+4+4=16이므로 ★=4입니다.

STEP 2 ★=4이므로 ♥+♥+♥+4=13, ♥+♥+♥=9입니다. 3+3+3=9이므로 ♥=3입니다.

STEP 3 ♥=3, ★=4이므로 3+▲+▲+4=19입니다. ▲+▲=12이므로 ▲=6입니다.

STEP 4 ▲=6, ★=4이므로 6+●+●+4=20입니다. ●+●=10이므로 ●=5입니다.

STEP 5 5+6+3+4=18입니다.

01 • ●+●+●=9, 3+3+3=9이므로 ●=3입니다.
• ●+★+★=15에서 ●=3이므로 3+★+★=15입니다. ★+★=12이므로 ★=6입니다.
• ◈+●+★=20에서 ●=3, ★=6이므로 ◈+3+6=20입니다. ➡ ◈=11
따라서 ◈−★=11−6=5입니다.

02

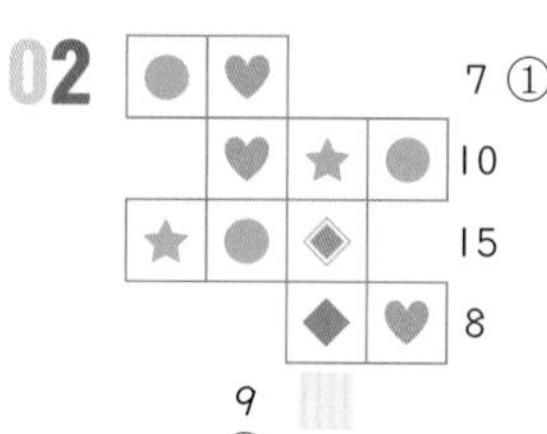

① ●+♥=7이므로
② ♥+♥+●=9에서 ♥+7=9입니다. ➡ ♥=2
① ●+♥=7에서 ●+2=7 ➡ ●=5

⬇

5	2			7 ①
	2	★	5	10 ③
★	5	◈		15 ④
		◆	2	8 ⑤
	9 ②	□		

③ 2+★+5=10 ➡ ★=3
④ 3+5+◈=15 ➡ ◈=7
⑤ ◆+2=8 ➡ ◆=6

따라서 ★+◈+◆=3+7+6=16입니다.

> 정답과 풀이 15쪽

01 다음 덧셈식에서 ★+▲+◆의 값을 구하시오. (단, 같은 모양은 같은 숫자를, 다른 모양은 다른 숫자를 나타냅니다.) 6

```
  ★▲
+ ★▲
─────
 ◆▲▲
```

02 다음 곱셈식에서 같은 모양은 같은 숫자를, 다른 모양은 다른 숫자를 나타냅니다. ★, ◆, ●이 나타내는 수를 각각 구하시오. (단, ★, ◆, ●은 6이 아닙니다.) ◆=4, ★=8, ●=3

```
  ★◆
×  ◆
─────
 ●●6
```


03 다음과 같은 세 자리 수의 덧셈식에서 ㉮, ㉯, ㉰는 각각 1, 6, 9 중 서로 다른 숫자를 나타냅니다. 덧셈식의 계산 결과가 가장 클 때의 값을 구하시오. 1535

```
  ㉮㉯㉰
+ ㉰㉯㉮
```

04 다음 식에서 안에 알맞은 수를 써넣으시오. (단, 같은 모양은 같은 수를 나타내고, ▲, ★, ♥은 각각 0이 아닌 서로 다른 수입니다.)

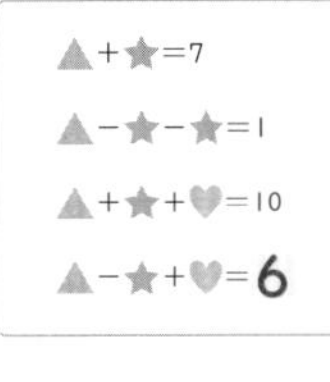

▲+★=7
▲−★−★=1
▲+★+♥=10
▲−★+♥=6

Key Point
▲+★=7이 되는 ▲와 ★을 모두 찾아봅니다.

01 ▲+▲를 계산한 값의 일의 자리 숫자가 ▲가 되는 것은 0 밖에 없습니다.

```
  ★0          ★0
+ ★0    ➡   + ★0
─────       ─────
 ◆00         100
```

십의 자리 계산에서 받아올림이 있으므로 ◆=1입니다.

★+★=10, ★=5

따라서 ★+▲+◆=6입니다.

02 ◆×◆의 일의 자리 숫자가 6이 되려면 ◆=4 또는 ◆=6입니다.
주어진 조건에서 ◆은 6이 아니므로 ◆은 4입니다.
◆=4를 식에 넣습니다.

```
  ★4
×  4
─────
 ●●6
```

일의 자리의 곱 4×4=16에서 1은 받아올림이 되므로 십의 자리의 곱은 ★×4+1=●●입니다.
4를 곱한 후 1을 더했을 때 일의 자리 숫자와 십의 자리 숫자가 같아지는 수는 8×4=32이므로 ★=8이고, 8×4+1=33이므로 ●=3입니다.

03 (세 자리 수)+(세 자리 수)의 계산 결과가 가장 크려면 백의 자리에 가장 큰 수가 들어가야 합니다.
따라서 ㉮=9, ㉰=6(또는 ㉮=6, ㉰=9)이고 ㉯=1이므로 가장 큰 합은 916+619=1535입니다.

04
- ▲−★−★=1에서 ▲은 ★보다 큰 수입니다.
- ▲+★=7이 되는 경우를 모두 찾아보면 6+1, 5+2, 4+3입니다.
  이 중에서 ▲−★−★=1을 만족하는 경우는 ▲=5, ★=2입니다.
- ▲+★+♥=10에서 5+2+♥=10이므로 ♥=3입니다.

따라서 ▲−★+♥=5−2+3=6입니다.

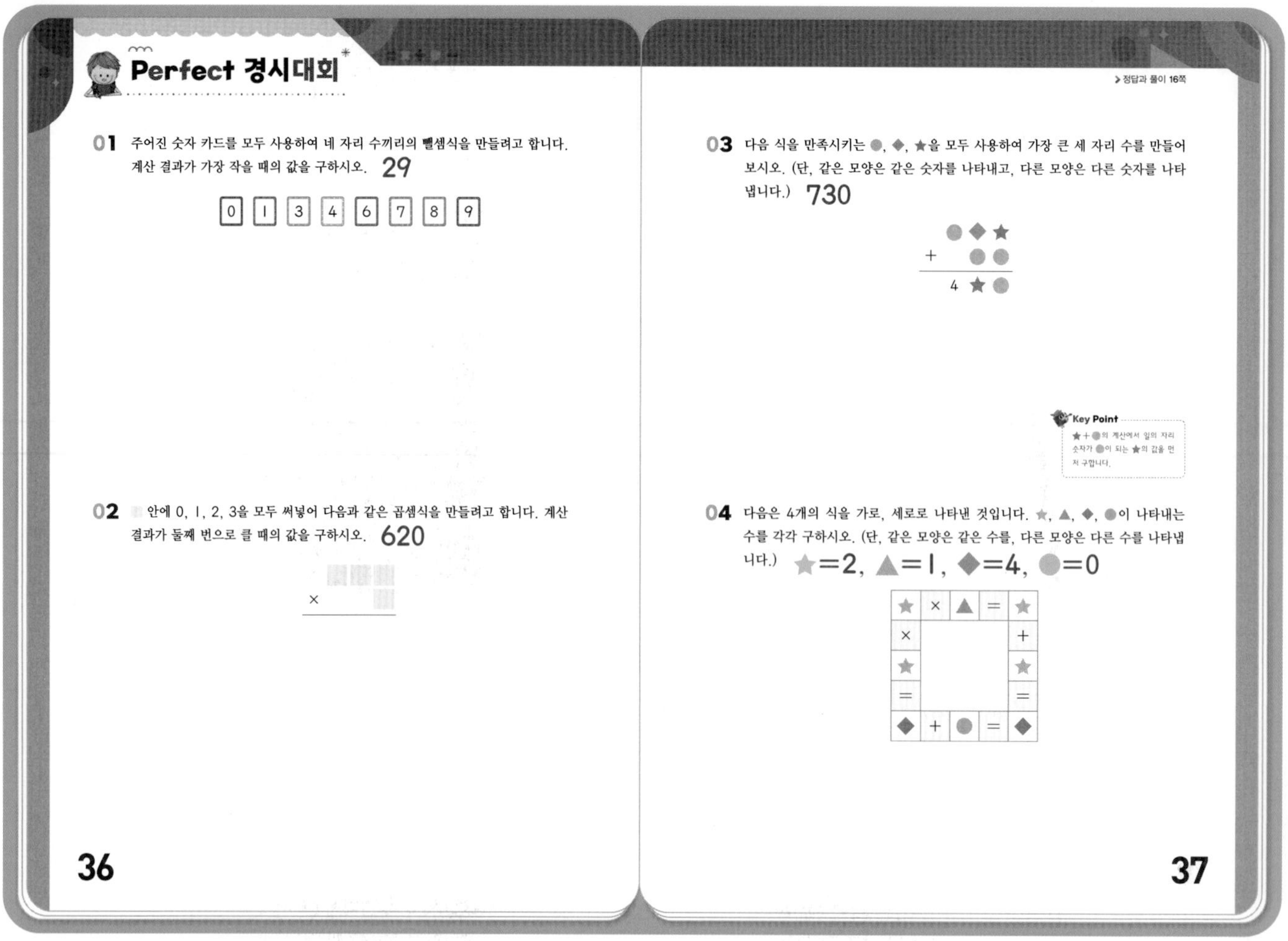

Perfect 경시대회

> 정답과 풀이 16쪽

01 주어진 숫자 카드를 모두 사용하여 네 자리 수끼리의 뺄셈식을 만들려고 합니다. 계산 결과가 가장 작을 때의 값을 구하시오. 29

0 1 3 4 6 7 8 9

02 ▢ 안에 0, 1, 2, 3을 모두 써넣어 다음과 같은 곱셈식을 만들려고 합니다. 계산 결과가 둘째 번으로 큰 때의 값을 구하시오. 620

▢▢▢ × ▢

03 다음 식을 만족시키는 ●, ◆, ★을 모두 사용하여 가장 큰 세 자리 수를 만들어 보시오. (단, 같은 모양은 같은 숫자를 나타내고, 다른 모양은 다른 숫자를 나타냅니다.) 730

●◆★ + ●● = 4★●

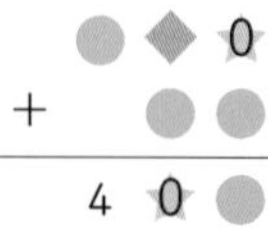

Key Point
★+●의 계산에서 일의 자리 숫자가 ●이 되는 ★의 값을 먼저 구합니다.

04 다음은 4개의 식을 가로, 세로로 나타낸 것입니다. ★, ▲, ◆, ●이 나타내는 수를 각각 구하시오. (단, 같은 모양은 같은 수를, 다른 모양은 다른 수를 나타냅니다.) ★=2, ▲=1, ◆=4, ●=0

★	×	▲	=	★
×				+
★				★
=				=
◆	+	●	=	◆

01 차가 가장 작은 두 수는 3과 4, 6과 7, 7과 8, 8과 9입니다.

- 천의 자리에 3과 4를 넣어 만들 수 있는 차가 가장 작은 뺄셈식은 4016－3987＝29입니다.
- 천의 자리에 6과 7을 넣어 만들 수 있는 차가 가장 작은 뺄셈식은 7013－6984＝29입니다.
- 천의 자리에 7과 8을 넣어 만들 수 있는 차가 가장 작은 뺄셈식은 8013－7964＝49입니다.
- 천의 자리에 8과 9를 넣어 만들 수 있는 차가 가장 작은 뺄셈식은 9013－8764＝249입니다.

따라서 차가 가장 작을 때의 값은 29입니다.

02 가장 큰 곱은 210×3＝630입니다.

① 곱하는 수가 3일 때 둘째 번으로 큰 곱을 구하면 201×3＝603입니다.

② 곱하는 수가 2일 때 가장 큰 곱을 구하면 310×2＝620입니다.

따라서 둘째 번으로 큰 곱은 620입니다.

03 ★＋●의 일의 자리 숫자가 ●이 되려면 ★＝0입니다.

●◆0 + ●● = 40●

- 십의 자리 계산에서 ◆＋●의 일의 자리 숫자가 0이 되려면 ◆＋●＝10입니다.
- 십의 자리 계산에서 받아올림이 있으므로 백의 자리의 ●은 3입니다.
- ◆＋●＝10, ●＝3이므로 ◆＝7입니다.

따라서 0, 3, 7로 만들 수 있는 가장 큰 세 자리 수는 730입니다.

04 ★×▲＝★이므로 ▲＝1입니다.
◆＋●＝◆이므로 ●＝0입니다.
★×★＝★＋★＝◆에서 두 수를 더한 값과 곱한 값이 같은 수는 2밖에 없으므로 ★＝2, ◆＝4입니다.

Challenge 영재교육원

정답과 풀이 17쪽

01 |보기|와 같이 서로 다른 3개의 숫자를 사용하여 세 자리 수끼리의 덧셈식을 만들려고 합니다. 계산 결과가 가장 작은 값 또는 가장 큰 값이 나오도록 만들어 보시오. 이때 계산 결과는 1008보다 크고 1998보다 작아야 하고, 계산 결과도 3개의 숫자를 사용하여 만들 수 있어야 합니다.

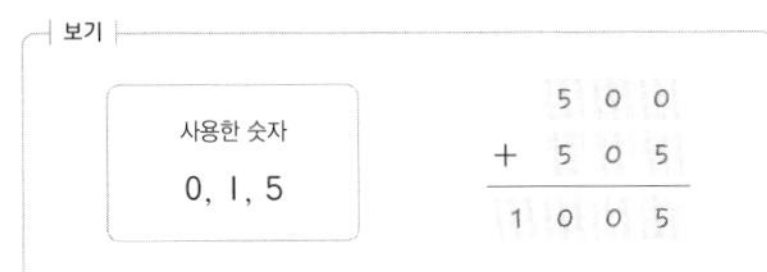

보기

사용한 숫자 0, 1, 5

$$\begin{array}{r} 500 \\ +\ 505 \\ \hline 1005 \end{array}$$

(1) 합이 가장 작은 식 만들기 / 사용한 숫자 0, 1, 9

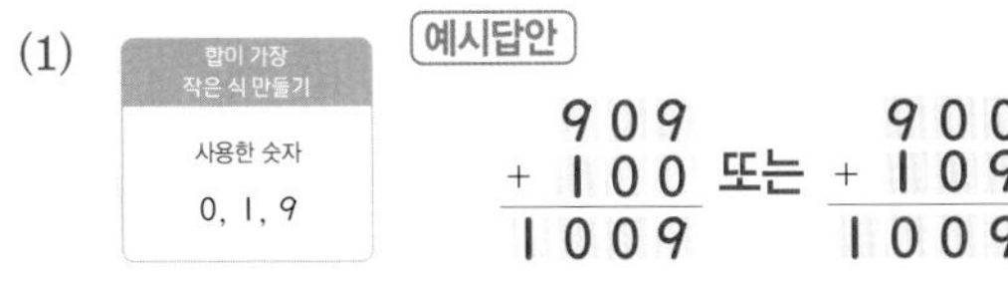

예시답안

$$\begin{array}{r} 909 \\ +\ 100 \\ \hline 1009 \end{array} \quad \text{또는} \quad \begin{array}{r} 900 \\ +\ 109 \\ \hline 1009 \end{array}$$

(2) 합이 가장 큰 식 만들기 / 사용한 숫자 1, 2, 9

$$\begin{array}{r} 992 \\ +\ 999 \\ \hline 1991 \end{array}$$

38

02 다음과 같은 세 자리 수의 덧셈식을 만족하는 경우를 4가지 써 보시오. (단, 같은 글자는 같은 숫자를, 다른 글자는 다른 숫자를 나타냅니다.)

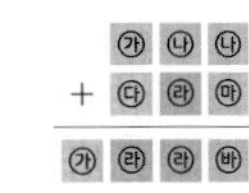

$$\begin{array}{r} ㉮㉯㉯ \\ +\ ㉰㉱㉲ \\ \hline ㉮㉱㉱㉳ \end{array}$$

예시답안

경우1

$$\begin{array}{r} 199 \\ +\ 803 \\ \hline 1002 \end{array}$$

경우2

$$\begin{array}{r} 199 \\ +\ 804 \\ \hline 1003 \end{array}$$

경우3

$$\begin{array}{r} 199 \\ +\ 805 \\ \hline 1004 \end{array}$$

경우4

$$\begin{array}{r} 199 \\ +\ 806 \\ \hline 1005 \end{array}$$

또는

$$\begin{array}{r} 199 \\ +\ 807 \\ \hline 1006 \end{array}$$

39

01 (1) 숫자 0, 1, 9를 사용하여 합이 가장 작은 식 만들기

$$\begin{array}{r} ㉮㉯㉰ \\ +\ ㉱㉲㉳ \\ \hline 1㉴㉵㉶ \end{array}$$

➡ 받아올림이 있는 세 자리 수끼리의 덧셈 결과는 천의 자리의 숫자가 1입니다.

$$\begin{array}{r} 9㉯㉰ \\ +\ 1㉲㉳ \\ \hline 1㉴㉵㉶ \end{array}$$

➡ 백의 자리의 숫자 ㉮와 ㉱의 덧셈 결과는 받아올림이 있어야 하고, 계산값은 가장 작아야 합니다. 따라서 ㉮와 ㉱에 각각 9와 1을 써넣습니다.

$$\begin{array}{r} 909 \\ +\ 100 \\ \hline 1009 \end{array}$$

➡ 계산 결과를 가장 작게 만들기 위해 십의 자리의 숫자 ㉯와 ㉲에 모두 0을 써넣습니다. 일의 자리의 숫자 ㉰와 ㉳에도 모두 0을 써넣으면 1008보다 크다는 조건을 만족하지 못하므로 9와 0을 써넣습니다.
이때 계산 결과도 숫자 0, 1, 9로 구성되어 있는지 확인합니다.

(2) 숫자 1, 2, 9를 사용하여 합이 가장 큰 식 만들기

$$\begin{array}{r} ㉮㉯㉰ \\ +\ ㉱㉲㉳ \\ \hline 1㉴㉵㉶ \end{array}$$

➡ 받아올림이 있는 세 자리 수끼리의 덧셈 결과는 천의 자리의 숫자가 1입니다.

$$\begin{array}{r} 99㉰ \\ +\ 99㉳ \\ \hline 1㉴㉵㉶ \end{array}$$

➡ 계산 결과를 가장 크게 만들기 위해서 백의 자리의 숫자 ㉮와 ㉱, 십의 자리의 숫자 ㉯와 ㉲에 9를 써넣습니다.

$$\begin{array}{r} 992 \\ +\ 999 \\ \hline 1991 \end{array}$$

➡ ㉵에 숫자 8을 써넣을 수 없으므로, 일의 자리의 숫자 ㉰와 ㉳의 덧셈 결과에 받아올림이 있어야 합니다. 따라서 ㉰와 ㉳에 각각 2와 9를 써넣습니다.
이때 계산 결과도 숫자 1, 2, 9로 구성되어 있는지 확인합니다.

02 (세 자리 수)+(세 자리 수)=(네 자리 수)이므로 ㉮=1입니다. 이를 이용하여 나머지 ㉯, ㉰, ㉱, ㉲, ㉳가 나타내는 수를 구합니다.

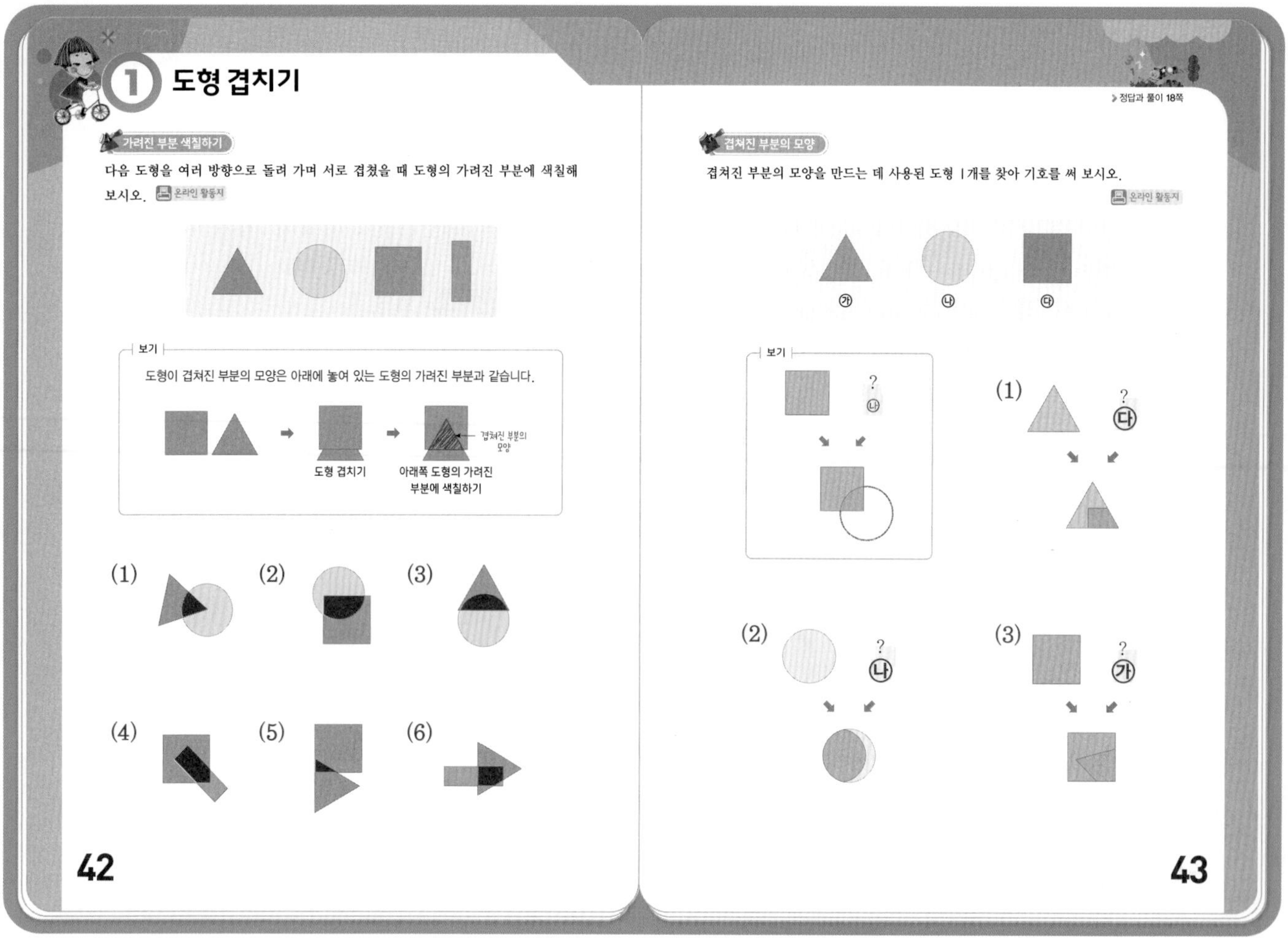

1 도형 겹치기

가려진 부분 색칠하기

다음 도형을 여러 방향으로 돌려 가며 서로 겹쳤을 때 도형의 가려진 부분에 색칠해 보시오. 온라인 활동지

보기

도형이 겹쳐진 부분의 모양은 아래에 놓여 있는 도형의 가려진 부분과 같습니다.

도형 겹치기 → 아래쪽 도형의 가려진 부분에 색칠하기 (겹쳐진 부분의 모양)

(1) (2) (3)

(4) (5) (6)

정답과 풀이 18쪽

겹쳐진 부분의 모양

겹쳐진 부분의 모양을 만드는 데 사용된 도형 1개를 찾아 기호를 써 보시오. 온라인 활동지

㉮ ㉯ ㉰

보기 ? ㉯

(1) ? ㉰

(2) ? ㉯

(3) ? ㉮

가려진 부분 색칠하기

도형이 겹쳐진 부분인 더 아래에 있는 도형의 가려진 부분을 찾아 색칠합니다.

(1)
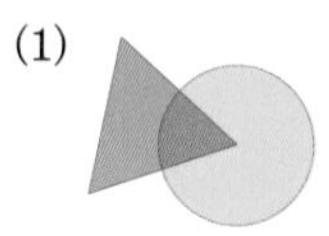
(2)
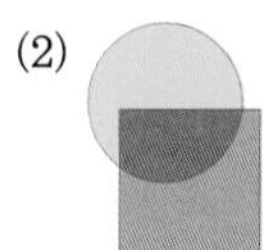
(3)
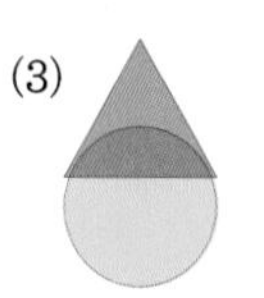

(4)
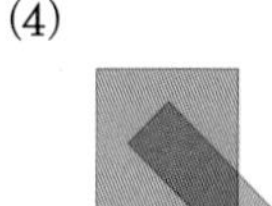
(5)
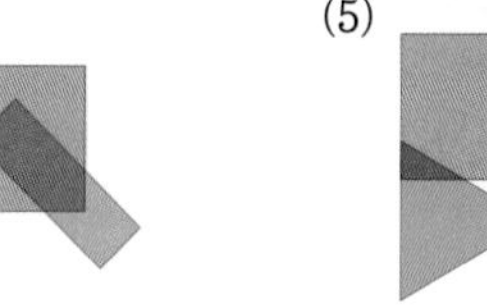
(6)
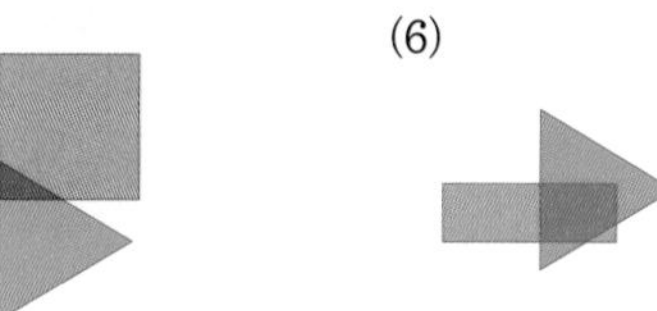

겹쳐진 부분의 모양

겹쳐진 부분의 모양의 특징을 보고 어떤 도형을 사용했는지 찾아봅니다.

(1)

직각이 있으므로
정사각형을 사용했습니다.
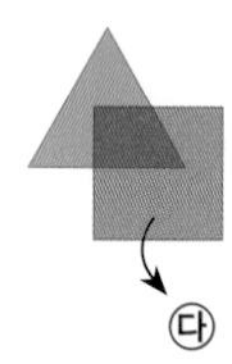

(2)
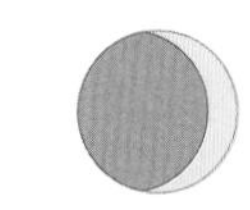
둥근 부분이 있으므로
원을 사용했습니다.
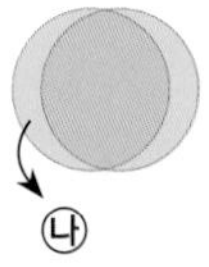

(3)

뾰족한 부분이 있으므로
삼각형을 사용했습니다.
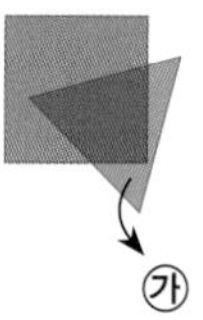

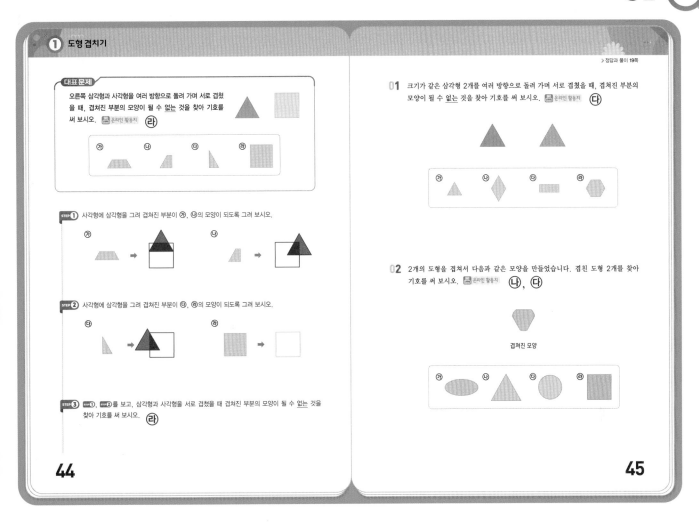

① 도형 겹치기

> 정답과 풀이 19쪽

대표문제

오른쪽 삼각형과 사각형을 여러 방향으로 돌려 가며 서로 겹쳤을 때, 겹쳐진 부분의 모양이 될 수 없는 것을 찾아 기호를 써 보시오. 온라인 활동지 ㉣

㉮ ㉯ ㉰ ㉱

STEP① 사각형에 삼각형을 그려 겹쳐진 부분이 ㉮, ㉯의 모양이 되도록 그려 보시오.

㉮ ㉯

STEP② 사각형에 삼각형을 그려 겹쳐진 부분이 ㉰, ㉱의 모양이 되도록 그려 보시오.

㉰ ㉱

STEP③ STEP①, STEP②를 보고, 삼각형과 사각형을 서로 겹쳤을 때 겹쳐진 부분의 모양이 될 수 없는 것을 찾아 기호를 써 보시오. ㉣

44

01 크기가 같은 삼각형 2개를 여러 방향으로 돌려 가며 서로 겹쳤을 때, 겹쳐진 부분의 모양이 될 수 없는 것을 찾아 기호를 써 보시오. 온라인 활동지 ㉢

㉮ ㉯ ㉰ ㉱

02 2개의 도형을 겹쳐서 다음과 같은 모양을 만들었습니다. 겹친 도형 2개를 찾아 기호를 써 보시오. 온라인 활동지 ㉯, ㉰

겹쳐진 모양

㉮ ㉯ ㉰ ㉱

45

대표문제

STEP① 겹쳐진 부분이 사각형 안에 들어가도록 알맞은 위치를 찾아 그립니다.

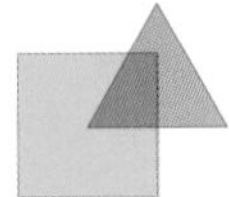

STEP② 겹쳐진 부분이 사각형 안에 들어가도록 알맞은 위치를 찾아 그립니다.

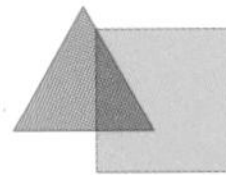

STEP③ 삼각형과 사각형을 완전히 겹쳤을 때 작은 모양인 삼각형이 나오므로 ㉱는 겹쳐진 부분의 모양이 될 수 없습니다.

01 하나의 삼각형 안에 겹쳐진 부분을 그리고, 나머지 부분을 이어서 남은 삼각형을 완성해 봅니다.

02 겹쳐진 부분의 모양의 특징을 보고 어떤 도형을 겹쳤는지 찾아봅니다.

둥근 부분과 선분이 3개 있으므로 원과 삼각형을 겹쳤습니다.

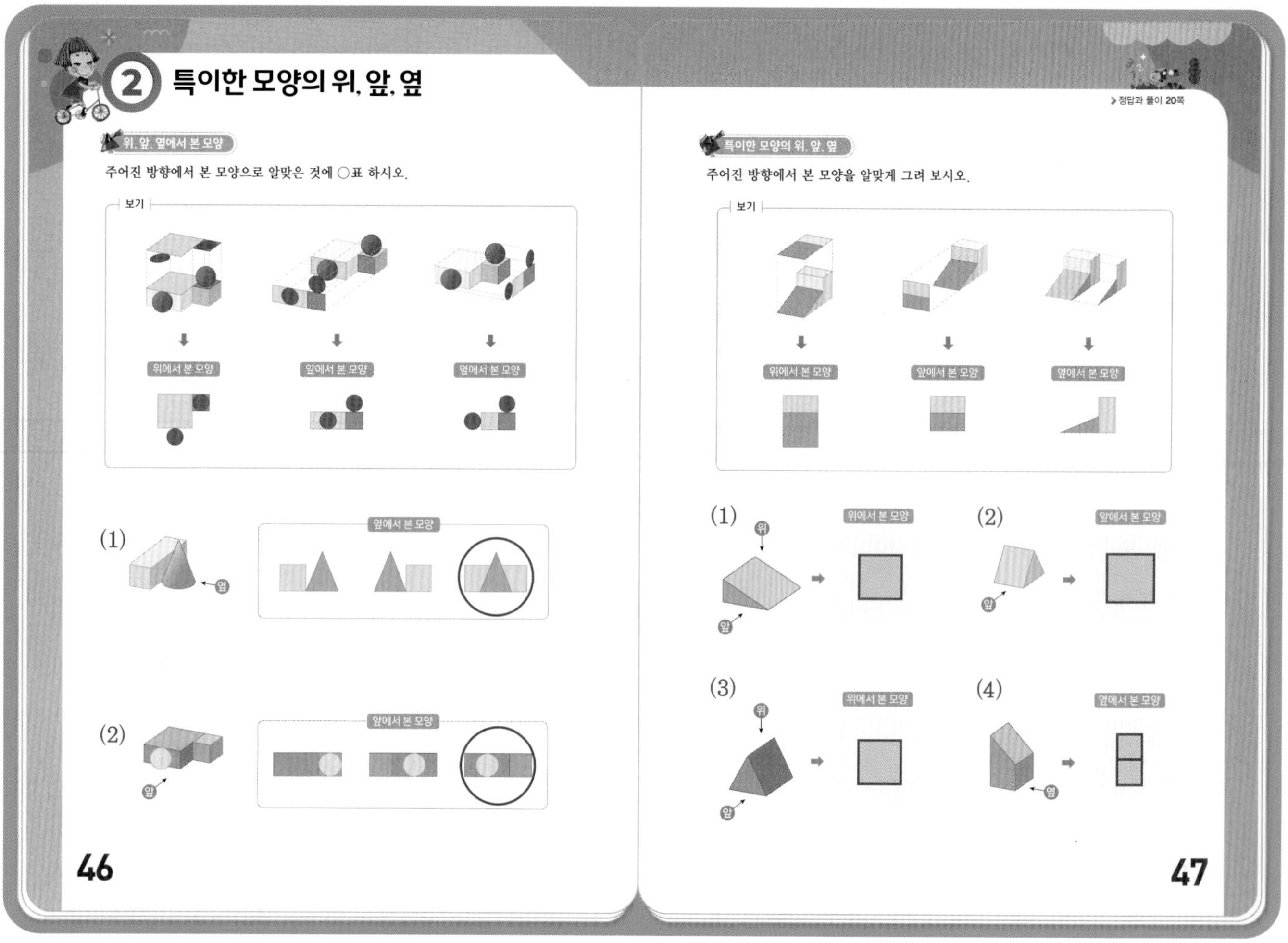

2 특이한 모양의 위, 앞, 옆

위, 앞, 옆에서 본 모양

주어진 방향에서 본 모양으로 알맞은 것에 ○표 하시오.

보기

위에서 본 모양 / 앞에서 본 모양 / 옆에서 본 모양

(1) 옆에서 본 모양

(2) 앞에서 본 모양

46

정답과 풀이 20쪽

특이한 모양의 위, 앞, 옆

주어진 방향에서 본 모양을 알맞게 그려 보시오.

보기

위에서 본 모양 / 앞에서 본 모양 / 옆에서 본 모양

(1) 위 / 앞 → 위에서 본 모양

(2) 앞 → 앞에서 본 모양

(3) 위 / 앞 → 위에서 본 모양

(4) 옆 → 옆에서 본 모양

47

위, 앞, 옆에서 본 모양

(1) 옆에서 보면 직육면체 앞쪽 가운데에 원뿔이 있습니다.

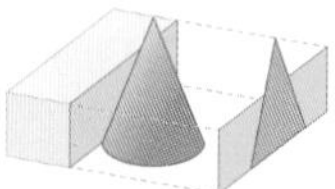

(2) 앞에서 보면 보라색 직육면체 오른쪽에는 파란색 정육면체, 앞쪽에는 노란색 구가 있습니다.

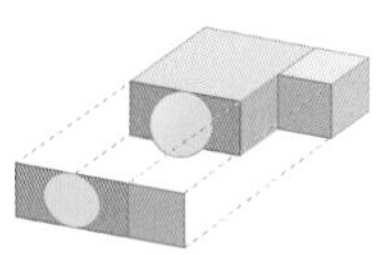

특이한 모양의 위, 앞, 옆

(1) 위 → 위에서 본 모양

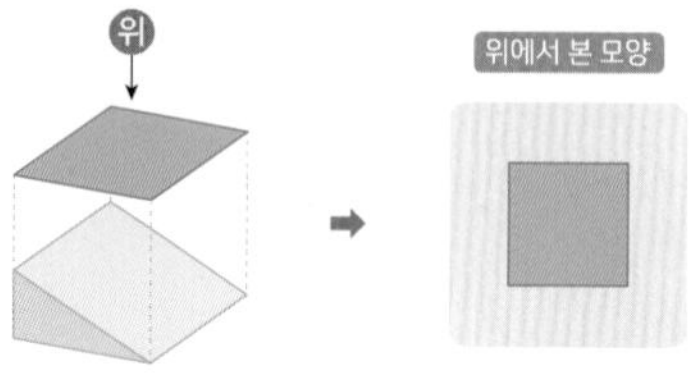

(2) 앞 → 앞에서 본 모양

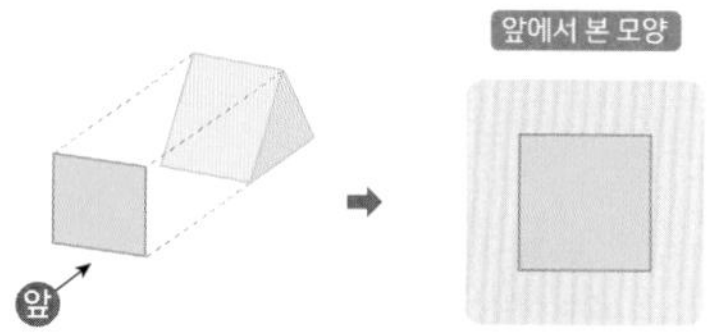

(3) 위 → 위에서 본 모양

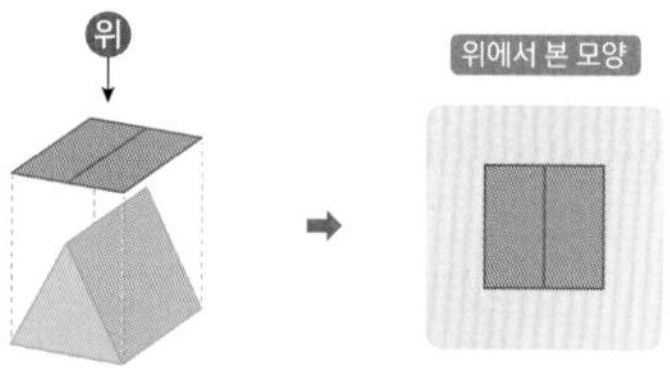

(4) 옆 → 옆에서 본 모양

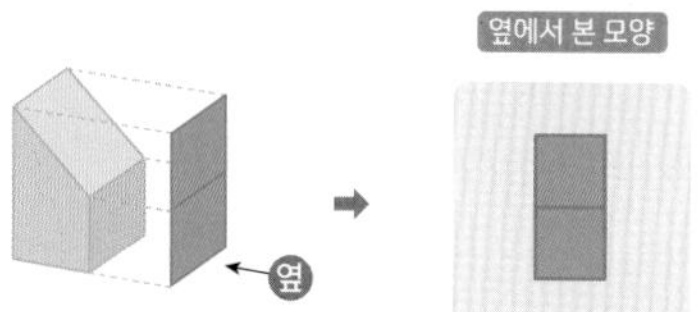

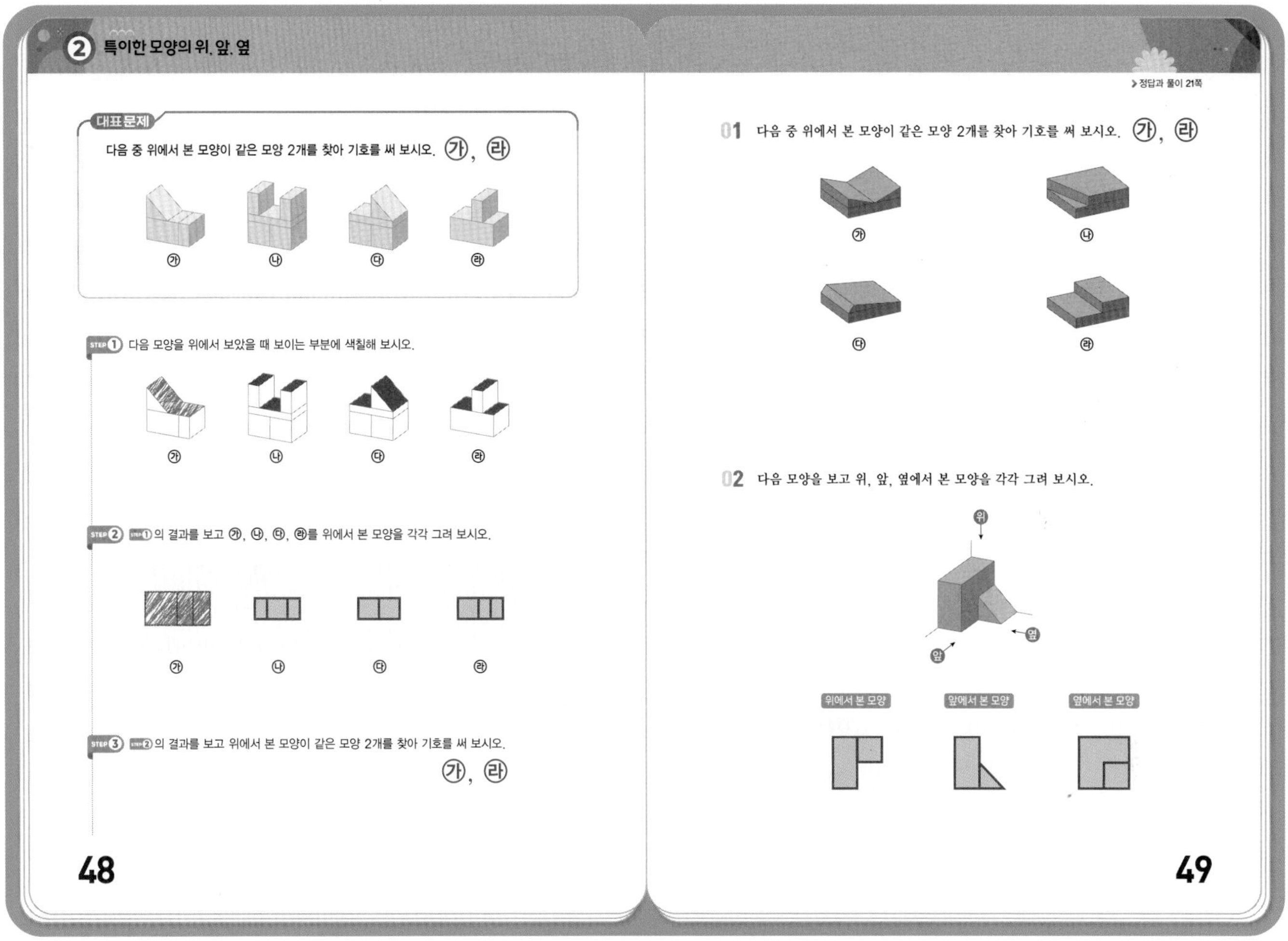

② 특이한 모양의 위, 앞, 옆

대표문제

다음 중 위에서 본 모양이 같은 모양 2개를 찾아 기호를 써 보시오. ㉮, ㉱

㉮ ㉯ ㉰ ㉱

STEP ① 다음 모양을 위에서 보았을 때 보이는 부분에 색칠해 보시오.

㉮ ㉯ ㉰ ㉱

STEP ② STEP ①의 결과를 보고 ㉮, ㉯, ㉰, ㉱를 위에서 본 모양을 각각 그려 보시오.

㉮ ㉯ ㉰ ㉱

STEP ③ STEP ②의 결과를 보고 위에서 본 모양이 같은 모양 2개를 찾아 기호를 써 보시오.

㉮, ㉱

48

정답과 풀이 21쪽

01 다음 중 위에서 본 모양이 같은 모양 2개를 찾아 기호를 써 보시오. ㉮, ㉱

㉮ ㉯ ㉰ ㉱

02 다음 모양을 보고 위, 앞, 옆에서 본 모양을 각각 그려 보시오.

위 앞 옆

위에서 본 모양 앞에서 본 모양 옆에서 본 모양

49

대표문제

STEP ② 위에서 보이는 부분을 색칠하면 다음과 같고, 앞면과 옆면은 보이지 않습니다.

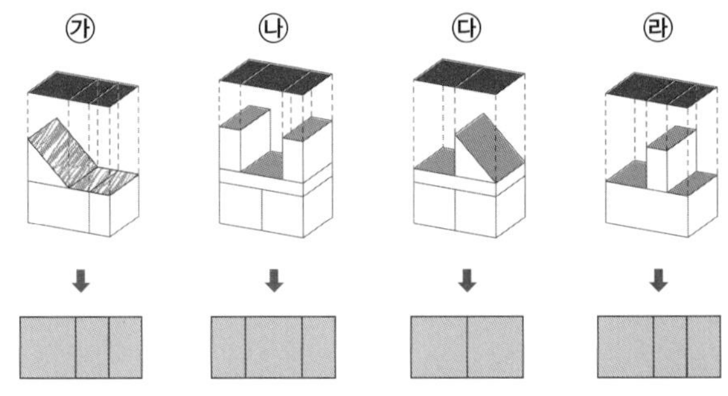

STEP ③ 위에서 본 모양이 같은 모양은 ㉮와 ㉱입니다.

01 위에서 보았을 때, 경계선의 모양을 비교하여 위에서 본 모양을 그리면 다음과 같고, 위에서 본 모양이 같은 모양은 ㉮와 ㉱입니다.

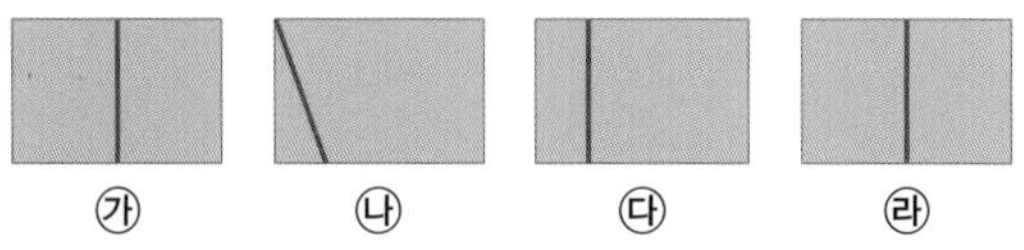

02 위, 앞, 옆에서 보이는 부분에 색칠하고, 위, 앞, 옆에서 본 모양을 그려 봅니다.

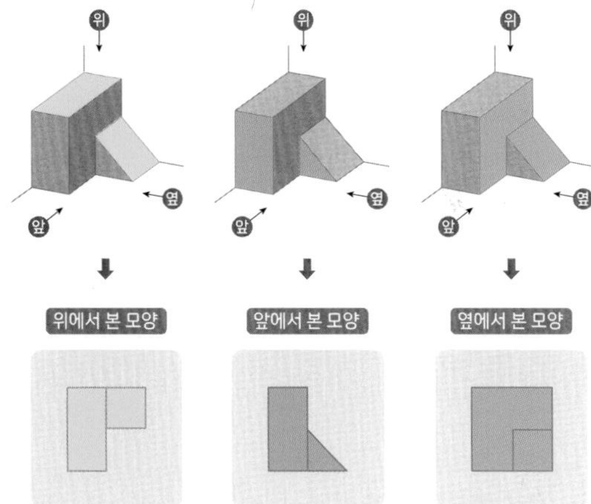

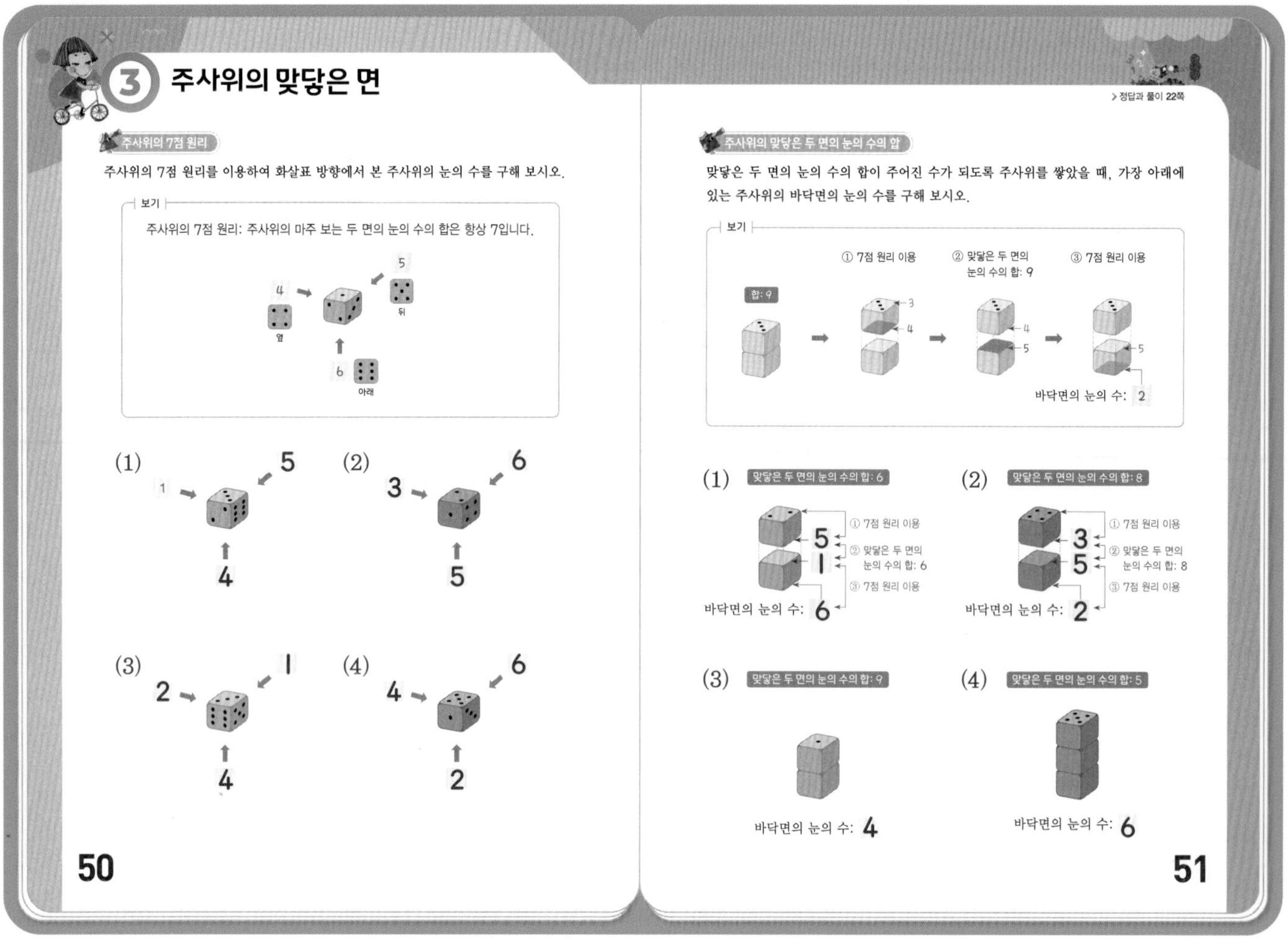

3 주사위의 맞닿은 면

주사위의 7점 원리

주사위의 7점 원리를 이용하여 화살표 방향에서 본 주사위의 눈의 수를 구해 보시오.

보기

주사위의 7점 원리: 주사위의 마주 보는 두 면의 눈의 수의 합은 항상 7입니다.

4 옆, 5 뒤, 6 아래

(1) 1, 5, 4

(2) 3, 6, 5

(3) 2, 1, 4

(4) 4, 6, 2

> 정답과 풀이 22쪽

주사위의 맞닿은 두 면의 눈의 수의 합

맞닿은 두 면의 눈의 수의 합이 주어진 수가 되도록 주사위를 쌓았을 때, 가장 아래에 있는 주사위의 바닥면의 눈의 수를 구해 보시오.

보기

합: 9

① 7점 원리 이용 → ② 맞닿은 두 면 눈의 수의 합: 9 → ③ 7점 원리 이용

3, 4 / 4, 5 / 5

바닥면의 눈의 수: 2

(1) 맞닿은 두 면의 눈의 수의 합: 6

① 7점 원리 이용, 5, ② 맞닿은 두 면 눈의 수의 합: 6, 1, ③ 7점 원리 이용

바닥면의 눈의 수: 6

(2) 맞닿은 두 면의 눈의 수의 합: 8

① 7점 원리 이용, 3, ② 맞닿은 두 면 눈의 수의 합: 8, 5, ③ 7점 원리 이용

바닥면의 눈의 수: 2

(3) 맞닿은 두 면의 눈의 수의 합: 9

바닥면의 눈의 수: 4

(4) 맞닿은 두 면의 눈의 수의 합: 5

바닥면의 눈의 수: 6

주사위의 7점 원리

주사위의 마주 보는 두 면의 수의 합이 7이 되도록 화살표가 가리키는 면의 눈의 수를 구합니다.

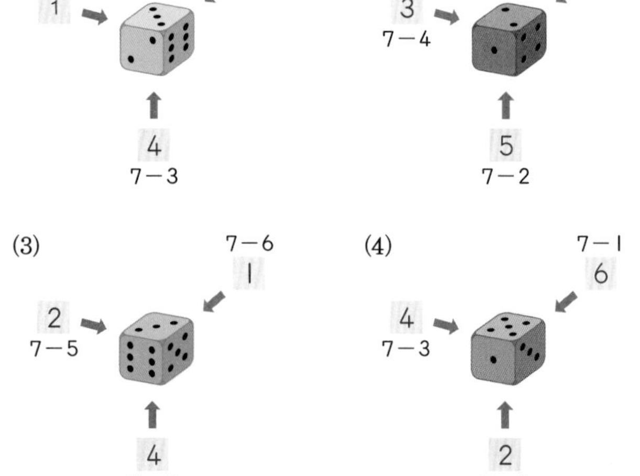

주사위의 맞닿은 두 면의 눈의 수의 합

주사위의 7점 원리와 맞닿은 두 면의 눈의 수의 합을 이용하여 바닥면의 눈의 수를 구합니다.

(3) 맞닿는 두 면의 눈의 수의 합: 9

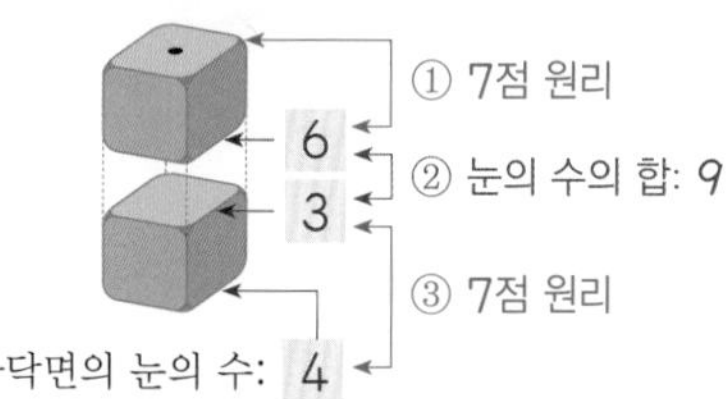

(4) 맞닿는 두 면의 눈의 수의 합: 5

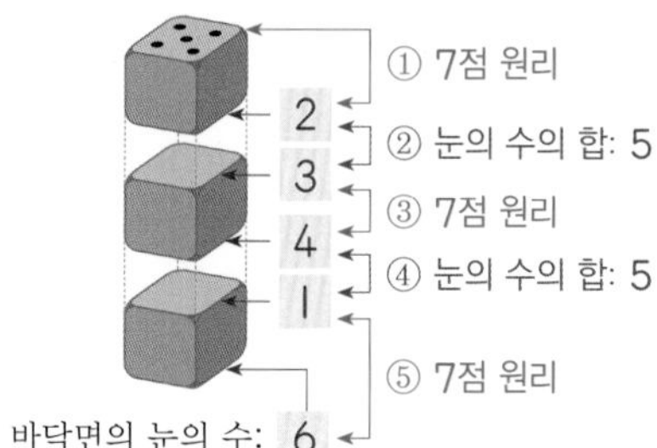

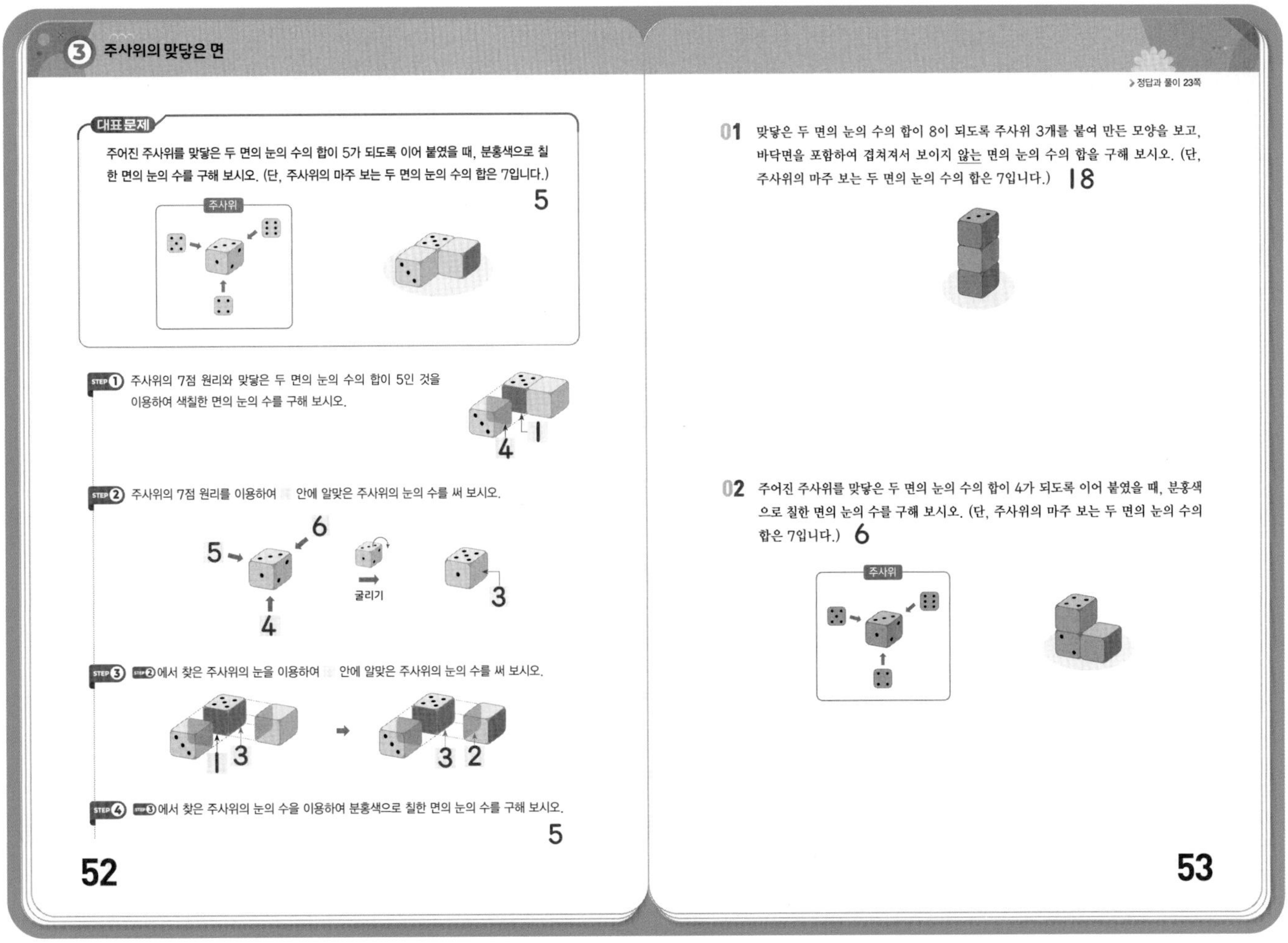

③ 주사위의 맞닿은 면

▶ 정답과 풀이 23쪽

대표문제

주어진 주사위를 맞닿은 두 면의 눈의 수의 합이 5가 되도록 이어 붙였을 때, 분홍색으로 칠한 면의 눈의 수를 구해 보시오. (단, 주사위의 마주 보는 두 면의 눈의 수의 합은 7입니다.) 5

STEP ① 주사위의 7점 원리와 맞닿은 두 면의 눈의 수의 합이 5인 것을 이용하여 색칠한 면의 눈의 수를 구해 보시오. 4, 1

STEP ② 주사위의 7점 원리를 이용하여 ☐ 안에 알맞은 주사위의 눈의 수를 써 보시오. 5, 6, 4, 굴리기, 3

STEP ③ STEP ②에서 찾은 주사위의 눈을 이용하여 ☐ 안에 알맞은 주사위의 눈의 수를 써 보시오. 1, 3 → 3, 2

STEP ④ STEP ③에서 찾은 주사위의 눈의 수를 이용하여 분홍색으로 칠한 면의 눈의 수를 구해 보시오. 5

52

01 맞닿은 두 면의 눈의 수의 합이 8이 되도록 주사위 3개를 붙여 만든 모양을 보고, 바닥면을 포함하여 겹쳐져서 보이지 않는 면의 눈의 수의 합을 구해 보시오. (단, 주사위의 마주 보는 두 면의 눈의 수의 합은 7입니다.) 18

02 주어진 주사위를 맞닿은 두 면의 눈의 수의 합이 4가 되도록 이어 붙였을 때, 분홍색으로 칠한 면의 눈의 수를 구해 보시오. (단, 주사위의 마주 보는 두 면의 눈의 수의 합은 7입니다.) 6

53

대표문제

STEP ① 주사위의 마주 보는 면의 눈의 수의 합은 7이고, 맞닿은 두 면의 눈의 수의 합은 5입니다.

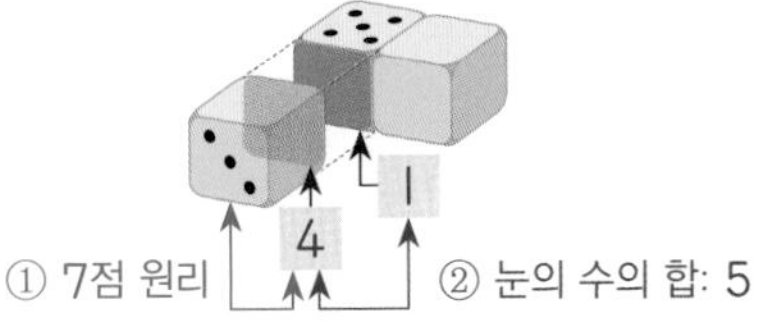

STEP ③ STEP ②에서 눈의 수가 5인 면이 위로 오도록 돌려 색칠한 면의 눈의 수를 구합니다.

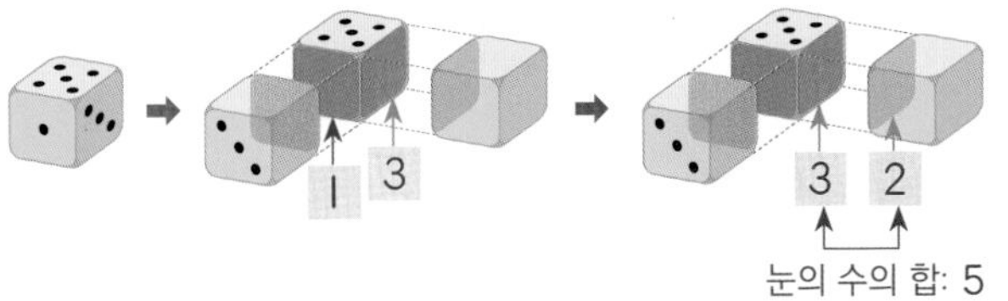

STEP ④ 분홍색으로 칠한 면은 눈의 수가 2인 면과 마주 보는 면이므로 눈의 수는 5입니다.

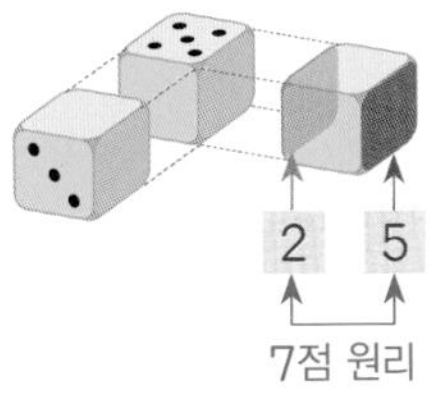

01

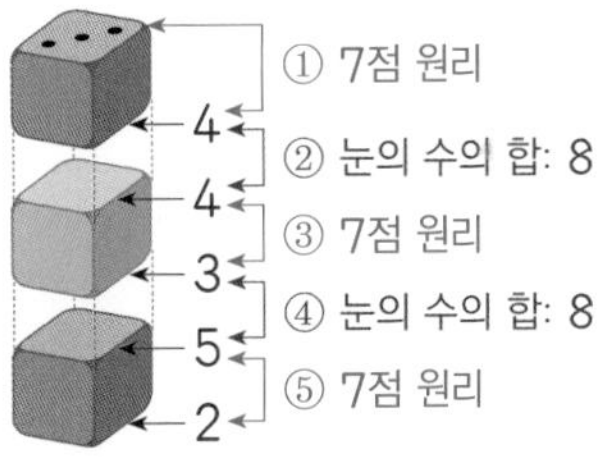

① 7점 원리
② 눈의 수의 합: 8
③ 7점 원리
④ 눈의 수의 합: 8
⑤ 7점 원리

4, 4, 3, 5, 2

따라서 보이지 않는 눈의 수의 합은
$4+4+3+5+2=18$입니다.

02

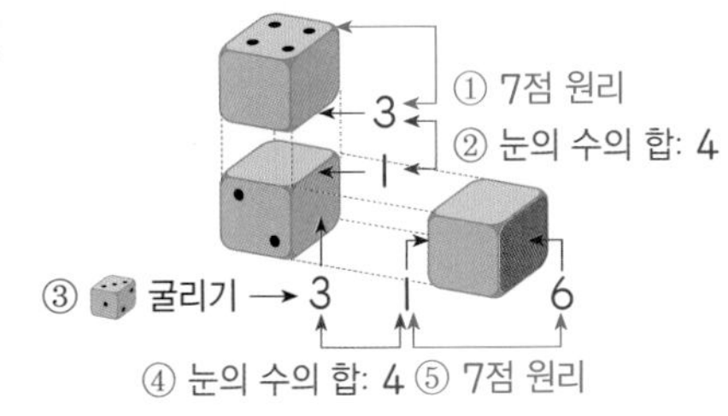

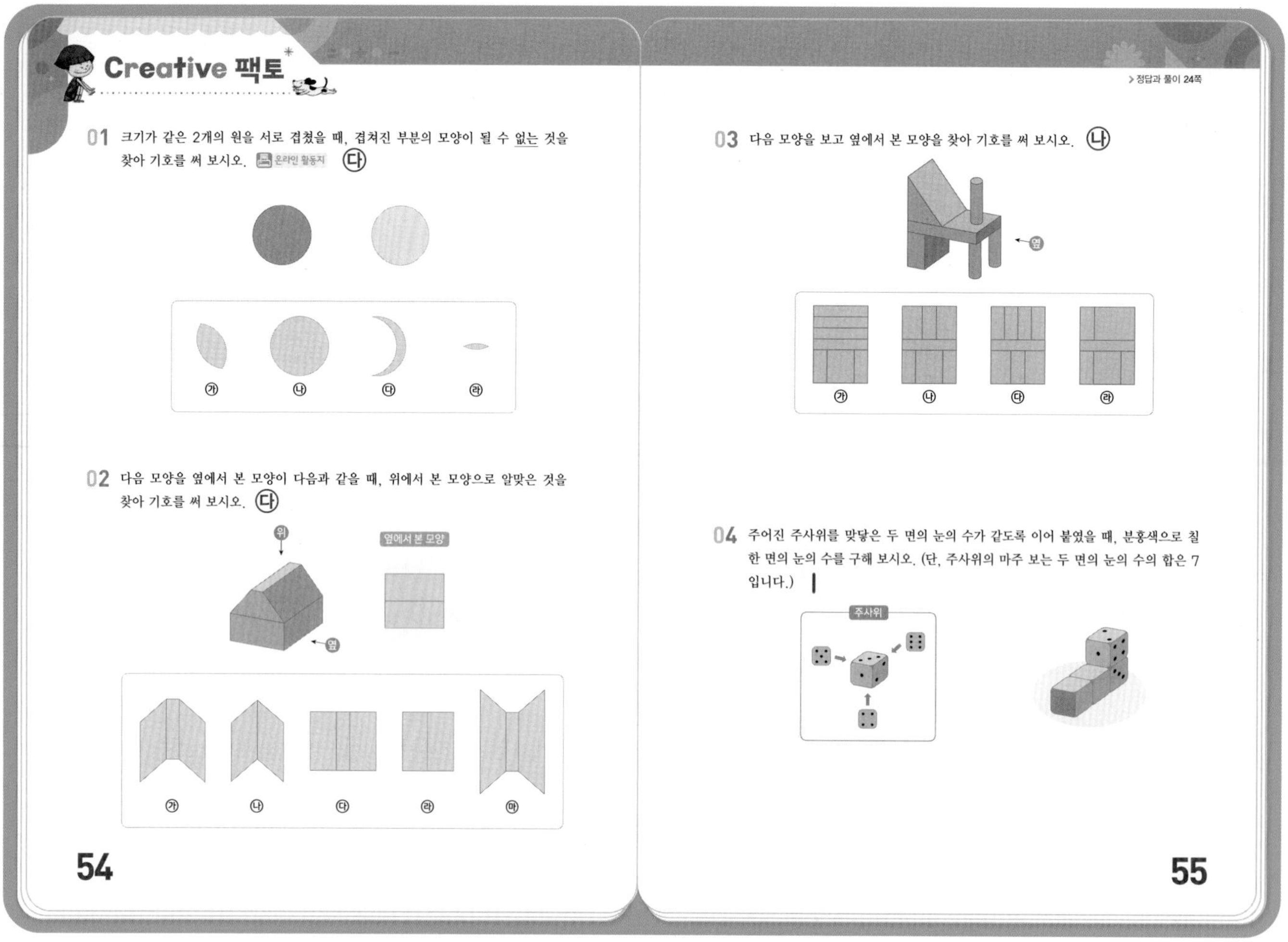

Creative 팩토

> 정답과 풀이 24쪽

01 크기가 같은 2개의 원을 서로 겹쳤을 때, 겹쳐진 부분의 모양이 될 수 없는 것을 찾아 기호를 써 보시오. 온라인 활동지 ㉰

㉮ ㉯ ㉰ ㉱

02 다음 모양을 옆에서 본 모양이 다음과 같을 때, 위에서 본 모양으로 알맞은 것을 찾아 기호를 써 보시오. ㉰

위 / 옆 / 옆에서 본 모양

㉮ ㉯ ㉰ ㉱ ㉲

03 다음 모양을 보고 옆에서 본 모양을 찾아 기호를 써 보시오. ㉯

옆

㉮ ㉯ ㉰ ㉱

04 주어진 주사위를 맞닿은 두 면의 눈의 수가 같도록 이어 붙였을 때, 분홍색으로 칠한 면의 눈의 수를 구해 보시오. (단, 주사위의 마주 보는 두 면의 눈의 수의 합은 7입니다.) 1

주사위

54 55

01 하나의 원 안에 겹쳐진 부분을 그리고, 나머지 부분을 이어서 남은 원을 완성해 봅니다.

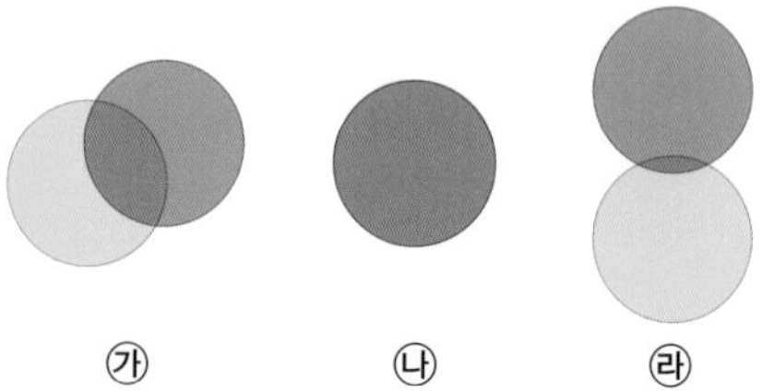

02 위에서 보았을 때, 경계선의 모양을 생각하며 위에서 본 모양을 찾습니다.

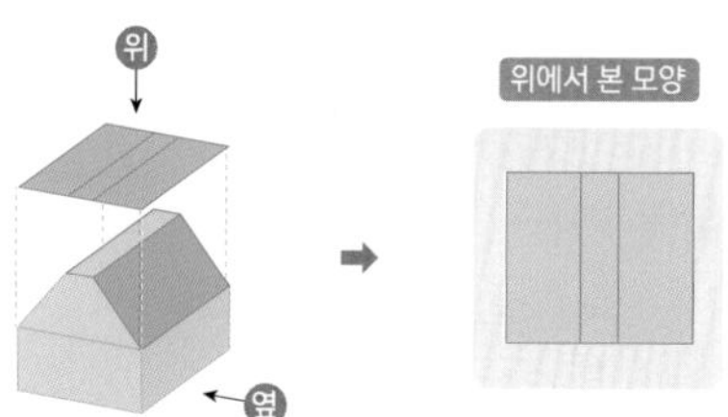

03 옆에서 보이는 부분을 색칠하고, 색칠된 부분을 생각하며 옆에서 본 모양을 찾습니다.

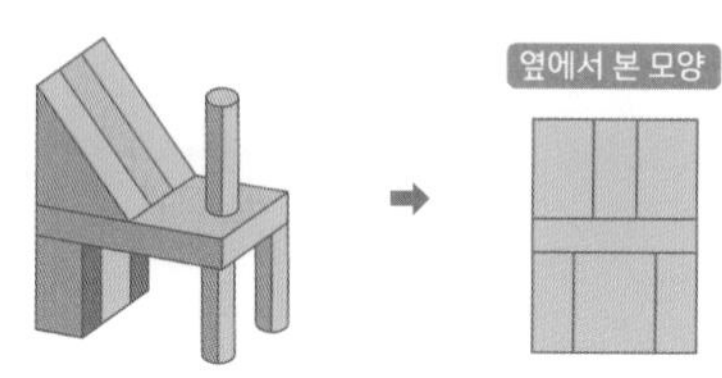

04

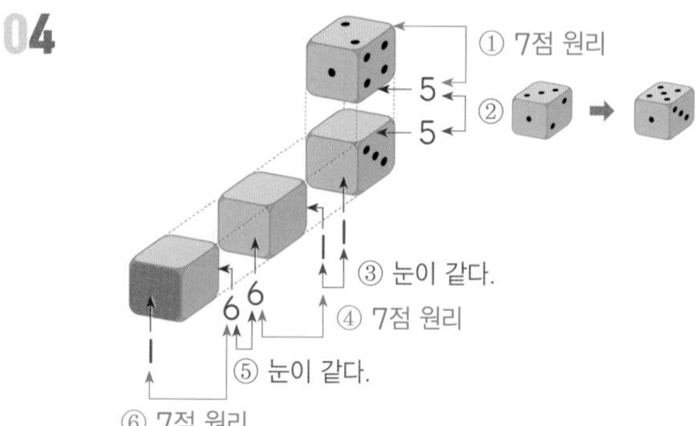

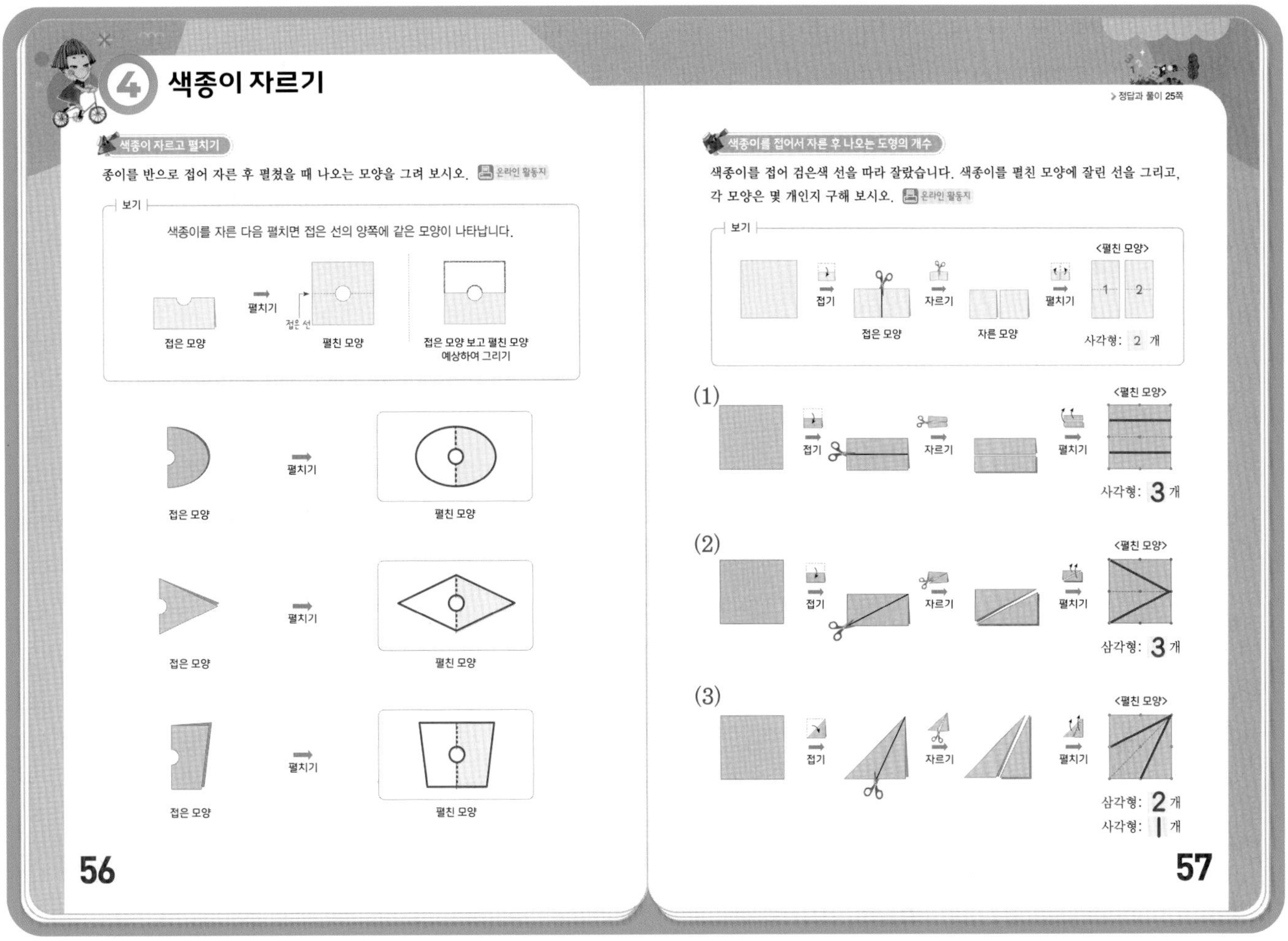

4 색종이 자르기

색종이 자르고 펼치기

종이를 반으로 접어 자른 후 펼쳤을 때 나오는 모양을 그려 보시오. 온라인 활동지

보기

색종이를 자른 다음 펼치면 접은 선의 양쪽에 같은 모양이 나타납니다.

접은 모양 → 펼치기 → 펼친 모양 (접은 선) | 접은 모양 보고 펼친 모양 예상하여 그리기

접은 모양 → 펼치기 → 펼친 모양

접은 모양 → 펼치기 → 펼친 모양

접은 모양 → 펼치기 → 펼친 모양

56

> 정답과 풀이 25쪽

색종이를 접어서 자른 후 나오는 도형의 개수

색종이를 접어 검은색 선을 따라 잘랐습니다. 색종이를 펼친 모양에 잘린 선을 그리고, 각 모양은 몇 개인지 구해 보시오. 온라인 활동지

보기

접기 → 접은 모양 → 자르기 → 자른 모양 → 펼치기 → <펼친 모양> 1 2

사각형: 2 개

(1) 접기 → 자르기 → 펼치기 <펼친 모양>

사각형: 3 개

(2) 접기 → 자르기 → 펼치기 <펼친 모양>

삼각형: 3 개

(3) 접기 → 자르기 → 펼치기 <펼친 모양>

삼각형: 2 개

사각형: 1 개

57

색종이 자르고 펼치기

접은 선을 기준으로 양쪽이 대칭이 되도록 펼친 모양을 그립니다.

색종이를 접어서 자른 후 나오는 도형의 개수

접은 선과 자른 선을 혼동하지 않도록 합니다.

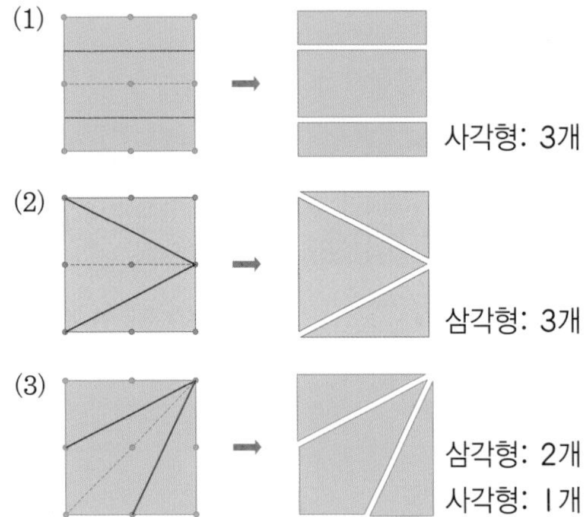

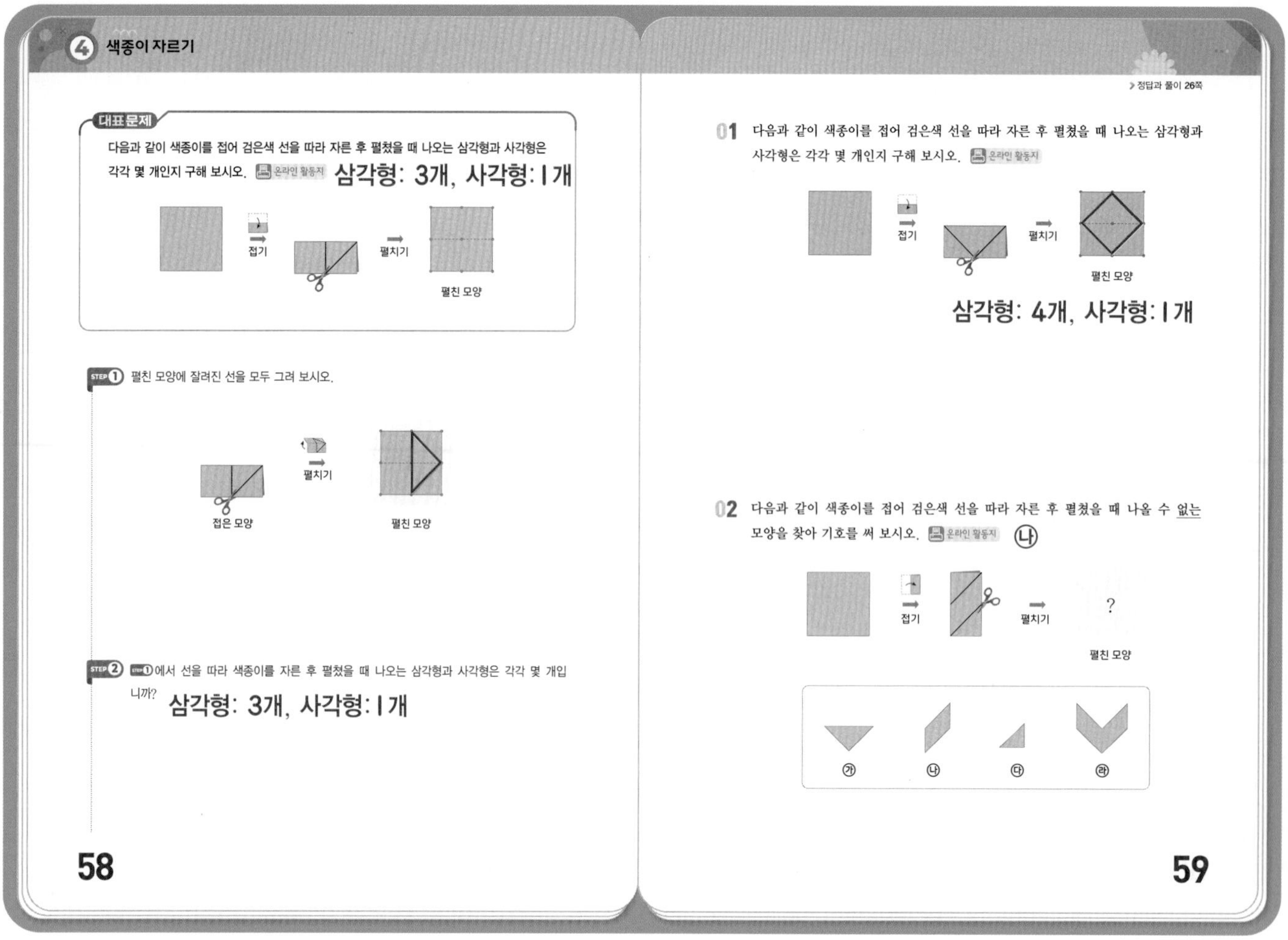

4 색종이 자르기

대표문제

다음과 같이 색종이를 접어 검은색 선을 따라 자른 후 펼쳤을 때 나오는 삼각형과 사각형은 각각 몇 개인지 구해 보시오. 온라인 활동지 삼각형: 3개, 사각형: 1개

접기 펼치기

펼친 모양

STEP 1 펼친 모양에 잘려진 선을 모두 그려 보시오.

펼치기

접은 모양 펼친 모양

STEP 2 STEP 1에서 선을 따라 색종이를 자른 후 펼쳤을 때 나오는 삼각형과 사각형은 각각 몇 개입니까? 삼각형: 3개, 사각형: 1개

58

정답과 풀이 26쪽

01 다음과 같이 색종이를 접어 검은색 선을 따라 자른 후 펼쳤을 때 나오는 삼각형과 사각형은 각각 몇 개인지 구해 보시오. 온라인 활동지

접기 펼치기

펼친 모양

삼각형: 4개, 사각형: 1개

02 다음과 같이 색종이를 접어 검은색 선을 따라 자른 후 펼쳤을 때 나올 수 없는 모양을 찾아 기호를 써 보시오. 온라인 활동지 ㉯

접기 펼치기 ?

펼친 모양

㉮ ㉯ ㉰ ㉱

59

대표문제

STEP 1 접은 선을 기준으로 양쪽이 대칭이 되도록 잘려진 선을 그립니다.

STEP 2 접은 선과 자른 선을 혼동하지 않도록 합니다.

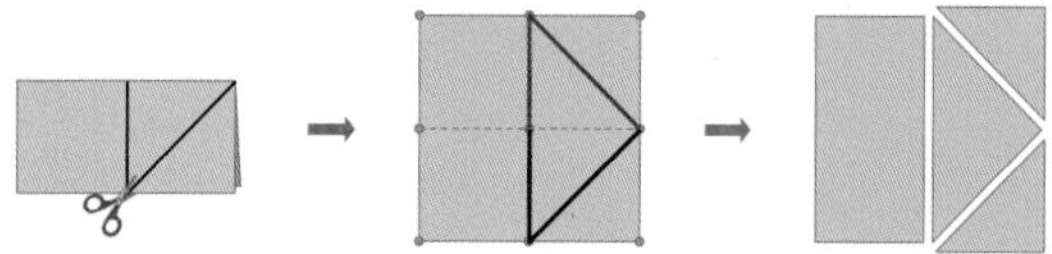

삼각형: 3개
사각형: 1개

01 접은 선을 기준으로 양쪽이 대칭이 되도록 잘려진 선을 그려 삼각형과 사각형의 개수를 구합니다.

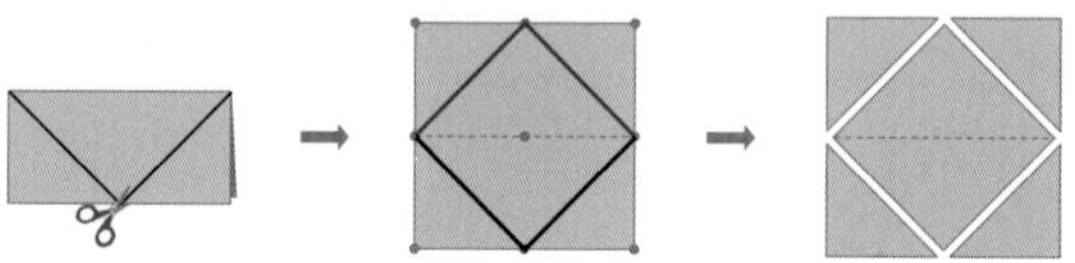

삼각형: 4개
사각형: 1개

02 접은 선을 기준으로 양쪽이 대칭이 되도록 잘려진 선을 그려 나올 수 있는 모양과 나올 수 없는 모양을 알아봅니다.

나올 수 있는 모양: ㉮, ㉰, ㉱
나올 수 없는 모양: ㉯

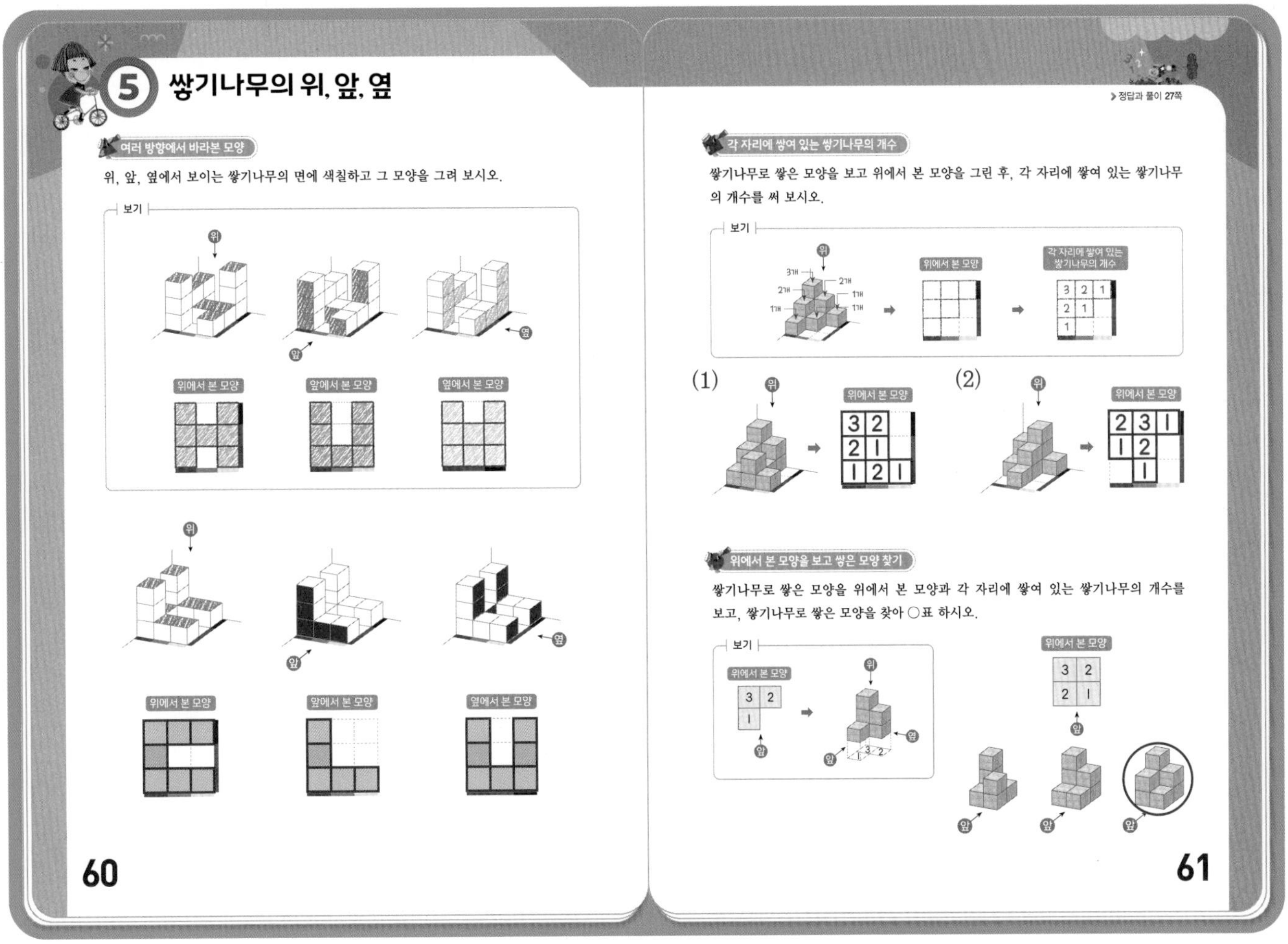

5 쌓기나무의 위, 앞, 옆

여러 방향에서 바라본 모양

위, 앞, 옆에서 보이는 쌓기나무의 면에 색칠하고 그 모양을 그려 보시오.

보기

위에서 본 모양 / 앞에서 본 모양 / 옆에서 본 모양

위에서 본 모양 / 앞에서 본 모양 / 옆에서 본 모양

정답과 풀이 27쪽

각 자리에 쌓여 있는 쌓기나무의 개수

쌓기나무로 쌓은 모양을 보고 위에서 본 모양을 그린 후, 각 자리에 쌓여 있는 쌓기나무의 개수를 써 보시오.

보기

위에서 본 모양 → 각 자리에 쌓여 있는 쌓기나무의 개수

(1) 위에서 본 모양

3	2	
2	1	
1	2	1

(2) 위에서 본 모양

2	3	1
1	2	
	1	

위에서 본 모양을 보고 쌓은 모양 찾기

쌓기나무로 쌓은 모양을 위에서 본 모양과 각 자리에 쌓여 있는 쌓기나무의 개수를 보고, 쌓기나무로 쌓은 모양을 찾아 ○표 하시오.

보기

위에서 본 모양

3	2
2	1

여러 방향에서 바라본 모양

각 줄에서 색칠한 면의 위치를 보고 위, 앞, 옆에서 본 모양을 그립니다.

각 자리에 쌓여 있는 쌓기나무의 개수

먼저 쌓기나무로 쌓은 모양에서 위에서 보이는 모양을 그린 후, 각 자리에 쌓여 있는 쌓기나무의 개수를 세어 봅니다.

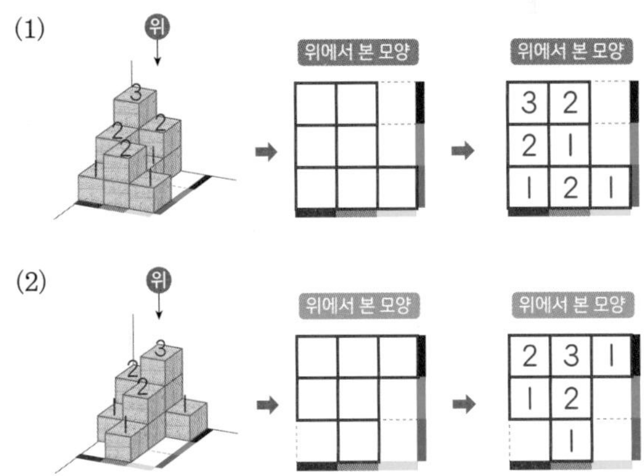

위에서 본 모양을 보고 쌓은 모양 찾기

위에서 본 모양은 다 같으므로 각 자리에 쌓여 있는 쌓기나무의 개수를 비교해 봅니다.

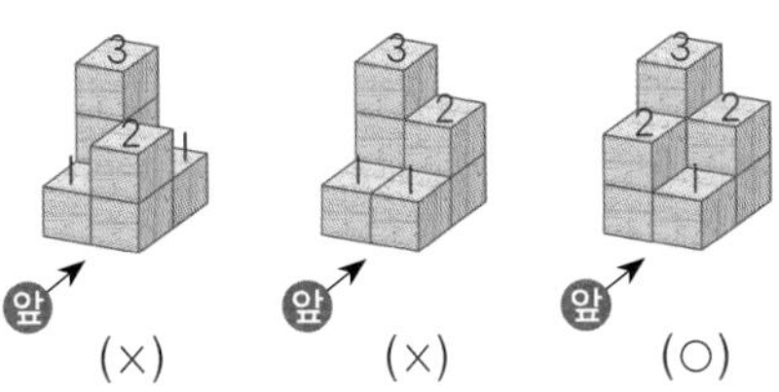

(×) (×) (○)

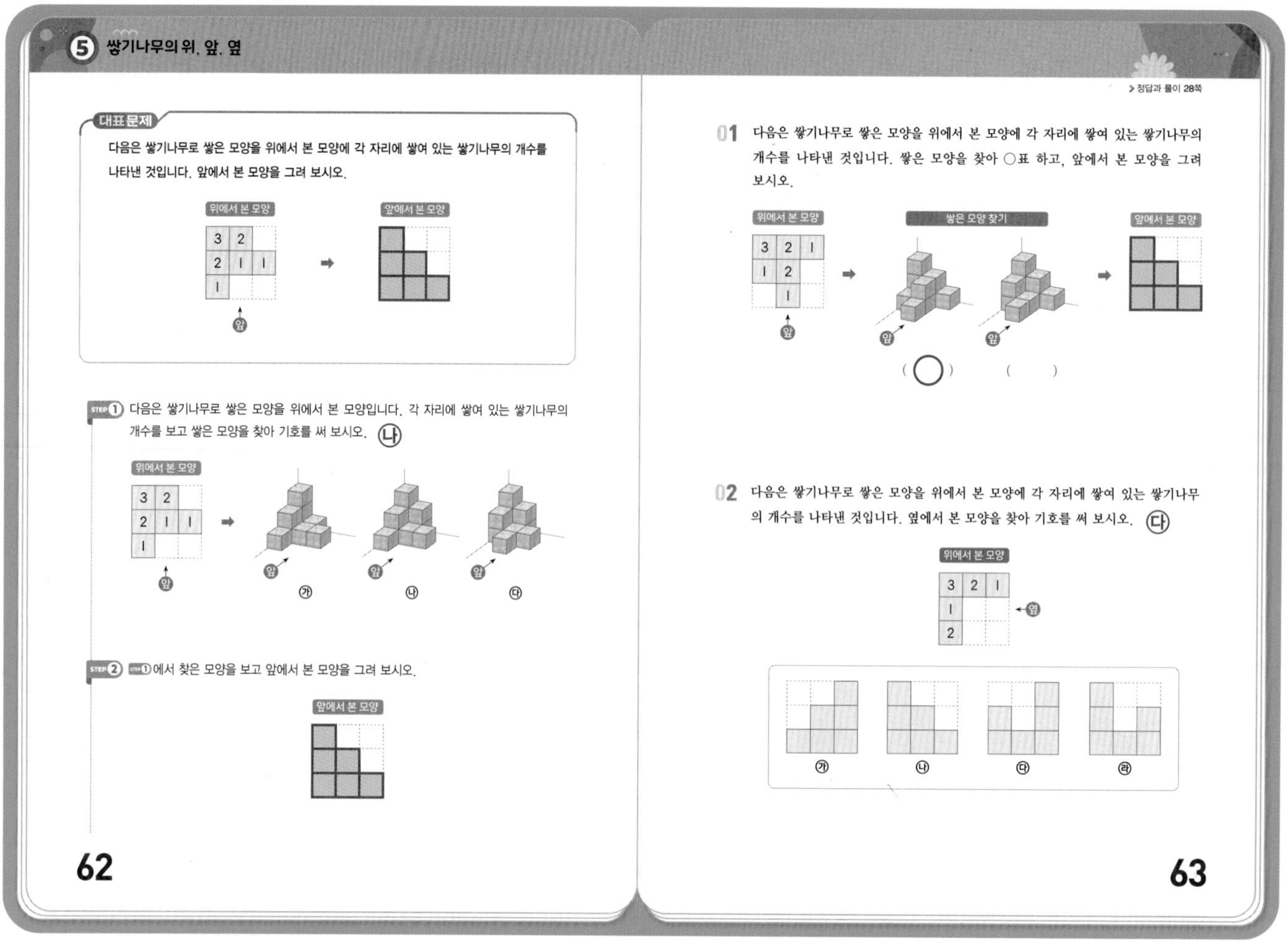

⑤ 쌓기나무의 위, 앞, 옆

대표문제

다음은 쌓기나무로 쌓은 모양을 위에서 본 모양에 각 자리에 쌓여 있는 쌓기나무의 개수를 나타낸 것입니다. 앞에서 본 모양을 그려 보시오.

위에서 본 모양

3	2	
2	1	1
1		

앞

앞에서 본 모양

STEP① 다음은 쌓기나무로 쌓은 모양을 위에서 본 모양입니다. 각 자리에 쌓여 있는 쌓기나무의 개수를 보고 쌓은 모양을 찾아 기호를 써 보시오. ㉯

위에서 본 모양

3	2	
2	1	1
1		

앞 ㉮ ㉯ ㉰

STEP② STEP①에서 찾은 모양을 보고 앞에서 본 모양을 그려 보시오.

앞에서 본 모양

62

> 정답과 풀이 28쪽

01 다음은 쌓기나무로 쌓은 모양을 위에서 본 모양에 각 자리에 쌓여 있는 쌓기나무의 개수를 나타낸 것입니다. 쌓은 모양을 찾아 ○표 하고, 앞에서 본 모양을 그려 보시오.

위에서 본 모양

3	2	1
1	2	
	1	

앞

쌓은 모양 찾기 (○) ( )

앞에서 본 모양

02 다음은 쌓기나무로 쌓은 모양을 위에서 본 모양에 각 자리에 쌓여 있는 쌓기나무의 개수를 나타낸 것입니다. 옆에서 본 모양을 찾아 기호를 써 보시오. ㉰

위에서 본 모양

3	2	1
1		
2		

←옆

㉮ ㉯ ㉰ ㉱

63

대표문제

STEP① 위에서 본 모양과 각 자리에 쌓여 있는 쌓기나무의 수를 구해보면 주어진 모양은 ㉯임을 알 수 있습니다.

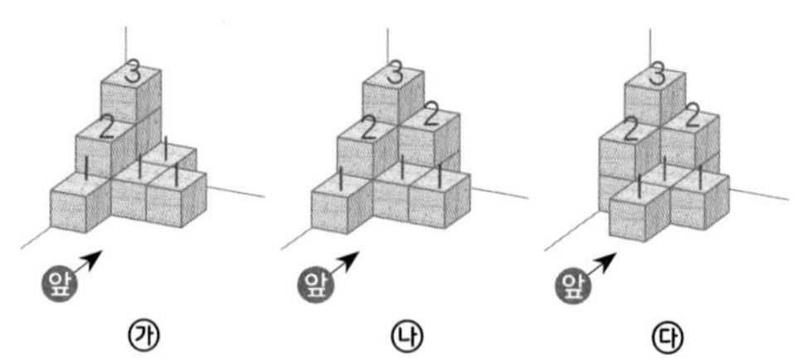

STEP② 앞에서 보이는 부분에 색칠하고, 앞에서 본 모양을 그립니다.

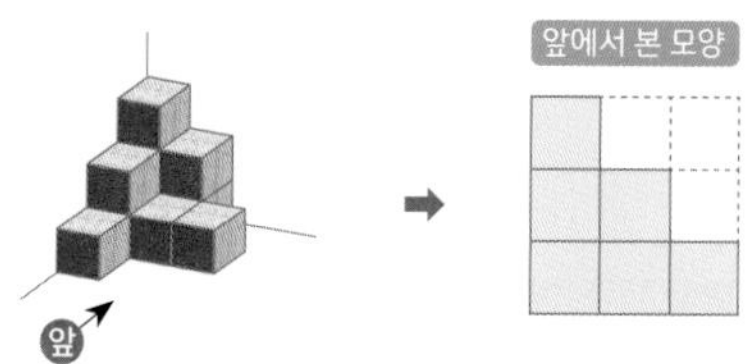

01 위에서 본 모양은 같으므로 각 자리에 쌓여 있는 쌓기나무의 개수를 비교합니다.

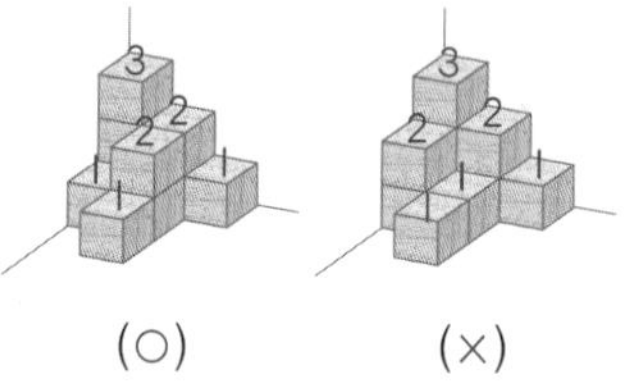

앞에서 보이는 부분에 색칠하여 앞에서 본 모양을 그립니다.

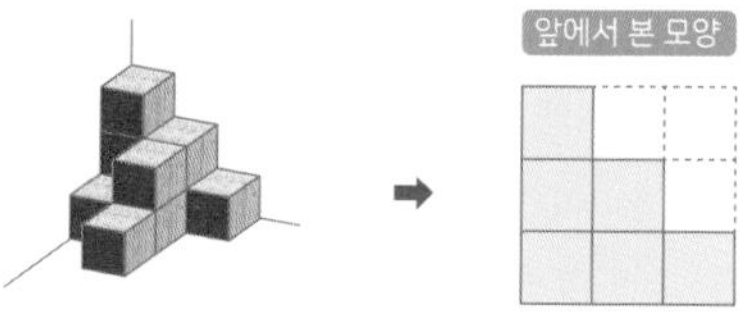

02 위에서 본 모양의 오른쪽 옆 각 줄에서 보이는 가장 큰 쌓기나무의 수를 찾아 옆에서 본 모양을 찾으면 ㉰임을 알 수 있습니다.

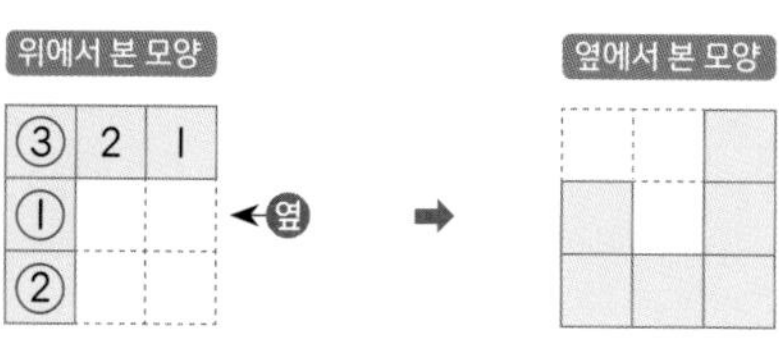

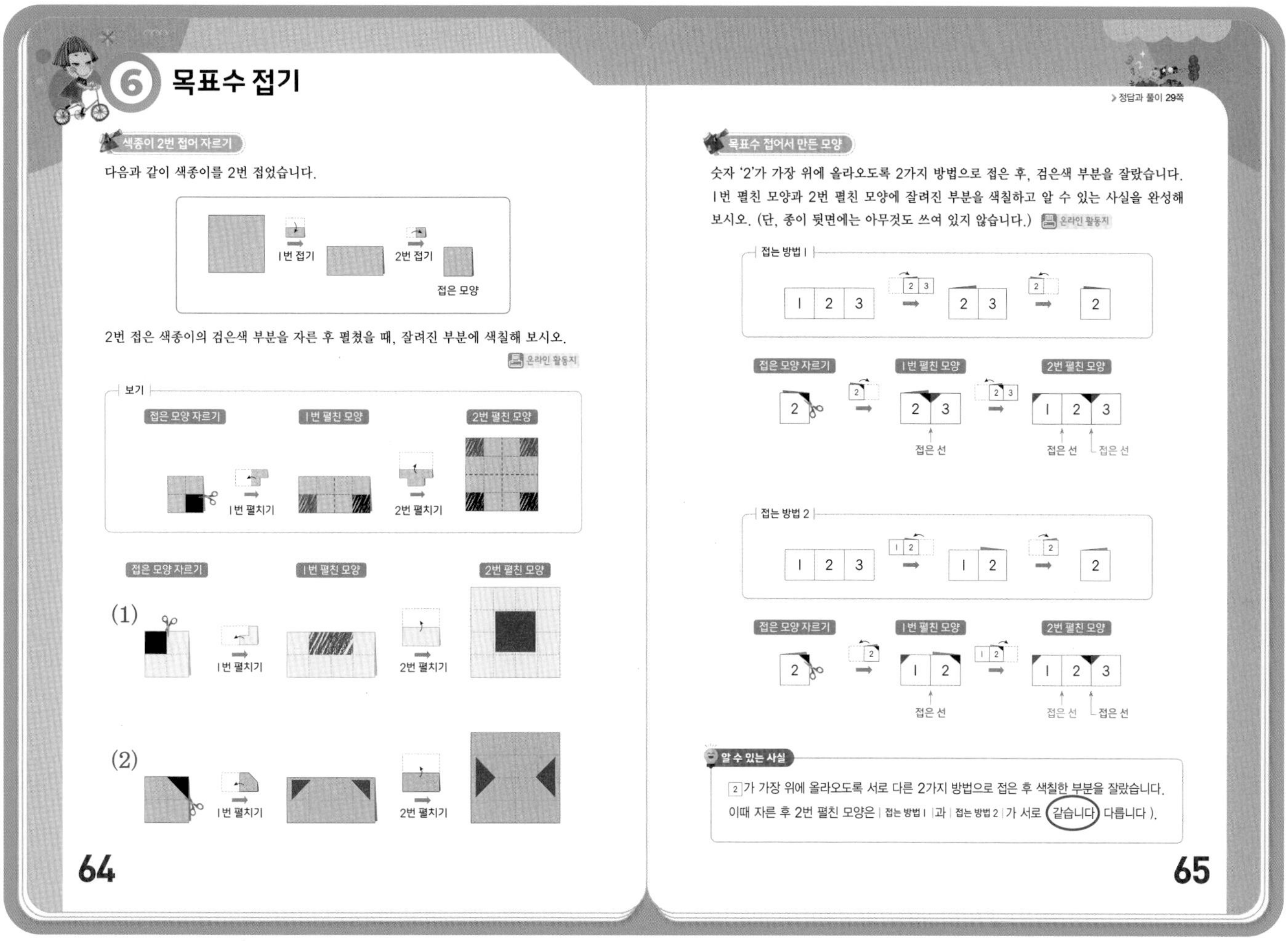

6 목표수 접기

색종이 2번 접어 자르기

다음과 같이 색종이를 2번 접었습니다.

1번 접기 → 2번 접기 → 접은 모양

2번 접은 색종이의 검은색 부분을 자른 후 펼쳤을 때, 잘려진 부분에 색칠해 보시오. 온라인 활동지

보기: 접은 모양 자르기 → 1번 펼치기 → 1번 펼친 모양 → 2번 펼치기 → 2번 펼친 모양

(1) 접은 모양 자르기 → 1번 펼치기 → 1번 펼친 모양 → 2번 펼치기 → 2번 펼친 모양

(2) 접은 모양 자르기 → 1번 펼치기 → 1번 펼친 모양 → 2번 펼치기 → 2번 펼친 모양

64

> 정답과 풀이 29쪽

목표수 접어서 만든 모양

숫자 '2'가 가장 위에 올라오도록 2가지 방법으로 접은 후, 검은색 부분을 잘랐습니다. 1번 펼친 모양과 2번 펼친 모양에 잘려진 부분을 색칠하고 알 수 있는 사실을 완성해 보시오. (단, 종이 뒷면에는 아무것도 쓰여 있지 않습니다.) 온라인 활동지

접는 방법 1: | 1 | 2 | 3 | → | 2 | 3 | → | 2 |

접은 모양 자르기 → 1번 펼친 모양 (접은 선) → 2번 펼친 모양 (접은 선, 접은 선)

접는 방법 2: | 1 | 2 | 3 | → | 1 | 2 | → | 2 |

접은 모양 자르기 → 1번 펼친 모양 (접은 선) → 2번 펼친 모양 (접은 선, 접은 선)

알 수 있는 사실

2가 가장 위에 올라오도록 서로 다른 2가지 방법으로 접은 후 색칠한 부분을 잘랐습니다. 이때 자른 후 2번 펼친 모양은 접는 방법 1 과 접는 방법 2 가 서로 (같습니다), 다릅니다).

65

색종이 2번 접어 자르기

접은 순서와 반대로 펼친 모양을 생각하여 그립니다. 잘려진 부분은 접은 선을 기준으로 대칭입니다.

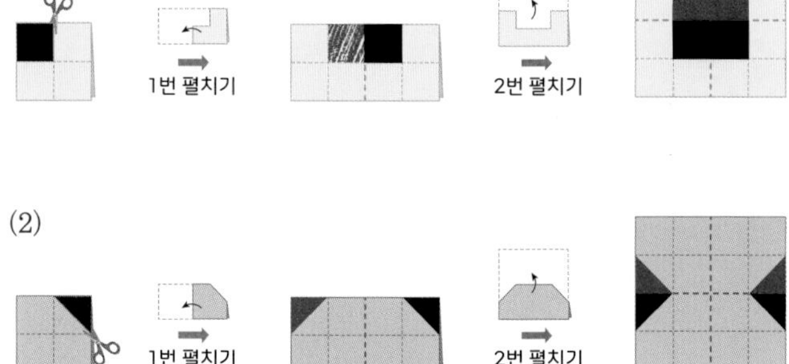

(2) 1번 펼치기 → 2번 펼치기

목표수 접어서 만든 모양

잘려진 부분은 접은 선을 기준으로 대칭이며, 목표수가 가장 위에 올라오도록 서로 다른 방법으로 접은 다음 색칠한 부분을 자르고 펼친 모양은 모두 같습니다.

6 목표수 접기

대표문제

다음 종이를 숫자 '2'가 가장 위에 올라오도록 선을 따라 접은 후, 검은색 부분을 자르고 펼쳤습니다. 펼친 모양에 잘려진 부분을 색칠해 보시오. (단, 종이 뒷면에는 아무것도 쓰여 있지 않습니다.) 온라인 활동지

1번 접기 2번 접기 3번 접기 접은 모양

펼친 모양

STEP 1 1번 펼친 모양에 잘려진 부분을 색칠해 보시오.

STEP 2 2번 펼친 모양에 잘려진 부분을 색칠해 보시오.

STEP 3 3번 펼친 모양에 잘려진 부분을 색칠해 보시오.

접은 모양 자르기 1번 펼친 모양 2번 펼친 모양 3번 펼친 모양

66

> 정답과 풀이 30쪽

01 다음 종이를 ▲ 모양이 가장 위에 올라오도록 선을 따라 접은 후, 검은색 부분을 자르고 펼쳤습니다. 펼친 모양에 잘려진 부분을 색칠해 보시오. (단, 종이 뒷면에는 아무것도 쓰여 있지 않습니다.) 온라인 활동지

1번 접기 2번 접기 펼치기 펼친 모양

02 다음 종이를 숫자 '5'가 가장 위에 올라오도록 선을 따라 접은 후, 검은색 부분을 자르고 펼쳤습니다. 펼친 모양에 잘려진 부분을 색칠해 보시오. (단, 종이 뒷면에는 아무것도 쓰여 있지 않습니다.) 온라인 활동지

접기 펼치기 펼친 모양

67

대표문제

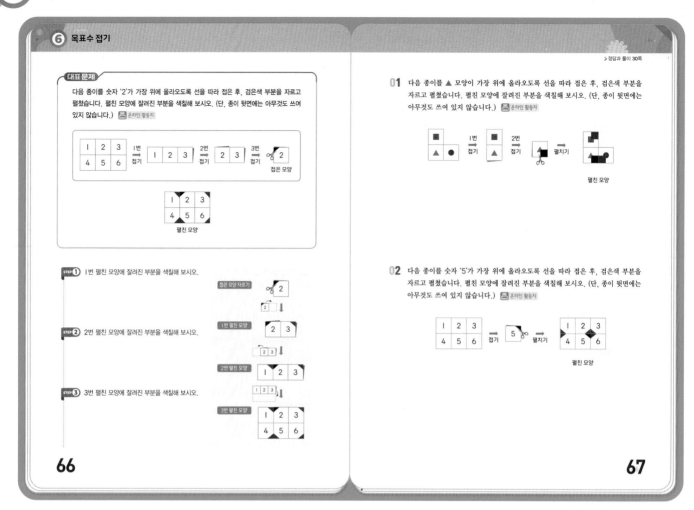

양쪽에 같은 모양을 그리면 펼친 모양을 알 수 있습니다.

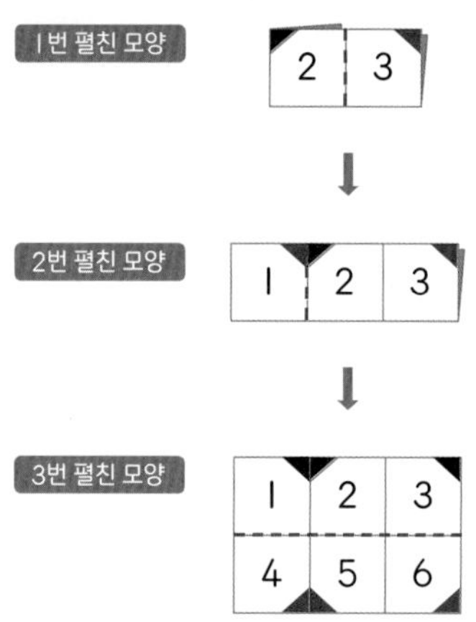

01 차례로 펼쳐가며 잘려진 부분을 색칠합니다.

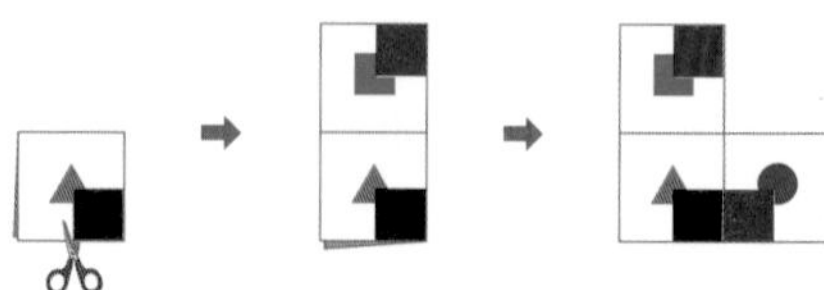

02 접은 선을 기준으로 대칭이 되도록 잘려진 부분을 색칠합니다.

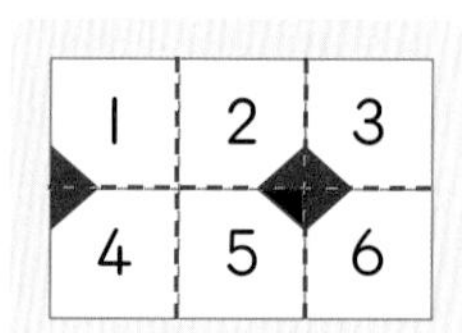

정답과 풀이 31쪽

01 다음과 같이 색종이를 접어 검은색 선을 따라 자른 후 펼쳤을 때 나오는 삼각형과 사각형은 각각 몇 개인지 구해 보시오. 온라인 활동지

삼각형: 3개, 사각형: 1개

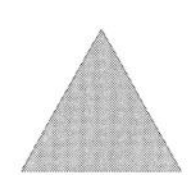

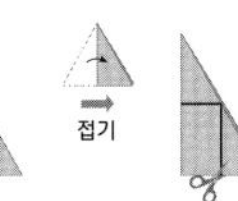

펼친 모양

02 다음은 쌓기나무로 쌓은 모양을 위에서 본 모양에 각 자리에 쌓여 있는 쌓기나무의 개수를 나타낸 것입니다. 옆에서 본 모양을 그려 보시오.

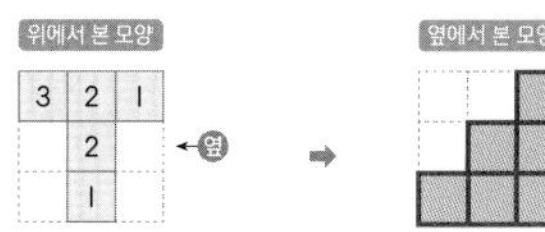

03 다음 종이를 숫자 '6'이 가장 위에 올라오도록 선을 따라 접은 후, 검은색 부분을 자르고 펼쳤습니다. 펼친 모양에 잘려진 부분을 색칠해 보시오. (단, 종이 뒷면에는 아무것도 쓰여 있지 않습니다.) 온라인 활동지

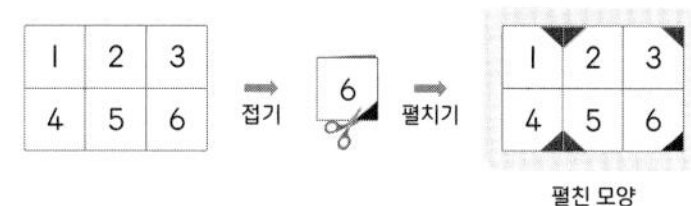

04 다음 종이를 ● 모양이 가장 위에 올라오도록 선을 따라 접은 후, 검은색 부분을 자르고 펼쳤습니다. 펼친 모양에 잘려진 부분을 색칠해 보시오. (단, 종이 뒷면에는 아무것도 쓰여 있지 않습니다.) 온라인 활동지

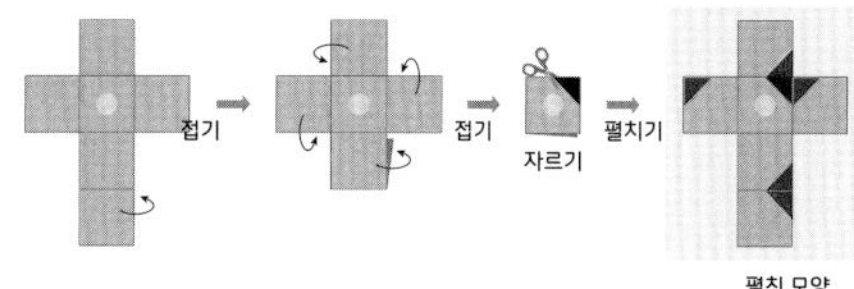

01 접은 선을 기준으로 양쪽이 대칭이 되도록 잘려진 선을 그립니다.

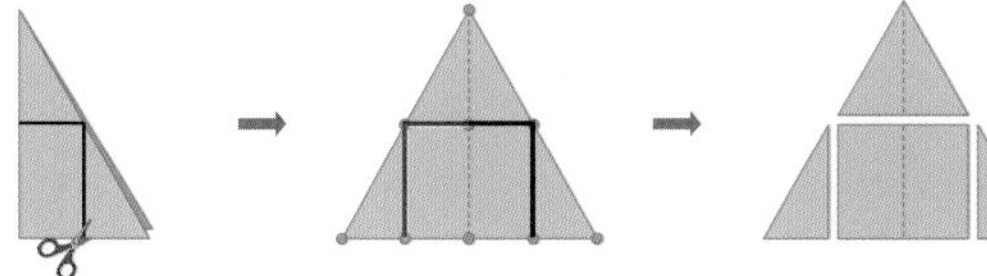

삼각형: 3개
사각형: 1개

02 본 모양의 오른쪽 옆 각 줄에서 보이는 가장 큰 쌓기나무의 수를 찾아 옆에서 본 모양을 그립니다.

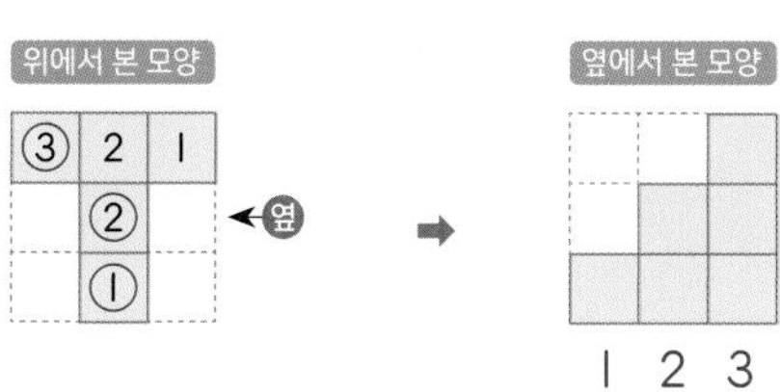

03 접은 선을 기준으로 대칭이 되도록 잘려진 부분을 색칠합니다.

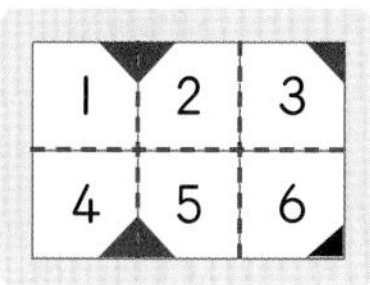

04 차례로 펼쳐가며 잘려진 부분을 색칠합니다.

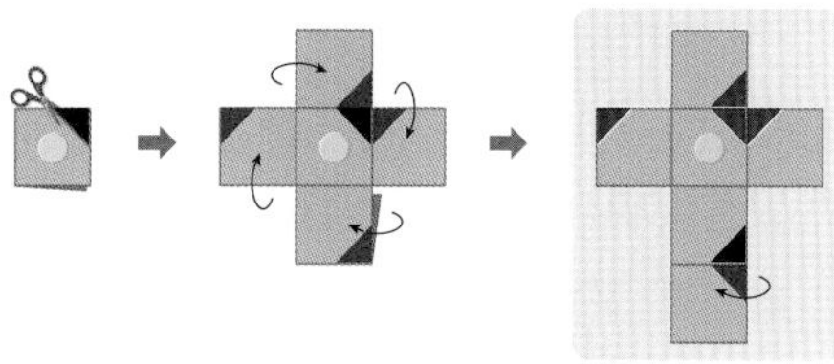

Perfect 경시대회

01 다음 모양을 보고 위, 앞, 옆에서 본 모양을 그려 보시오.

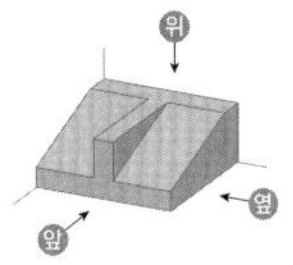

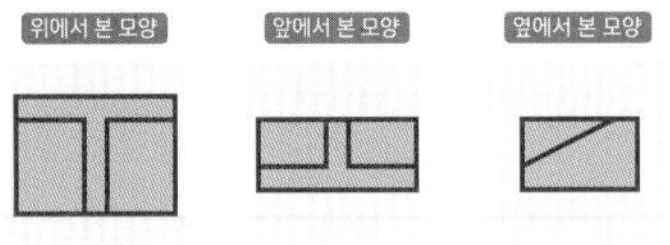

위에서 본 모양 / 앞에서 본 모양 / 옆에서 본 모양

02 다음은 쌓기나무로 쌓은 모양을 위, 앞, 옆에서 본 모양입니다. 쌓은 모양에 사용된 쌓기나무는 몇 개인지 구해 보시오. **3개**

위에서 본 모양 / 앞에서 본 모양 / 옆에서 본 모양

70

> 정답과 풀이 32쪽

03 다음과 같이 색종이를 2번 접어 검은색 선을 따라 자른 후 펼쳤을 때, 나오는 삼각형과 사각형은 각각 몇 개인지 구해 보시오. 온라인 활동지

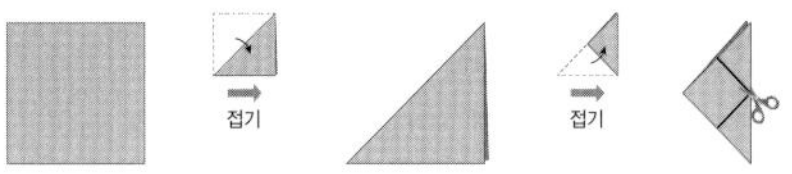

삼각형: 4개, 사각형: 1개

04 다음과 같이 쌓기나무로 쌓아 만든 모양에 쌓기나무 1개를 더 쌓아 위, 앞, 옆에서 본 모양이 모두 같게 만들려고 합니다. ㉮, ㉯, ㉰ 중 어느 곳에 쌓아야 하는지 기호를 써 보시오. **㉰**

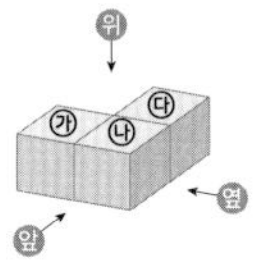

71

01 위, 앞, 옆에서 보이는 부분에 색칠하고, 위, 앞, 옆에서 본 모양을 그려 봅니다.

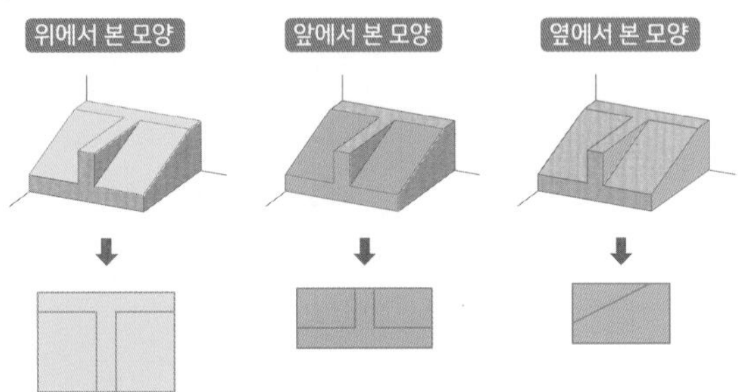

02 위에서 본 모양의 아래쪽에는 앞에서 본 모양의 개수를 쓰고, 오른쪽에는 오른쪽 옆에서 본 모양의 개수를 씁니다.

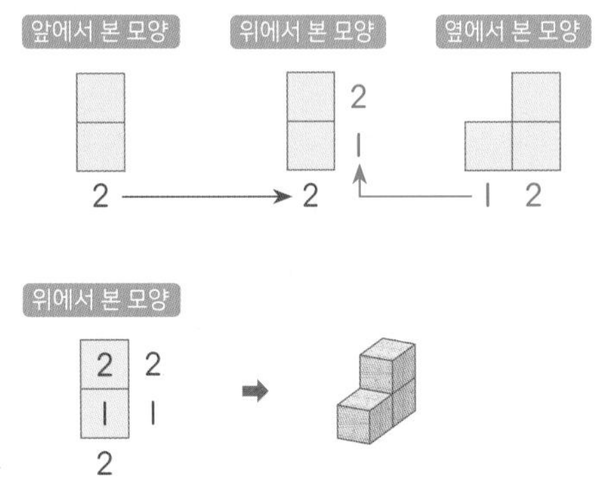

03 접은 선을 기준으로 양쪽이 대칭이 되도록 잘려진 선을 그립니다.

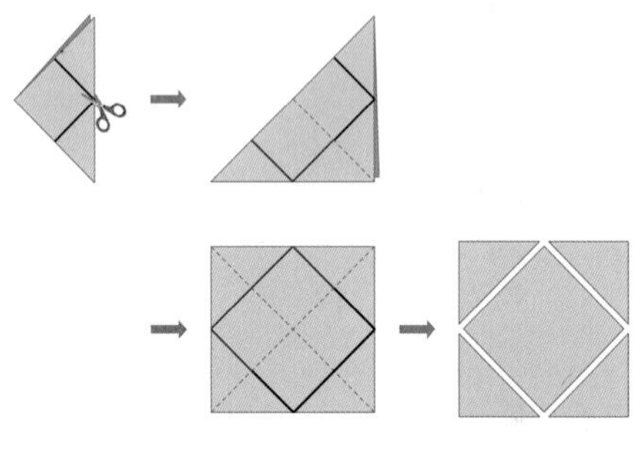

삼각형: 4개
사각형: 1개

04 위, 앞, 옆에서 본 모양을 그리고 같은 모양이 될 수 있는 부분을 찾습니다.

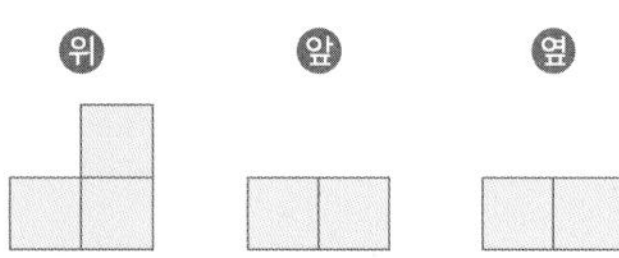

앞, 옆 모양 역시 ⌐ 모양이 되게 하면 위, 앞, 옆 모양이 모두 같게 됩니다.

따라서 ㉰ 위에 쌓기나무 1개를 더 쌓아서  모양을 만들면 됩니다.

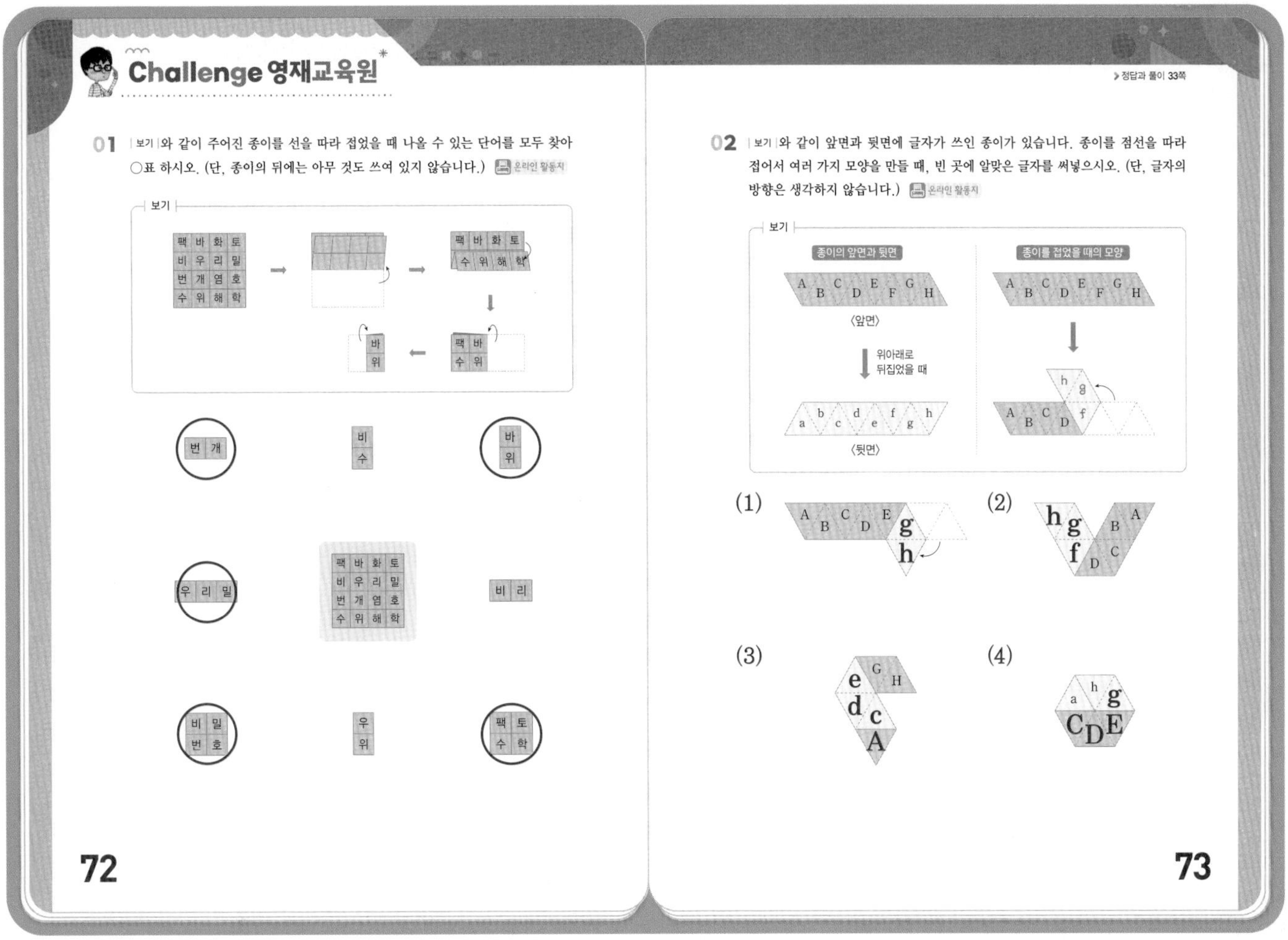

Challenge 영재교육원

01 보기 와 같이 주어진 종이를 선을 따라 접었을 때 나올 수 있는 단어를 모두 찾아 ○표 하시오. (단, 종이의 뒤에는 아무 것도 쓰여 있지 않습니다.) 온라인 활동지

보기

팩	바	화	토
비	우	리	밀
번	개	염	호
수	위	해	학

번개 (○) 비수 바위 (○)

우리밀 (○) 비리

비밀번호 (○) 우위 팩토수학 (○)

정답과 풀이 33쪽

02 보기 와 같이 앞면과 뒷면에 글자가 쓰인 종이가 있습니다. 종이를 점선을 따라 접어서 여러 가지 모양을 만들 때, 빈 곳에 알맞은 글자를 써넣으시오. (단, 글자의 방향은 생각하지 않습니다.) 온라인 활동지

보기

종이의 앞면과 뒷면

〈앞면〉

위아래로 뒤집었을 때

〈뒷면〉

종이를 접었을 때의 모양

(1) (2)

(3) (4)

01 한 줄에서 접는 선을 따라 접었을 때 만나는 글자를 알아보면 다음과 같이 바로 옆 글자 또는 3칸 띄어 있는 글자를 만난다는 것을 알 수 있습니다.

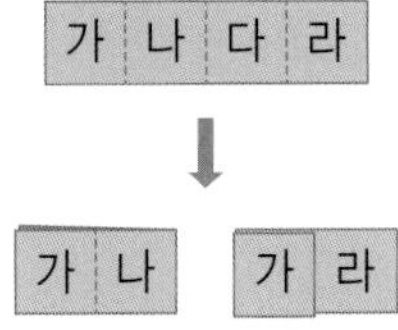

따라서 주어진 종이를 접었을 때, 나올 수 있는 단어는 '번개, 바위, 우리말, 비밀번호, 팩토수학'입니다.
'비수, 비리, 화염, 우위'는 한 칸 띄어 있는 글자이기 때문에 나올 수 없습니다.

02 종이의 앞면과 뒷면의 알파벳은 대문자와 소문자로 서로 같습니다. 따라서 접었을 때, 가려지는 곳은 제외하고, 어느 면이 접혀서 이동된 것인지를 생각해봅니다.

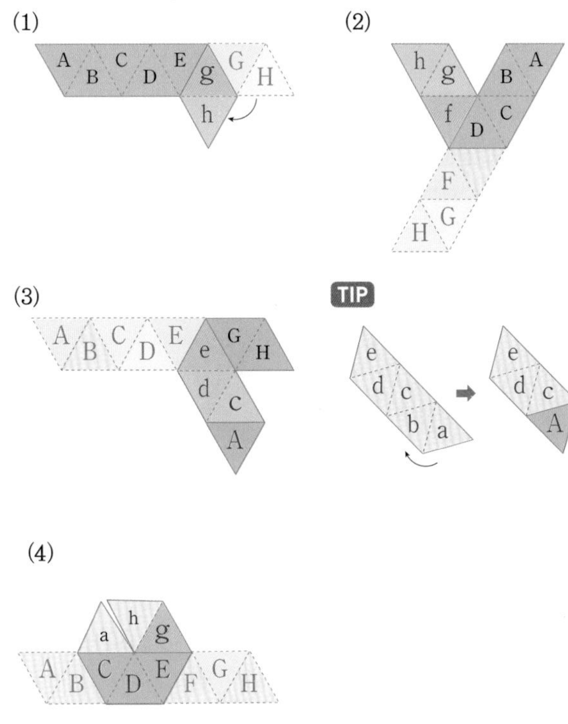

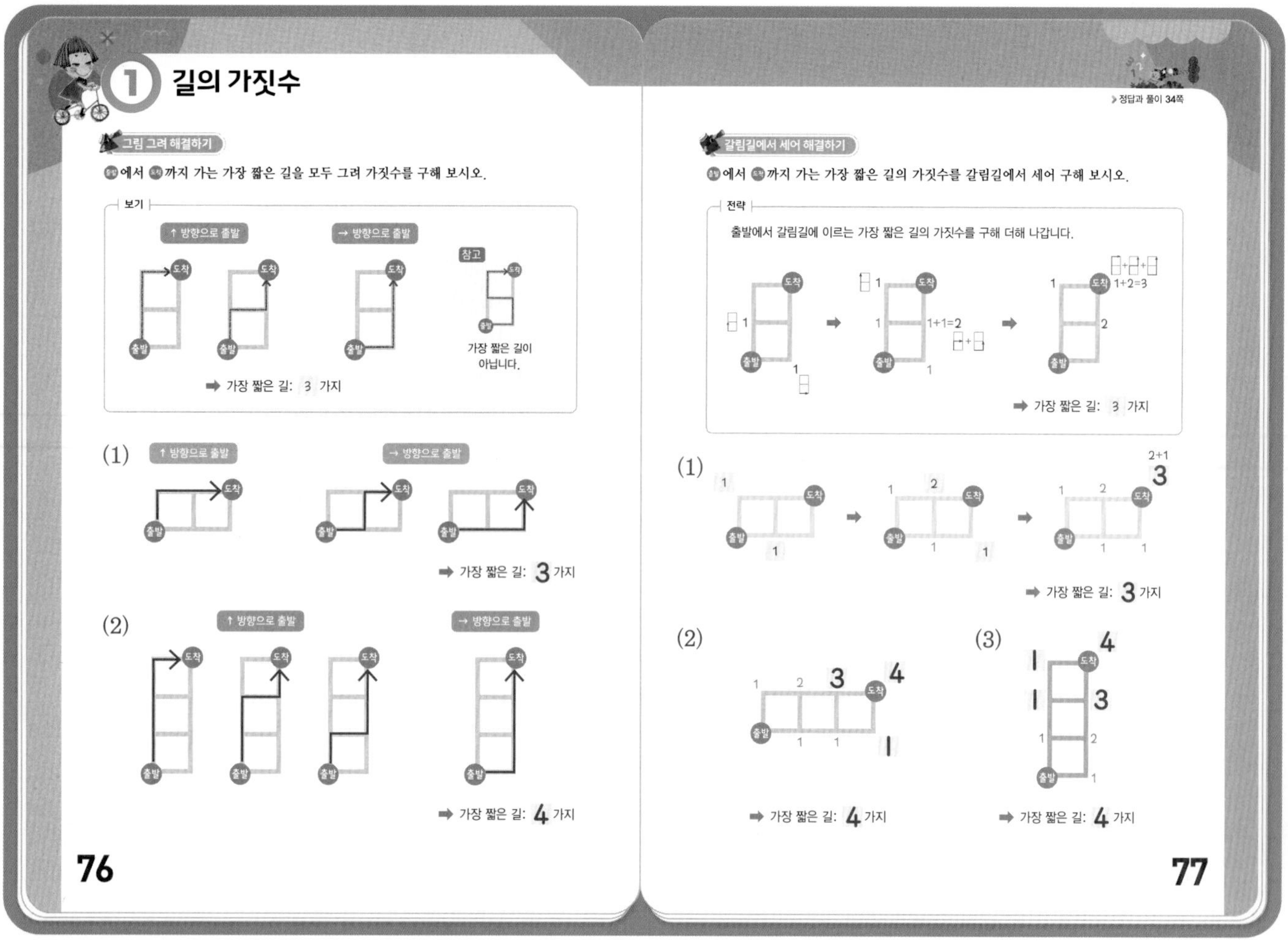

1 길의 가짓수

그림 그려 해결하기

출발에서 도착까지 가는 가장 짧은 길을 모두 그려 가짓수를 구해 보시오.

보기

↑ 방향으로 출발 → 방향으로 출발

참고 가장 짧은 길이 아닙니다.

➡ 가장 짧은 길: 3 가지

(1) ↑ 방향으로 출발 → 방향으로 출발

➡ 가장 짧은 길: 3 가지

(2) ↑ 방향으로 출발 → 방향으로 출발

➡ 가장 짧은 길: 4 가지

76

정답과 풀이 34쪽

갈림길에서 세어 해결하기

출발에서 도착까지 가는 가장 짧은 길의 가짓수를 갈림길에서 세어 구해 보시오.

전략

출발에서 갈림길에 이르는 가장 짧은 길의 가짓수를 구해 더해 나갑니다.

1+1=2 1+2=3

➡ 가장 짧은 길: 3 가지

(1) 2+1 3

➡ 가장 짧은 길: 3 가지

(2) ➡ 가장 짧은 길: 4 가지

(3) ➡ 가장 짧은 길: 4 가지

77

그림 그려 해결하기

(1) ↑ 방향으로 출발 가장 짧은 길의 가짓수는 1가지입니다.

→ 방향으로 출발 가장 짧은 길의 가짓수는 2가지입니다.

따라서 가장 짧은 길의 가짓수는 모두 3가지입니다.

(2) ↑ 방향으로 출발 가장 짧은 길의 가짓수는 3가지입니다.

→ 방향으로 출발 가장 짧은 길의 가짓수는 1가지입니다.

따라서 가장 짧은 길의 가짓수는 모두 4가지입니다.

갈림길에서 세어 해결하기

출발에서 갈림길에 이르는 가장 짧은 길의 가짓수를 구해 더해 나갑니다.

(1)

(2+1) 3

(1+1) 2

1 1 1

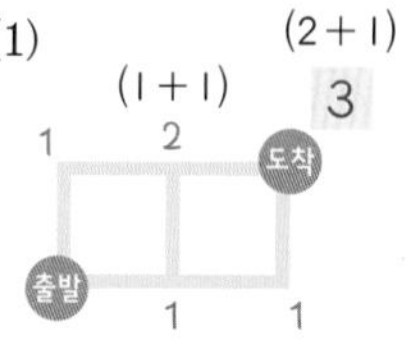

(2)

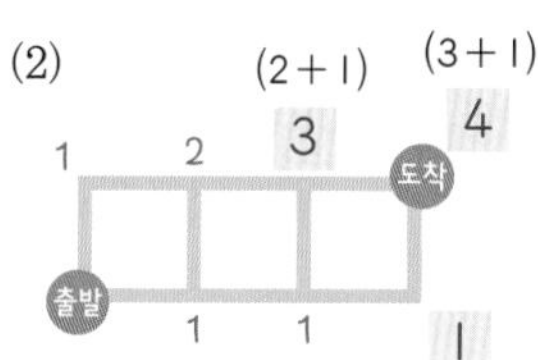

(3)

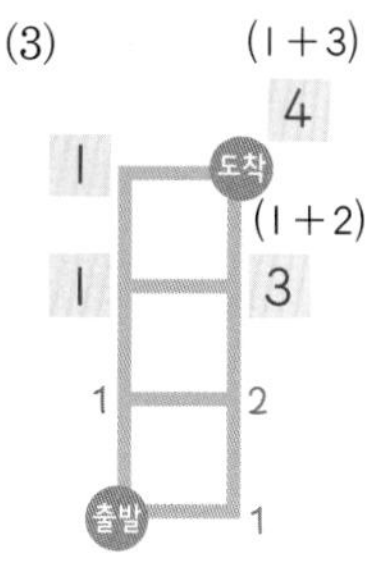

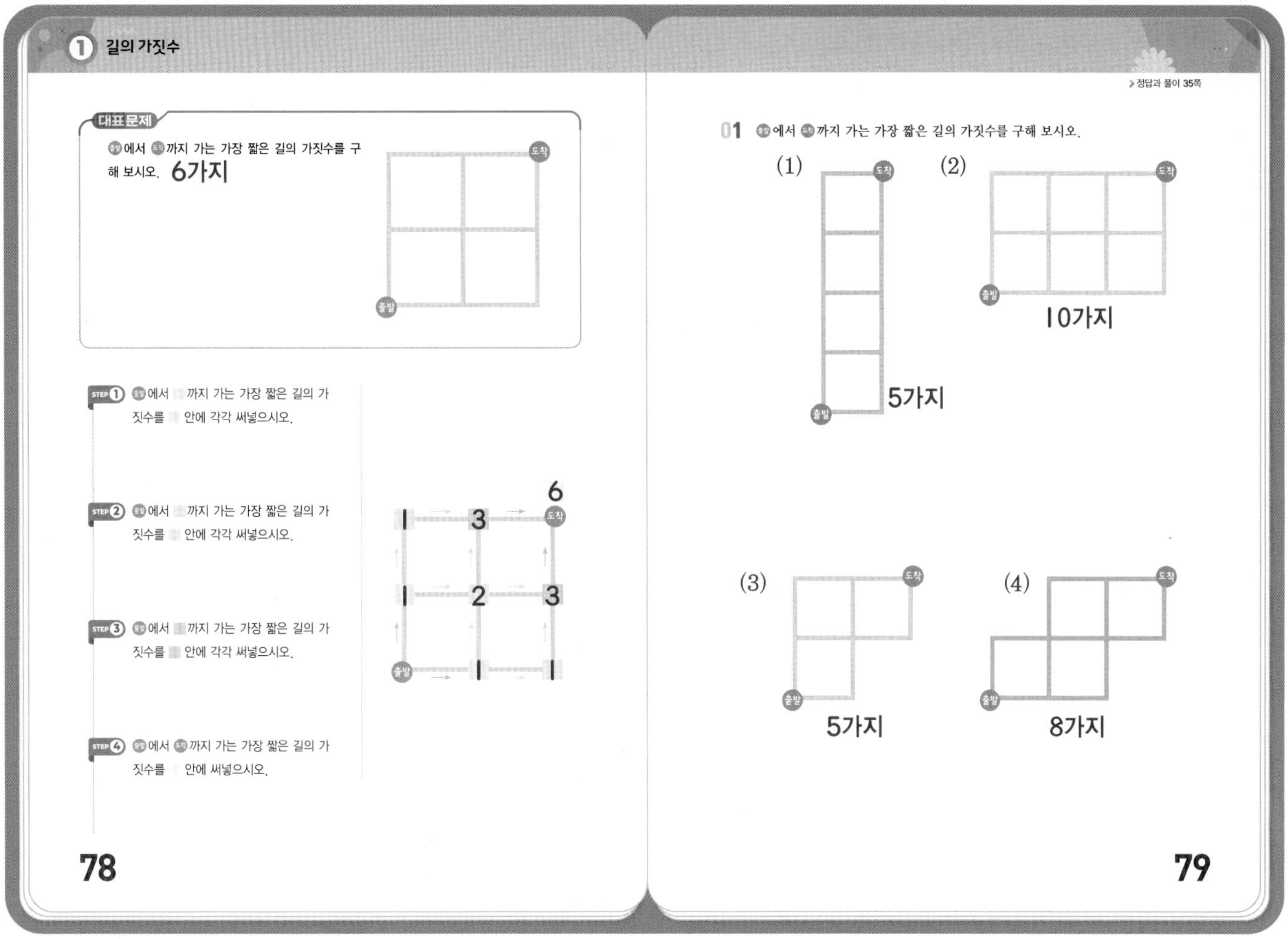

① 길의 가짓수

대표문제

출발에서 도착까지 가는 가장 짧은 길의 가짓수를 구해 보시오. 6가지

STEP ① 출발에서 ▢까지 가는 가장 짧은 길의 가짓수를 ▢ 안에 각각 써넣으시오.

STEP ② 출발에서 ▢까지 가는 가장 짧은 길의 가짓수를 ▢ 안에 각각 써넣으시오.

STEP ③ 출발에서 ▢까지 가는 가장 짧은 길의 가짓수를 ▢ 안에 각각 써넣으시오.

STEP ④ 출발에서 도착까지 가는 가장 짧은 길의 가짓수를 ▢ 안에 써넣으시오.

78

정답과 풀이 35쪽

01 출발에서 도착까지 가는 가장 짧은 길의 가짓수를 구해 보시오.

(1) 5가지

(2) 10가지

(3) 5가지

(4) 8가지

79

대표문제

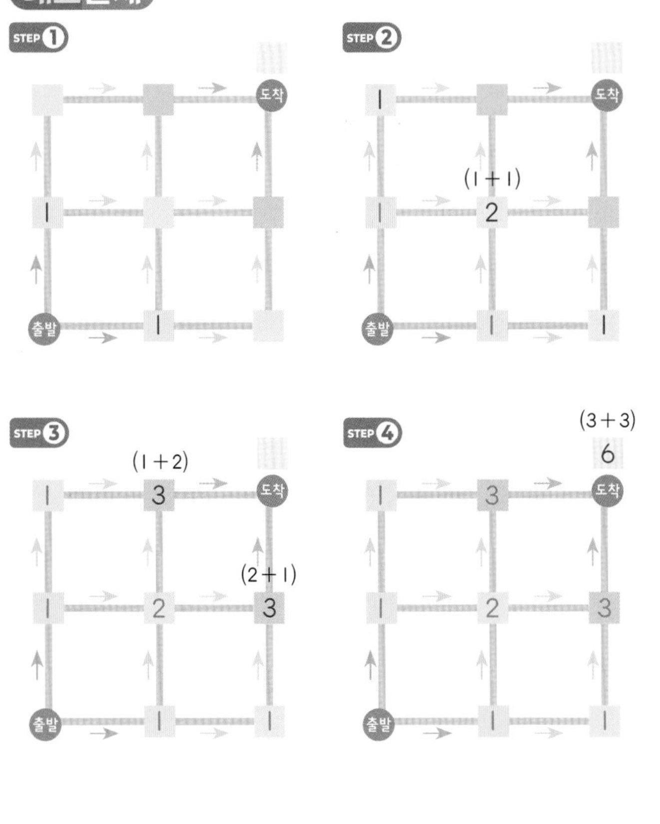

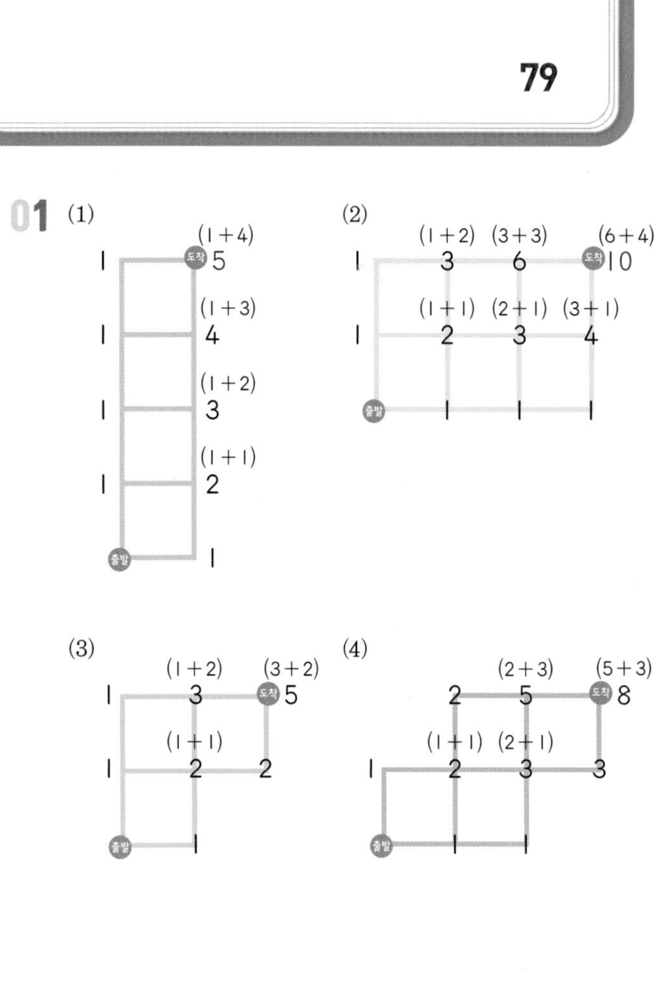

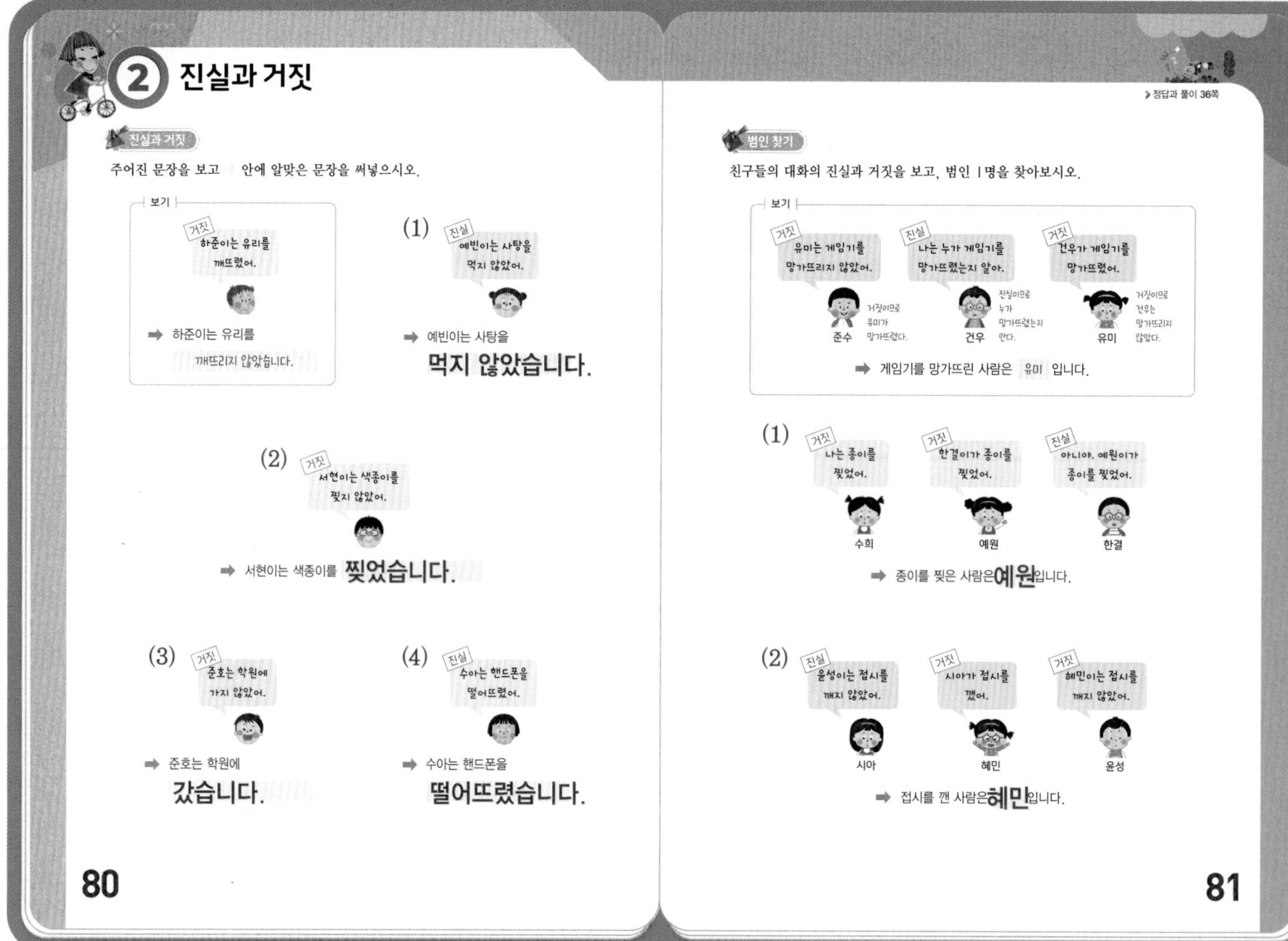

2 진실과 거짓

▶ 정답과 풀이 36쪽

진실과 거짓

주어진 문장을 보고 안에 알맞은 문장을 써넣으시오.

보기
거짓 하준이는 유리를 깨뜨렸어.
➡ 하준이는 유리를 깨뜨리지 않았습니다.

(1) 진실 예빈이는 사탕을 먹지 않았어.
➡ 예빈이는 사탕을 먹지 않았습니다.

(2) 거짓 서현이는 색종이를 찢지 않았어.
➡ 서현이는 색종이를 찢었습니다.

(3) 거짓 준호는 학원에 가지 않았어.
➡ 준호는 학원에 갔습니다.

(4) 진실 수아는 핸드폰을 떨어뜨렸어.
➡ 수아는 핸드폰을 떨어뜨렸습니다.

80

범인 찾기

친구들의 대화의 진실과 거짓을 보고, 범인 1명을 찾아보시오.

보기
거짓 유미는 게임기를 망가뜨리지 않았어. (준수) 거짓이므로 유미가 망가뜨렸다.
진실 나는 누가 게임기를 망가뜨렸는지 알아. (건우) 진실이므로 누가 망가뜨렸는지 안다.
거짓 건우가 게임기를 망가뜨렸어. (유미) 거짓이므로 건우는 망가뜨리지 않았다.
➡ 게임기를 망가뜨린 사람은 유미 입니다.

(1) 거짓 나는 종이를 찢었어. (수희)
거짓 한결이가 종이를 찢었어. (예원)
진실 아니야, 예원이가 종이를 찢었어. (한결)
➡ 종이를 찢은 사람은 예원입니다.

(2) 진실 윤성이는 접시를 깨지 않았어. (시아)
거짓 시아가 접시를 깼어. (혜민)
거짓 혜민이는 접시를 깨지 않았어. (윤성)
➡ 접시를 깬 사람은 혜민입니다.

81

진실과 거짓

(1) 예빈이는 사탕을 먹지 않았다는 말이 진실이므로 예빈이는 사탕을 먹지 않았습니다.

(2) 서현이는 색종이를 찢었다는 말이 거짓이므로 서현이는 색종이를 찢었습니다.

(3) 준호는 학원에 가지 않았다는 말이 거짓이므로 준호는 학원에 갔습니다.

(4) 수아는 핸드폰을 떨어뜨렸다는 말이 진실이므로 수아는 핸드폰을 떨어뜨렸습니다.

범인 찾기

(1) • 수희: 나는 종이를 찢었어. 거짓
➡ 수희는 종이를 찢지 않았습니다.
• 예원: 한결이가 종이를 찢었어. 거짓
➡ 한결이는 종이를 찢지 않았습니다.
• 한결: 예원이가 종이를 찢었어. 진실
➡ 예원이가 종이를 찢었습니다.
따라서 종이를 찢은 사람은 예원입니다.

(2) • 시아: 윤성이는 접시를 깨지 않았어. 진실
➡ 윤성이는 접시를 깨지 않았습니다.
• 혜민: 시아가 접시를 깼어. 거짓
➡ 시아는 접시를 깨지 않았습니다.
• 윤성: 혜민이는 접시를 깨지 않았어. 거짓
➡ 혜민이는 접시를 깼습니다.
따라서 접시를 깬 사람은 혜민입니다.

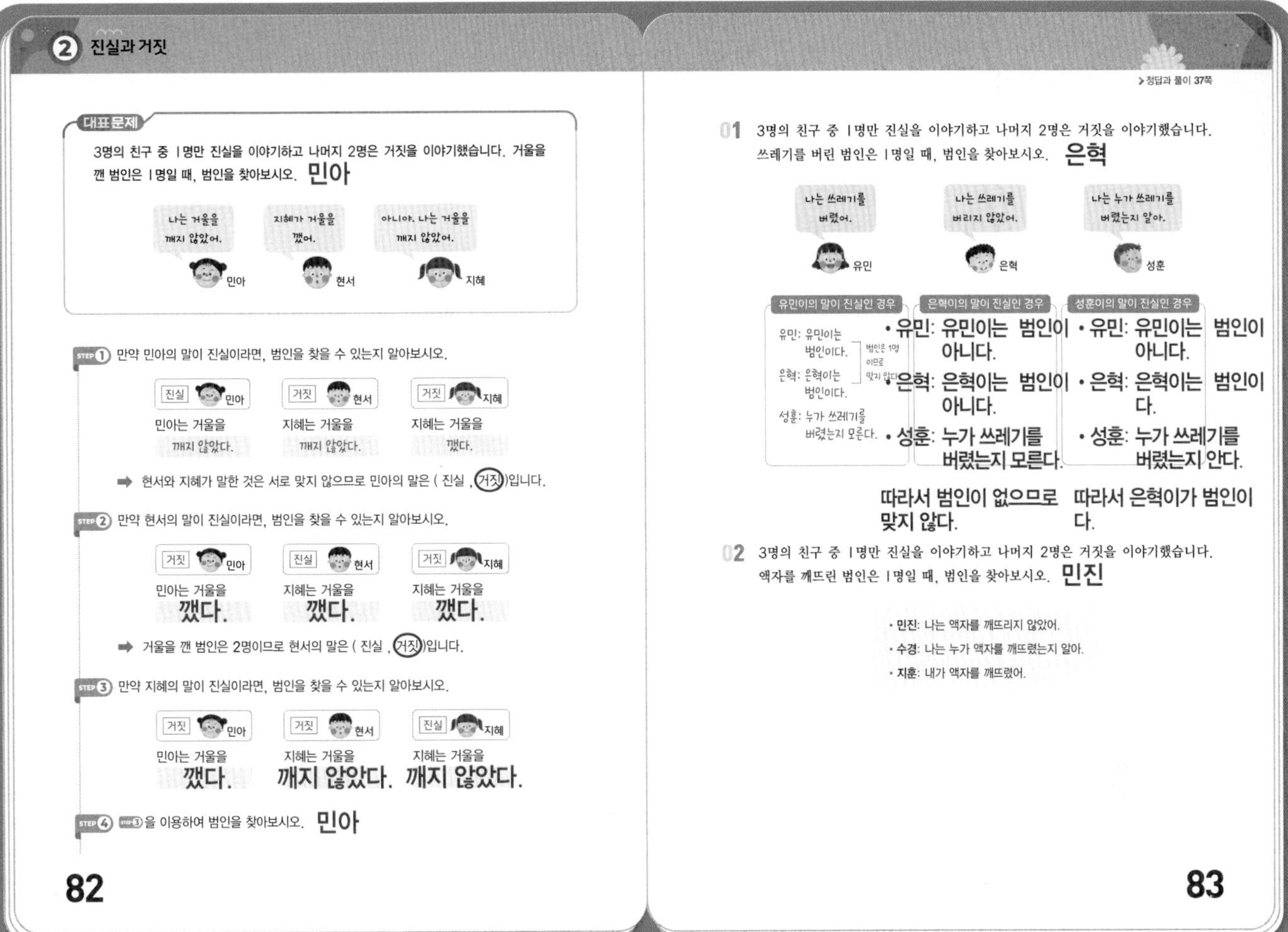

② 진실과 거짓

대표문제

3명의 친구 중 1명만 진실을 이야기하고 나머지 2명은 거짓을 이야기했습니다. 거울을 깬 범인은 1명일 때, 범인을 찾아보시오. 민아

민아: 나는 거울을 깨지 않았어.
현서: 지혜가 거울을 깼어.
지혜: 아니야. 나는 거울을 깨지 않았어.

STEP ① 만약 민아의 말이 진실이라면, 범인을 찾을 수 있는지 알아보시오.

진실 민아 - 민아는 거울을 깨지 않았다. / 거짓 현서 - 지혜는 거울을 깨지 않았다. / 거짓 지혜 - 지혜는 거울을 깼다.

➡ 현서와 지혜가 말한 것은 서로 맞지 않으므로 민아의 말은 (진실 , 거짓)입니다.

STEP ② 만약 현서의 말이 진실이라면, 범인을 찾을 수 있는지 알아보시오.

거짓 민아 - 민아는 거울을 깼다. / 진실 현서 - 지혜는 거울을 깼다. / 거짓 지혜 - 지혜는 거울을 깼다.

➡ 거울을 깬 범인은 2명이므로 현서의 말은 (진실 , 거짓)입니다.

STEP ③ 만약 지혜의 말이 진실이라면, 범인을 찾을 수 있는지 알아보시오.

거짓 민아 - 민아는 거울을 깼다. / 거짓 현서 - 지혜는 거울을 깨지 않았다. / 진실 지혜 - 지혜는 거울을 깨지 않았다.

STEP ④ STEP ③ 을 이용하여 범인을 찾아보시오. 민아

82

정답과 풀이 37쪽

01 3명의 친구 중 1명만 진실을 이야기하고 나머지 2명은 거짓을 이야기했습니다. 쓰레기를 버린 범인은 1명일 때, 범인을 찾아보시오. 은혁

유민: 나는 쓰레기를 버렸어.
은혁: 나는 쓰레기를 버리지 않았어.
성훈: 나는 누가 쓰레기를 버렸는지 알아.

유민이의 말이 진실인 경우	은혁이의 말이 진실인 경우	성훈이의 말이 진실인 경우
유민: 유민이는 범인이다. 은혁: 은혁이는 범인이다. (범인은 1명이므로 맞지 않다.) 성훈: 누가 쓰레기를 버렸는지 모른다.	• 유민: 유민이는 범인이 아니다. • 은혁: 은혁이는 범인이 아니다. • 성훈: 누가 쓰레기를 버렸는지 모른다.	• 유민: 유민이는 범인이 아니다. • 은혁: 은혁이는 범인이다. • 성훈: 누가 쓰레기를 버렸는지 안다.
	따라서 범인이 없으므로 맞지 않다.	따라서 은혁이가 범인이다.

02 3명의 친구 중 1명만 진실을 이야기하고 나머지 2명은 거짓을 이야기했습니다. 액자를 깨뜨린 범인은 1명일 때, 범인을 찾아보시오. 민진

• 민진: 나는 액자를 깨뜨리지 않았어.
• 수경: 나는 누가 액자를 깨뜨렸는지 알아.
• 지훈: 내가 액자를 깨뜨렸어.

83

대표문제

STEP ① 민아의 말이 진실인 경우

민아: 진실 ➡ 민아는 거울을 깨지 않았다.
현서: 거짓 ➡ 지혜는 거울을 깨지 않았다.
지혜: 거짓 ➡ 지혜는 거울을 깼다.
현서와 지혜의 말이 서로 맞지 않으므로 민아의 말은 거짓입니다.

STEP ② 현서의 말이 진실인 경우

민아: 거짓 ➡ 민아는 거울을 깼다.
현서: 진실 ➡ 지혜는 거울을 깼다.
지혜: 거짓 ➡ 지혜는 거울을 깼다.
거울을 깬 범인이 민아와 지혜 2명이 되므로 현서의 말은 거짓입니다.

STEP ③ 지혜의 말이 진실인 경우

민아: 거짓 ➡ 민아는 거울을 깼다.
현서: 거짓 ➡ 지혜는 거울을 깨지 않았다.
지혜: 진실 ➡ 지혜는 거울을 깨지 않았다.

STEP ④ 지혜의 말이 진실이므로 거울을 깬 범인은 민아입니다.

02 (1) 민진이의 말이 진실인 경우

민진: 진실 민진이는 액자를 깨뜨리지 않았습니다.
수경: 거짓 누가 액자를 깨뜨렸는지 모릅니다.
(➡ 수경이는 액자를 깨뜨리지 않았습니다.)
지훈: 거짓 지훈이는 액자를 깨뜨리지 않았습니다.
➡ 액자를 깨뜨린 사람이 없으므로 맞지 않습니다.

(2) 수경이의 말이 진실인 경우

민진: 거짓 민진이는 액자를 깨뜨렸습니다.
수경: 진실 누가 액자를 깨뜨렸는지 알고 있습니다.
지훈: 거짓 지훈이는 액자를 깨뜨리지 않았습니다.
➡ 액자를 깨뜨린 사람은 민진이입니다.

(3) 지훈이의 말이 진실인 경우

민진: 거짓 민진이는 액자를 깨뜨렸습니다.
수경: 거짓 누가 액자를 깨뜨렸는지 모릅니다.
➡ 수경이는 액자를 깨뜨리지 않았습니다.
지훈: 진실 지훈이는 액자를 깨뜨렸습니다.
➡ 범인은 민진, 지훈 두 사람이 되므로 맞지 않습니다.
따라서 수경이의 말이 진실이고 범인은 민진이입니다.

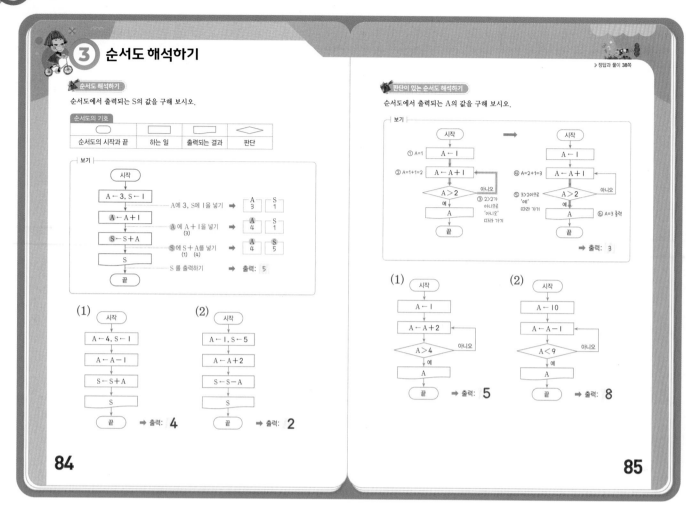

3 순서도 해석하기

순서도 해석하기

순서도에서 출력되는 S의 값을 구해 보시오.

순서도의 기호

(둥근 사각형)	(직사각형)	(출력 기호)	(마름모)
순서도의 시작과 끝	하는 일	출력되는 결과	판단

보기

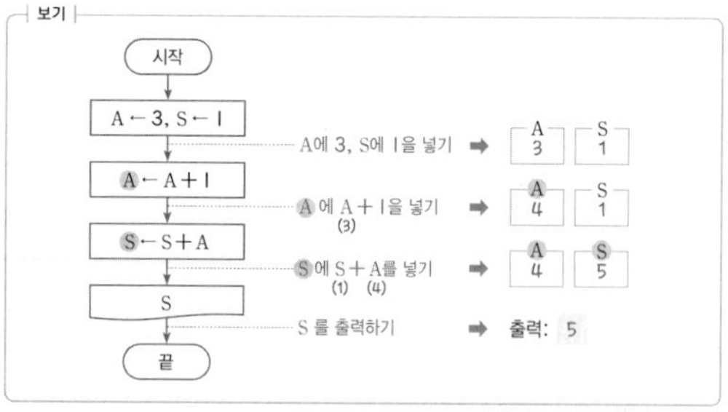

시작
A ← 3, S ← 1 ··· A에 3, S에 1을 넣기 ➡ A 3, S 1
A ← A+1 ··· A에 A+1을 넣기 (3) ➡ A 4, S 1
S ← S+A ··· S에 S+A를 넣기 (1) (4) ➡ A 4, S 5
S ··· S를 출력하기 ➡ 출력: 5
끝

(1) 시작 → A ← 4, S ← 1 → A ← A−1 → S ← S+A → S → 끝 ➡ 출력: 4

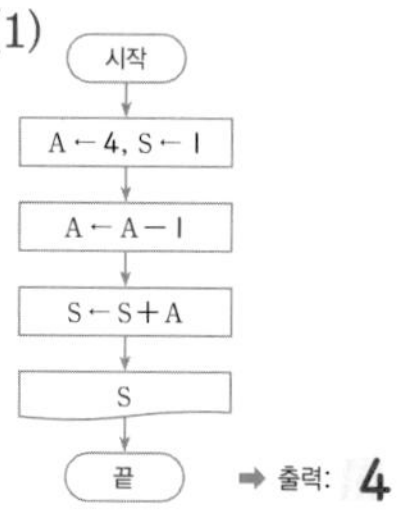

(2) 시작 → A ← 1, S ← 5 → A ← A+2 → S ← S−A → S → 끝 ➡ 출력: 2

정답과 풀이 38쪽

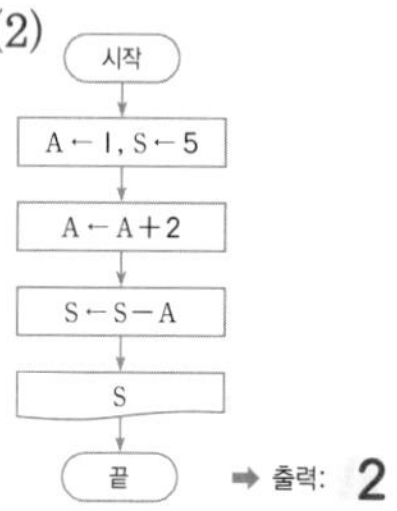

판단이 있는 순서도 해석하기

순서도에서 출력되는 A의 값을 구해 보시오.

보기

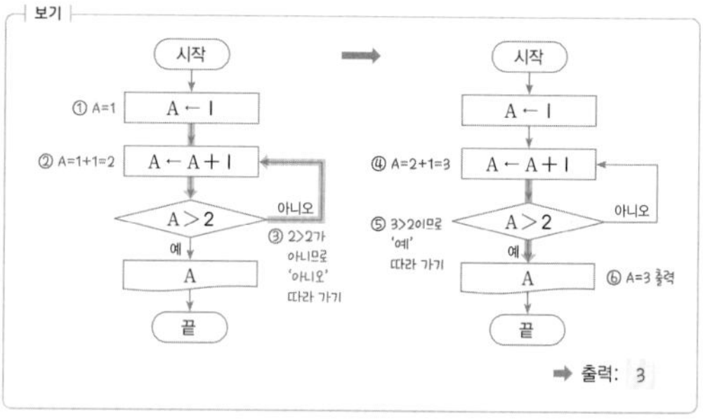

시작 → A ← 1 (① A=1) → A ← A+1 (② A=1+1=2) → A>2 (③ 2>2가 아니므로 '아니오' 따라 가기) → 아니오: A ← A+1로

➡ 시작 → A ← 1 → A ← A+1 (④ A=2+1=3) → A>2 (⑤ 3>2이므로 '예' 따라 가기) → 예 → A (⑥ A=3 출력) → 끝

➡ 출력: 3

(1) 시작 → A ← 1 → A ← A+2 → A>4 (아니오: A ← A+2로, 예: A) → A → 끝 ➡ 출력: 5

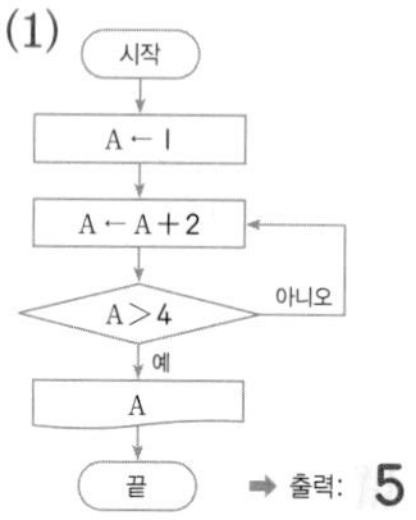

(2) 시작 → A ← 10 → A ← A−1 → A<9 (아니오: A ← A−1로, 예: A) → A → 끝 ➡ 출력: 8

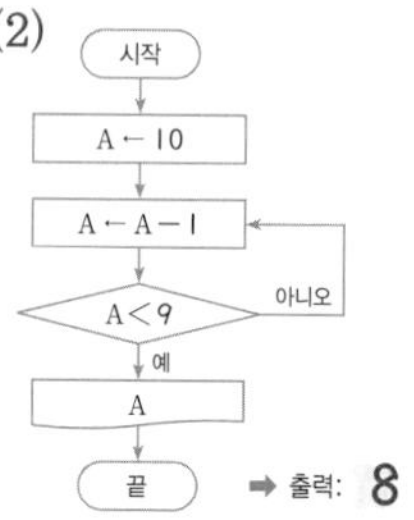

순서도 해석하기

(1)

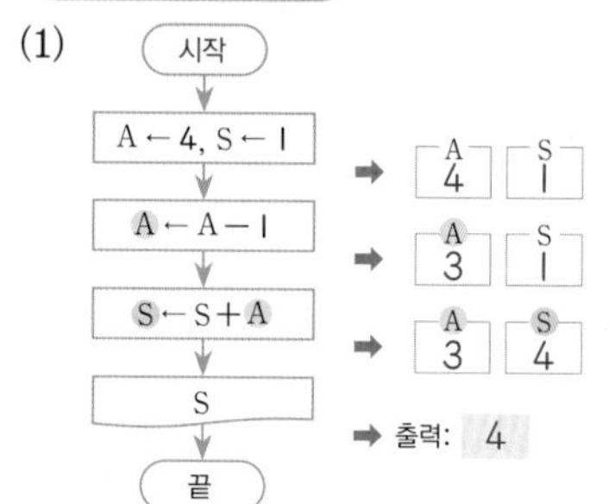

(2)

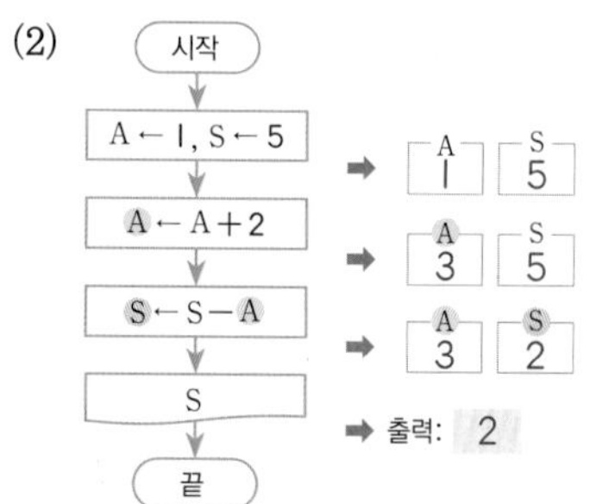

판단이 있는 순서도 해석하기

(1)

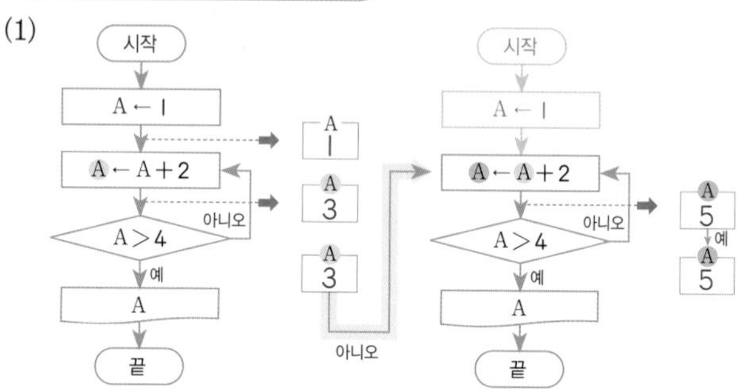

(2)

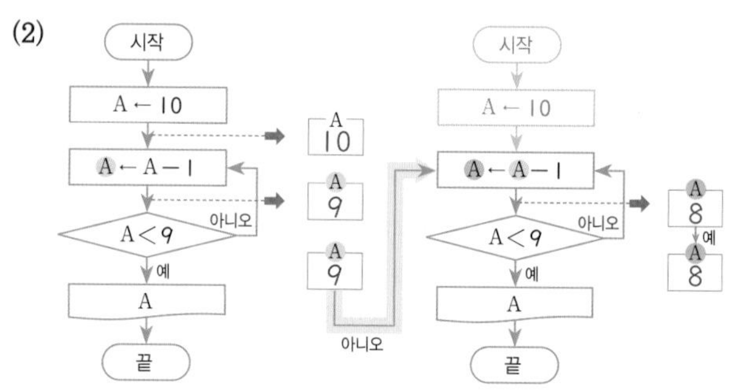

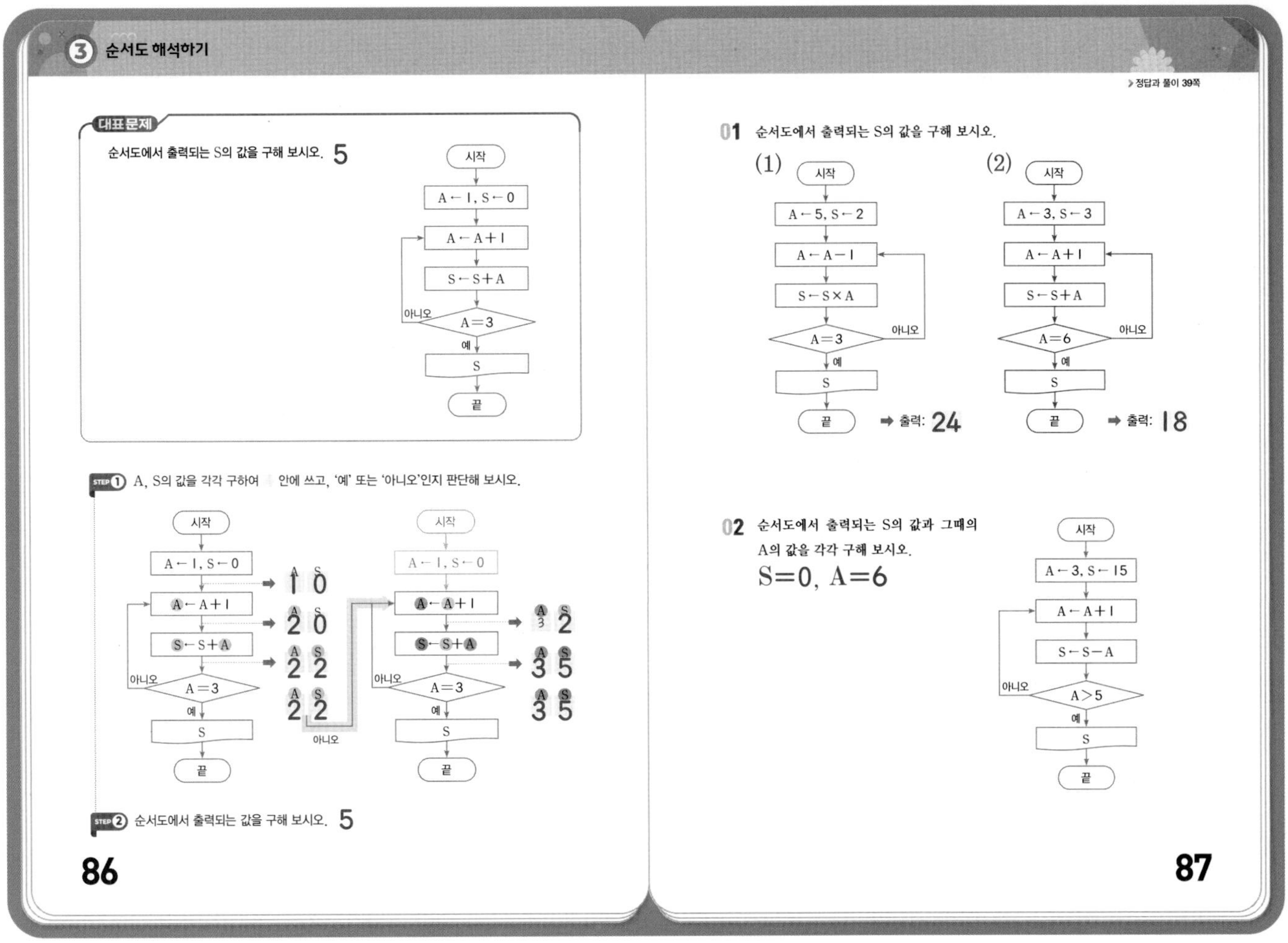

③ 순서도 해석하기

대표문제 순서도에서 출력되는 S의 값을 구해 보시오. 5

시작
A←1, S←0
A←A+1
S←S+A
A=3 (아니오 / 예)
S
끝

STEP① A, S의 값을 각각 구하여 안에 쓰고, '예' 또는 '아니오'인지 판단해 보시오.

A	S
1	0
2	0
2	2
2	2
3	2
3	5
3	5

STEP② 순서도에서 출력되는 값을 구해 보시오. 5

정답과 풀이 39쪽

01 순서도에서 출력되는 S의 값을 구해 보시오.

(1) 시작 → A←5, S←2 → A←A−1 → S←S×A → A=3 (아니오 / 예) → S → 끝 ➡ 출력: 24

(2) 시작 → A←3, S←3 → A←A+1 → S←S+A → A=6 (아니오 / 예) → S → 끝 ➡ 출력: 18

02 순서도에서 출력되는 S의 값과 그때의 A의 값을 각각 구해 보시오.

S=0, A=6

시작 → A←3, S←15 → A←A+1 → S←S−A → A>5 (아니오 / 예) → S → 끝

대표문제

01

(1)

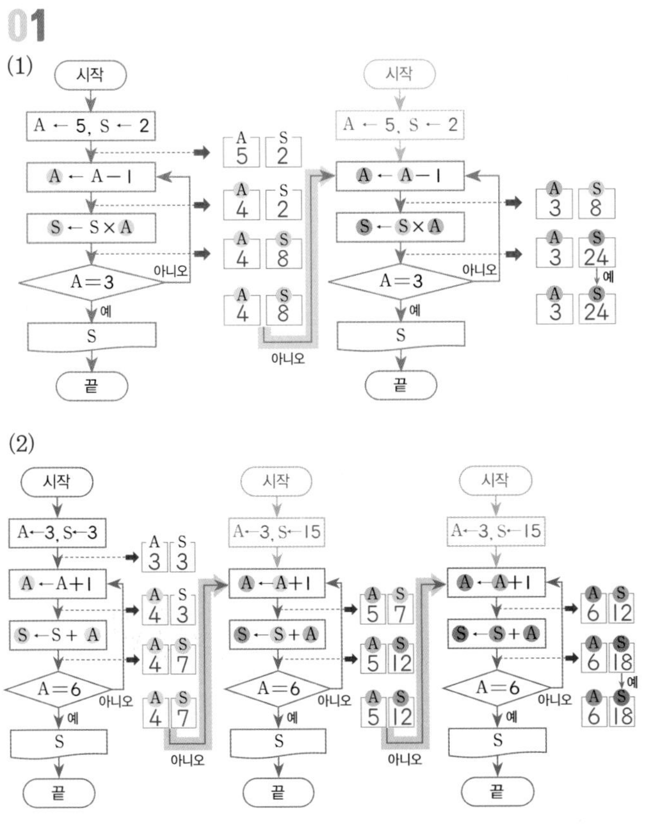

(2)

02

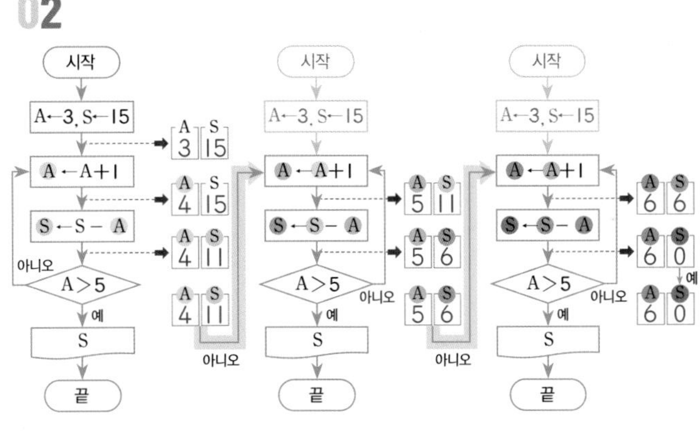

따라서 출력되는 S의 값은 0이고, 그때의 A의 값은 6입니다.

Creative 팩토

정답과 풀이 40쪽

01 서아는 호수의 오리를 구경하러 가려고 합니다. 서아의 현재 위치에서 호수까지 가는 가장 짧은 길의 가짓수를 구해 보시오. **15가지**

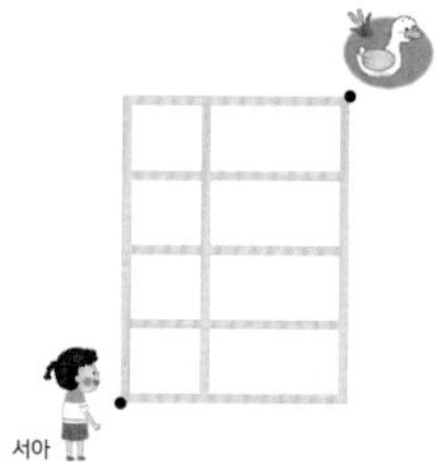

서아

02 3명의 친구 중 1명만 진실을 이야기하고 나머지 2명은 거짓을 이야기했습니다. 몰래 초콜릿을 먹은 범인은 1명일 때, 범인을 찾아보시오. **규현**

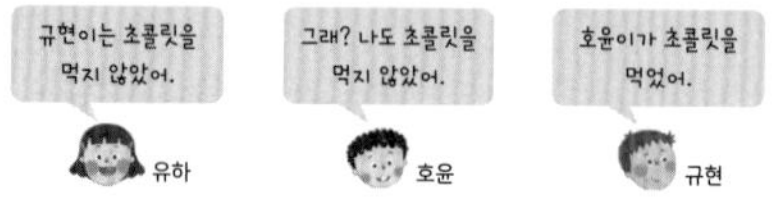

규현이는 초콜릿을 먹지 않았어.
유하
그래? 나도 초콜릿을 먹지 않았어.
호윤
호윤이가 초콜릿을 먹었어.
규현

03 순서도에서 출력되는 S의 값을 구해 보시오. **4**

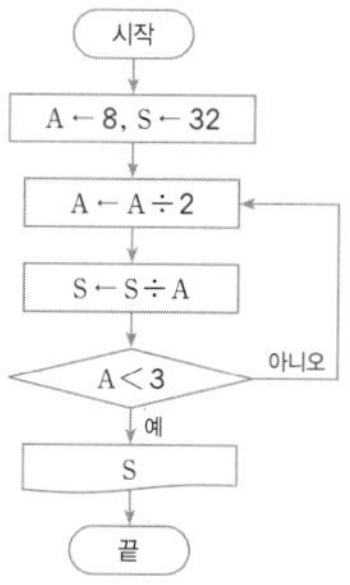

시작
A ← 8, S ← 32
A ← A÷2
S ← S÷A
A＜3
아니오
예
S
끝

04 3명의 친구 중 1명만 진실을 이야기하고 나머지 2명은 거짓을 이야기했습니다. 휴지를 버린 범인은 1명일 때, 범인을 찾아보시오. **아윤**

- 예서: 주원이가 휴지를 버렸어.
- 아윤: 아니야. 내가 휴지를 버렸어.
- 주원: 예서의 말은 진실이야.

88

89

01

(1+4)
5
15 (5+10)
4(1+3)
10 (4+6)
3(1+2)
6 (3+3)
2(1+1)
3 (2+1)
1
1

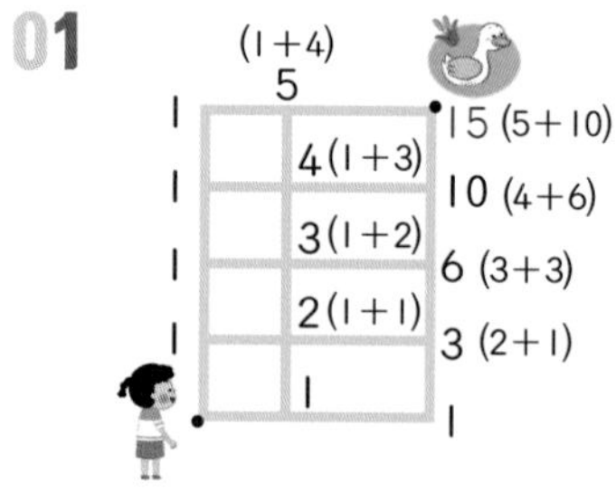

02
- 유하의 말이 진실인 경우
  유하: 진실 ➡ 규현이는 초콜릿을 먹지 않았다.
  호윤: 거짓 ➡ 호윤이는 초콜릿을 먹었다.
  규현: 거짓 ➡ 호윤이는 초콜릿을 먹지 않았다.
  ➡ 호윤이와 규현이의 말이 서로 맞지 않습니다.
- 호윤이의 말이 진실인 경우
  유하: 거짓 ➡ 규현이는 초콜릿을 먹었다.
  호윤: 진실 ➡ 호윤이는 초콜릿을 먹지 않았다.
  규현: 거짓 ➡ 호윤이는 초콜릿을 먹지 않았다.
  ➡ 초콜릿을 먹은 범인은 규현입니다.
- 규현이의 말이 진실인 경우
  유하: 거짓 ➡ 규현이는 초콜릿을 먹었다.
  호윤: 거짓 ➡ 호윤이는 초콜릿을 먹었다.
  규현: 진실 ➡ 호윤이는 초콜릿을 먹었다.
  ➡ 범인은 규현, 호윤 두 사람이 되므로 맞지 않습니다.

따라서 호윤이의 말이 진실이고, 초콜릿을 먹은 범인은 규현입니다.

03

시작
A ← 8, S ← 32
A ← A÷2
S ← S÷A
A＜3
아니오
예
S
끝
A 8 S 32
A 4 S 32
A 4 S 8
A 4 S 8
아니오
A 2 S 8
A 2 S 4
예
A 2 S 4

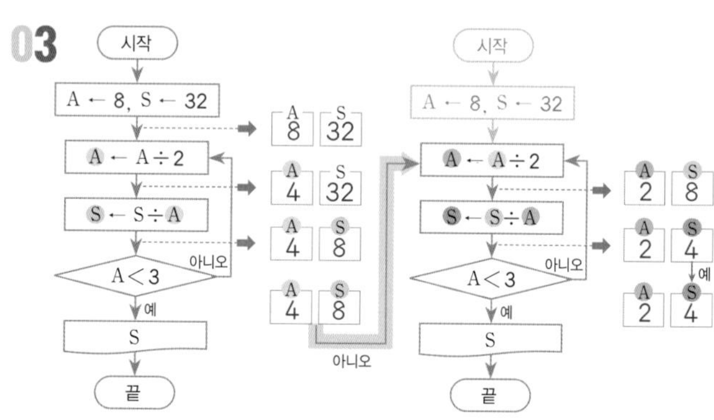

04
- 주원이의 말이 진실이면, 예서의 말도 진실이 됩니다. 그러면 진실을 말하는 사람이 2명이 되므로 맞지 않습니다.
- 주원이의 말이 거짓이면, 예서의 말도 거짓이 됩니다. 그러면 아윤이의 말이 진실이어야 합니다.

따라서 휴지를 버린 범인은 아윤이입니다.

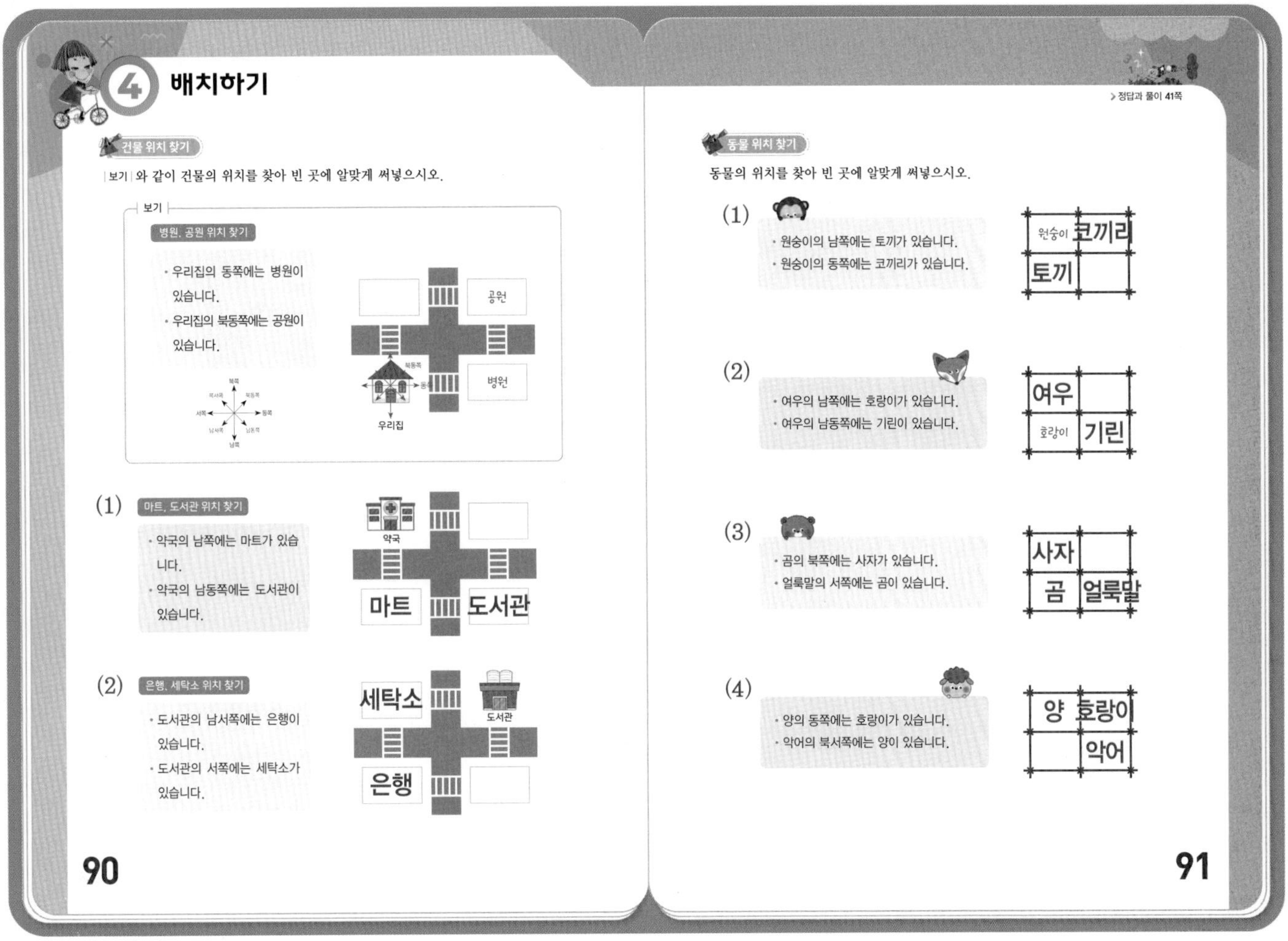

4 배치하기
정답과 풀이 41쪽
건물 위치 찾기
보기 와 같이 건물의 위치를 찾아 빈 곳에 알맞게 써넣으시오.
보기
병원, 공원 위치 찾기
• 우리집의 동쪽에는 병원이 있습니다.
• 우리집의 북동쪽에는 공원이 있습니다.
공원
병원
우리집
(1) 마트, 도서관 위치 찾기
• 약국의 남쪽에는 마트가 있습니다.
• 약국의 남동쪽에는 도서관이 있습니다.
약국
마트
도서관
(2) 은행, 세탁소 위치 찾기
• 도서관의 남서쪽에는 은행이 있습니다.
• 도서관의 서쪽에는 세탁소가 있습니다.
세탁소
도서관
은행
90
동물 위치 찾기
동물의 위치를 찾아 빈 곳에 알맞게 써넣으시오.
(1)
• 원숭이의 남쪽에는 토끼가 있습니다.
• 원숭이의 동쪽에는 코끼리가 있습니다.
원숭이 코끼리
토끼
(2)
• 여우의 남쪽에는 호랑이가 있습니다.
• 여우의 남동쪽에는 기린이 있습니다.
여우
호랑이 기린
(3)
• 곰의 북쪽에는 사자가 있습니다.
• 얼룩말의 서쪽에는 곰이 있습니다.
사자
곰 얼룩말
(4)
• 양의 동쪽에는 호랑이가 있습니다.
• 악어의 북서쪽에는 양이 있습니다.
양 호랑이
악어
91

건물 위치 찾기

(1) • 약국의 남쪽에 마트

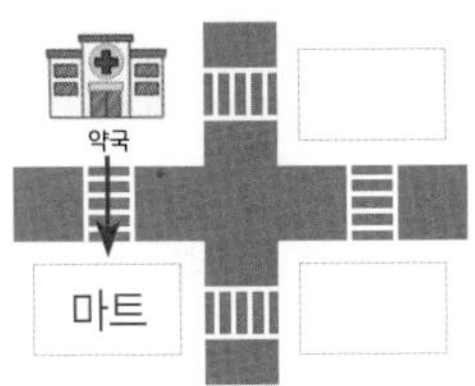

약국
마트

• 약국의 남동쪽에 도서관

약국
도서관

(2) • 도서관의 남서쪽에 은행

도서관
은행

• 도서관의 서쪽에 세탁소

세탁소
도서관

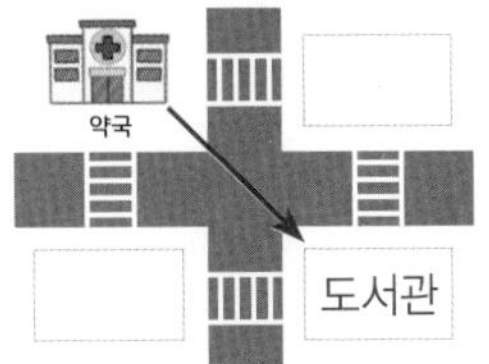

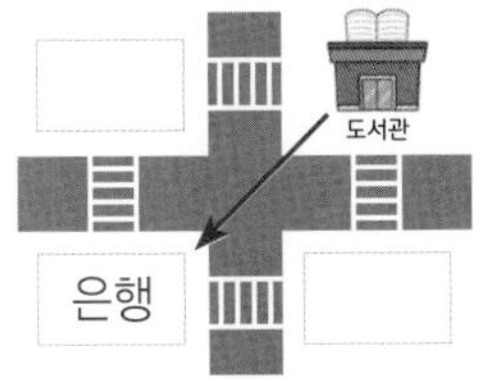

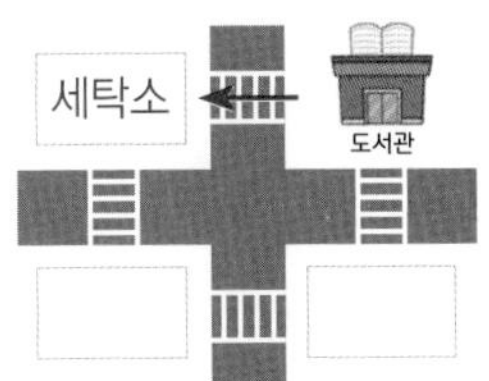

동물 위치 찾기

(1) 원숭이의 남쪽에 토끼가 있고 동쪽에 코끼리가 있으려면 원숭이의 남쪽과 동쪽이 비어 있어야 합니다. ➡ 원숭이는 왼쪽 윗칸

원숭이
코끼리
토끼

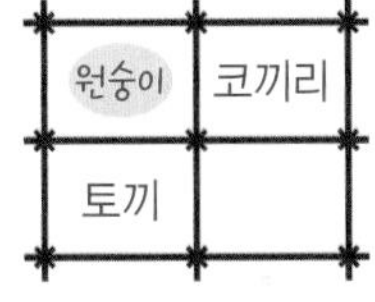

(2) 여우의 남쪽에 호랑이가 있고, 남동쪽에 기린이 있으려면 여우의 남쪽과 남동쪽이 비어 있어야 합니다. ➡ 여우는 왼쪽 윗칸

여우
호랑이
기린

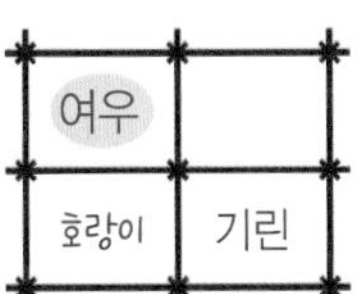

(3) 곰의 동쪽에 얼룩말이 있고, 북쪽에 사자가 있으려면 곰의 동쪽과 북쪽이 비어 있어야 합니다. ➡ 곰은 왼쪽 아랫칸

사자
곰
얼룩말

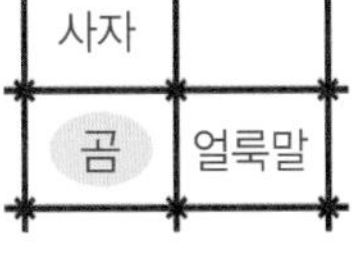

(4) 양의 동쪽에 호랑이가 있고, 남동쪽에 악어가 있으려면 남쪽과 남동쪽이 비어 있어야 합니다. ➡ 양은 왼쪽 윗칸

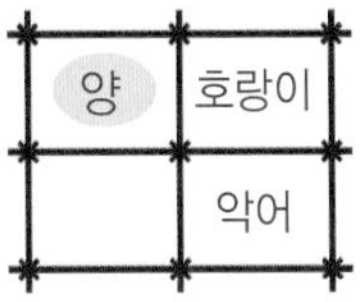

양
호랑이
악어

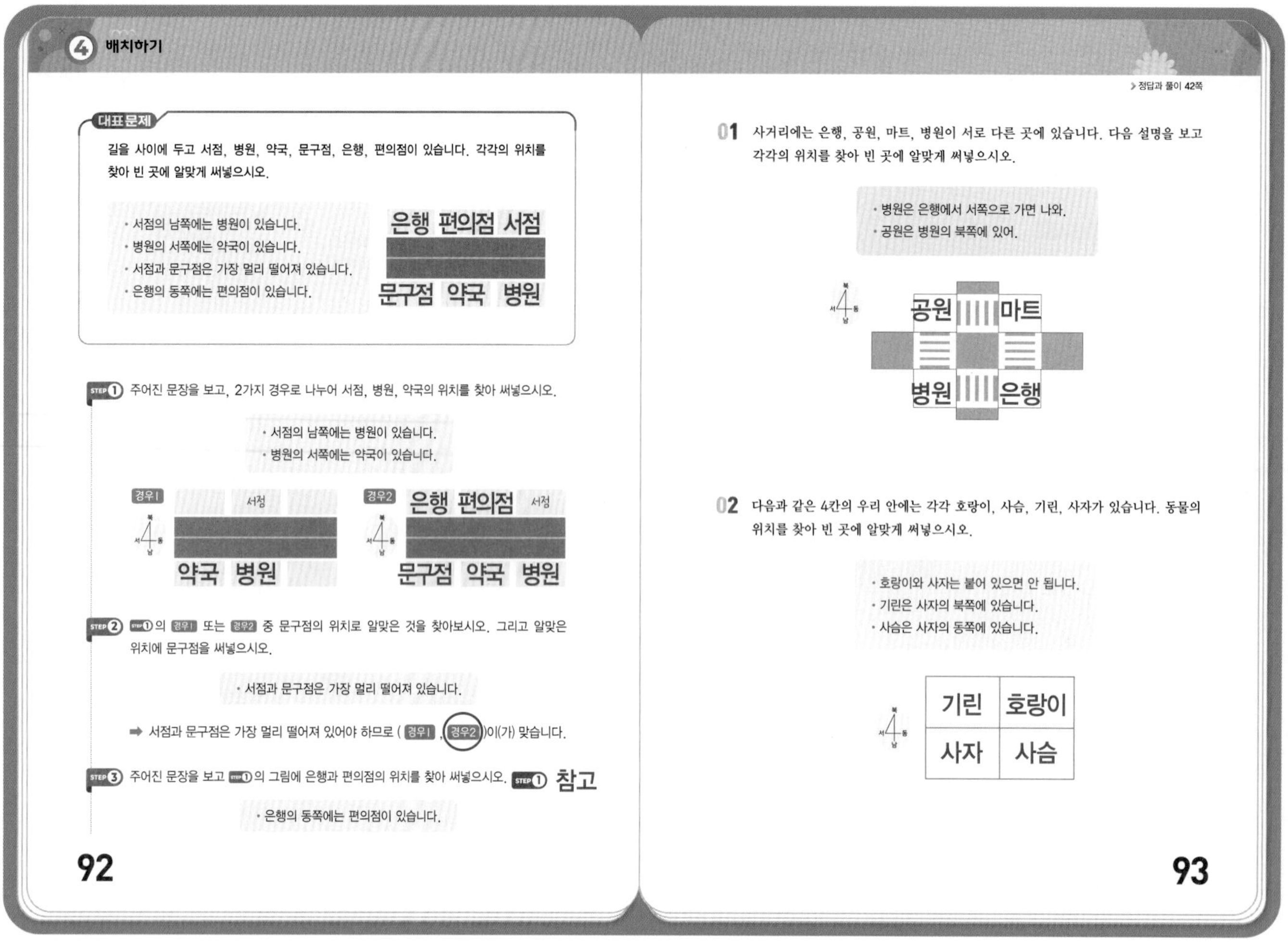

정답과 풀이 42쪽

대표문제

길을 사이에 두고 서점, 병원, 약국, 문구점, 은행, 편의점이 있습니다. 각각의 위치를 찾아 빈 곳에 알맞게 써넣으시오.

- 서점의 남쪽에는 병원이 있습니다.
- 병원의 서쪽에는 약국이 있습니다.
- 서점과 문구점은 가장 멀리 떨어져 있습니다.
- 은행의 동쪽에는 편의점이 있습니다.

은행	편의점	서점
문구점	약국	병원

STEP ① 주어진 문장을 보고, 2가지 경우로 나누어 서점, 병원, 약국의 위치를 찾아 써넣으시오.

- 서점의 남쪽에는 병원이 있습니다.
- 병원의 서쪽에는 약국이 있습니다.

경우1

	서점	
약국	병원	

경우2

은행	편의점	서점
문구점	약국	병원

STEP ② STEP ①의 경우1 또는 경우2 중 문구점의 위치로 알맞은 것을 찾아보시오. 그리고 알맞은 위치에 문구점을 써넣으시오.

- 서점과 문구점은 가장 멀리 떨어져 있습니다.

➡ 서점과 문구점은 가장 멀리 떨어져 있어야 하므로 (경우1 , 경우2)이(가) 맞습니다.

STEP ③ 주어진 문장을 보고 STEP ①의 그림에 은행과 편의점의 위치를 찾아 써넣으시오. STEP ① 참고

- 은행의 동쪽에는 편의점이 있습니다.

92

01 사거리에는 은행, 공원, 마트, 병원이 서로 다른 곳에 있습니다. 다음 설명을 보고 각각의 위치를 찾아 빈 곳에 알맞게 써넣으시오.

- 병원은 은행에서 서쪽으로 가면 나와.
- 공원은 병원의 북쪽에 있어.

공원	마트
병원	은행

02 다음과 같은 4칸의 우리 안에는 각각 호랑이, 사슴, 기린, 사자가 있습니다. 동물의 위치를 찾아 빈 곳에 알맞게 써넣으시오.

- 호랑이와 사자는 붙어 있으면 안 됩니다.
- 기린은 사자의 북쪽에 있습니다.
- 사슴은 사자의 동쪽에 있습니다.

기린	호랑이
사자	사슴

93

대표문제

STEP ① 서점의 남쪽에 병원이 있고, 병원의 서쪽에 약국이 있습니다.
➡ 서점의 남쪽과 남서쪽이 있어야 하므로 2가지 경우가 있습니다.

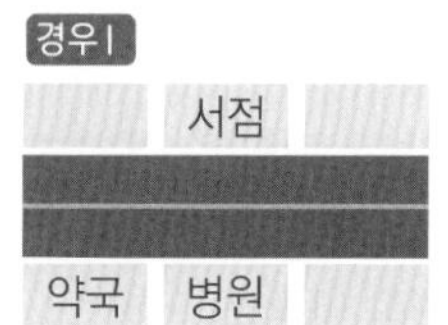

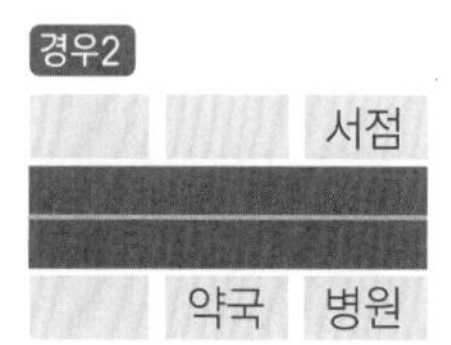

STEP ② 서점과 문구점이 가장 멀리 떨어져 있기 위해서는, 경우2에서 문구점은 서점에서 서쪽으로 2칸, 남쪽으로 1칸 떨어져 있어야 합니다.

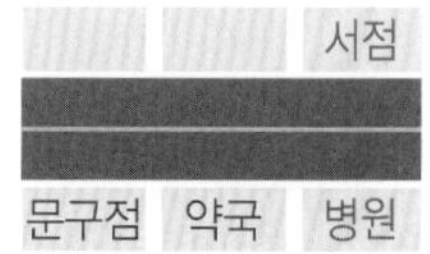

STEP ③ 은행의 동쪽에는 편의점이 있어야 합니다.

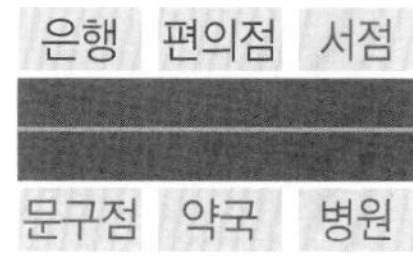

01 • 병원은 은행의 서쪽에 있으므로 2가지 경우가 있습니다.

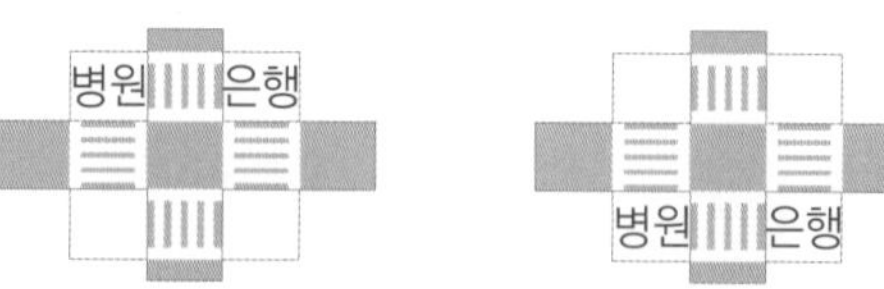

• 공원은 병원의 북쪽에 있으므로, 병원의 윗칸이 있어야 합니다.

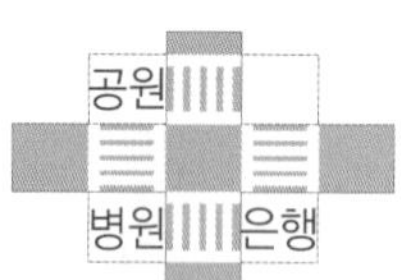

• 마지막으로 남은 칸에는 마트입니다.

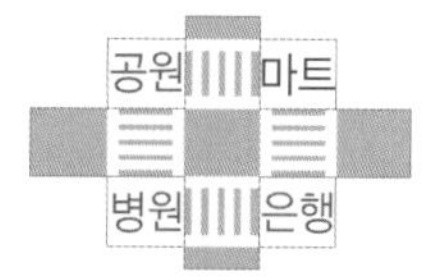

02 호랑이와 사자는 대각선으로 있어야 합니다.
또, 사자의 북쪽에는 기린, 동쪽에는 사슴이 있으므로, 사자의 북쪽과 동쪽 칸이 있어야 합니다.

기린	호랑이
사자	사슴

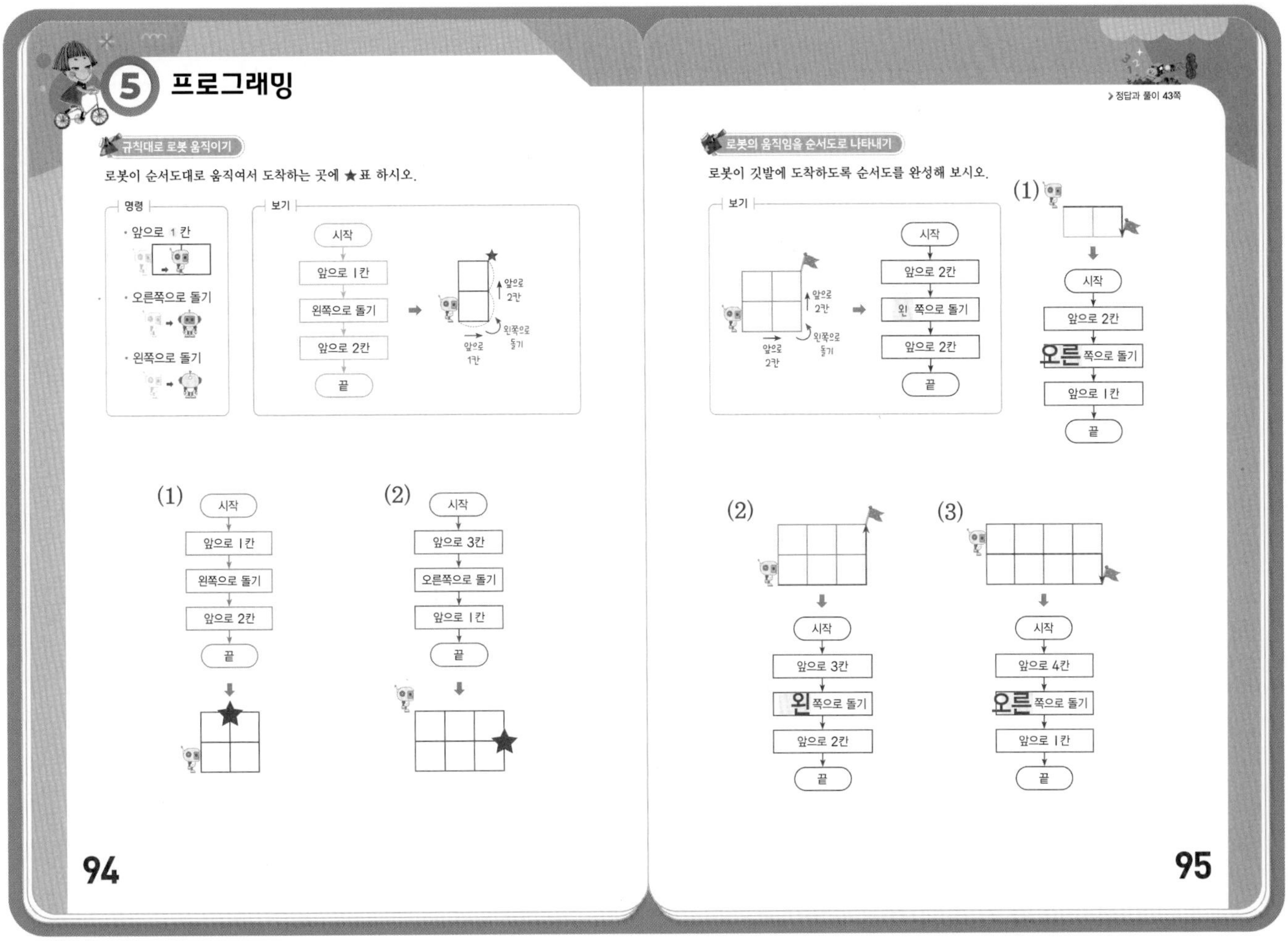

5 프로그래밍

정답과 풀이 43쪽

규칙대로 로봇 움직이기

로봇이 순서도대로 움직여서 도착하는 곳에 ★표 하시오.

명령
- 앞으로 1 칸
- 오른쪽으로 돌기
- 왼쪽으로 돌기

보기: 시작 → 앞으로 1칸 → 왼쪽으로 돌기 → 앞으로 2칸 → 끝

(1) 시작 → 앞으로 1칸 → 왼쪽으로 돌기 → 앞으로 2칸 → 끝

(2) 시작 → 앞으로 3칸 → 오른쪽으로 돌기 → 앞으로 1칸 → 끝

로봇의 움직임을 순서도로 나타내기

로봇이 깃발에 도착하도록 순서도를 완성해 보시오.

보기: 시작 → 앞으로 2칸 → 왼쪽으로 돌기 → 앞으로 2칸 → 끝

(1) 시작 → 앞으로 2칸 → 오른쪽으로 돌기 → 앞으로 1칸 → 끝

(2) 시작 → 앞으로 3칸 → 왼쪽으로 돌기 → 앞으로 2칸 → 끝

(3) 시작 → 앞으로 4칸 → 오른쪽으로 돌기 → 앞으로 1칸 → 끝

94 95

규칙대로 로봇 움직이기

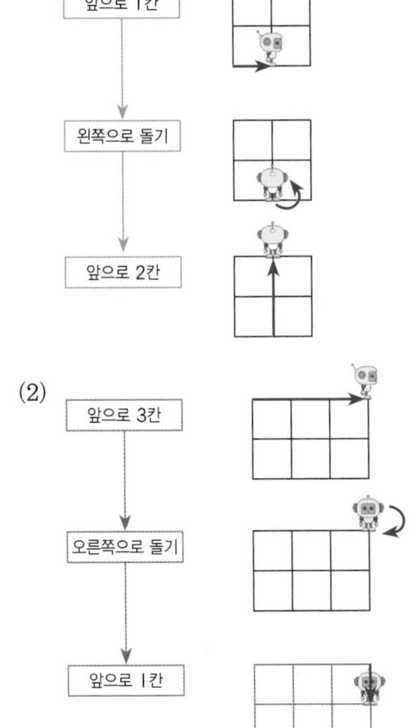

로봇의 움직임을 순서도로 나타내기

(1) 오른쪽으로 돌기

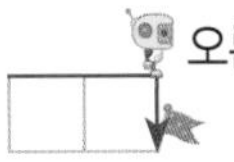

(2) 왼쪽으로 돌기

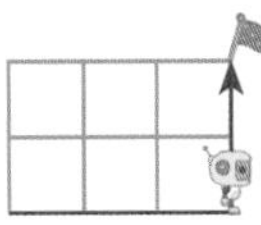

(3) 오른쪽으로 돌기

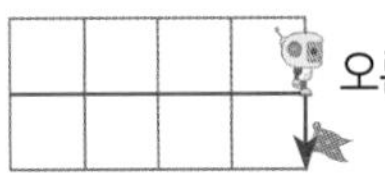

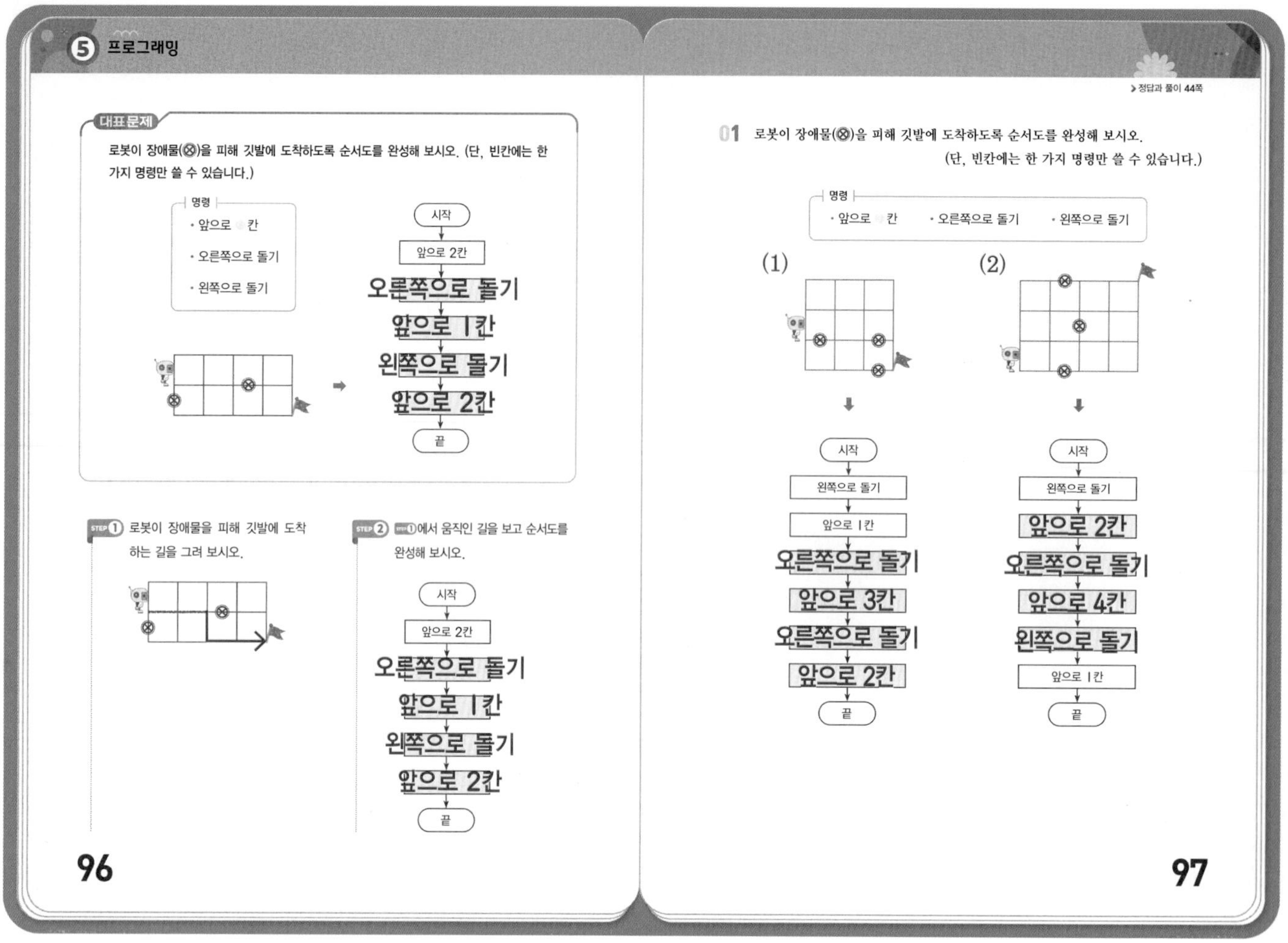

⑤ 프로그래밍

대표문제

로봇이 장애물(⊗)을 피해 깃발에 도착하도록 순서도를 완성해 보시오. (단, 빈칸에는 한 가지 명령만 쓸 수 있습니다.)

명령
- 앞으로 ○칸
- 오른쪽으로 돌기
- 왼쪽으로 돌기

시작 → 앞으로 2칸 → 오른쪽으로 돌기 → 앞으로 1칸 → 왼쪽으로 돌기 → 앞으로 2칸 → 끝

STEP① 로봇이 장애물을 피해 깃발에 도착하는 길을 그려 보시오.

STEP② STEP①에서 움직인 길을 보고 순서도를 완성해 보시오.

시작 → 앞으로 2칸 → 오른쪽으로 돌기 → 앞으로 1칸 → 왼쪽으로 돌기 → 앞으로 2칸 → 끝

96

> 정답과 풀이 44쪽

01 로봇이 장애물(⊗)을 피해 깃발에 도착하도록 순서도를 완성해 보시오. (단, 빈칸에는 한 가지 명령만 쓸 수 있습니다.)

명령
- 앞으로 ○칸
- 오른쪽으로 돌기
- 왼쪽으로 돌기

(1) 시작 → 왼쪽으로 돌기 → 앞으로 1칸 → 오른쪽으로 돌기 → 앞으로 3칸 → 오른쪽으로 돌기 → 앞으로 2칸 → 끝

(2) 시작 → 왼쪽으로 돌기 → 앞으로 2칸 → 오른쪽으로 돌기 → 앞으로 4칸 → 왼쪽으로 돌기 → 앞으로 1칸 → 끝

97

대표문제

STEP① 앞으로 2칸 간 다음, 장애물을 피해 깃발에 도착하는 길을 그립니다.

STEP② 순서도의 빈칸은 4칸이므로, 4번의 명령으로 깃발에 도착하도록 해야 합니다.

01 순서도의 빈칸의 개수에 맞게 명령을 내려 깃발에 도착하도록 해야 합니다.

(1)

(2)

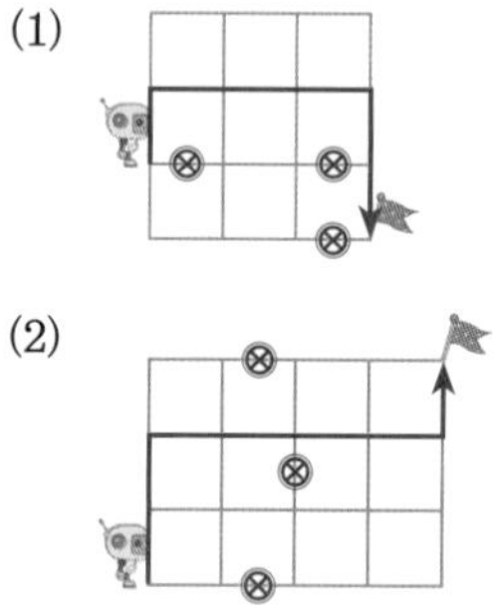

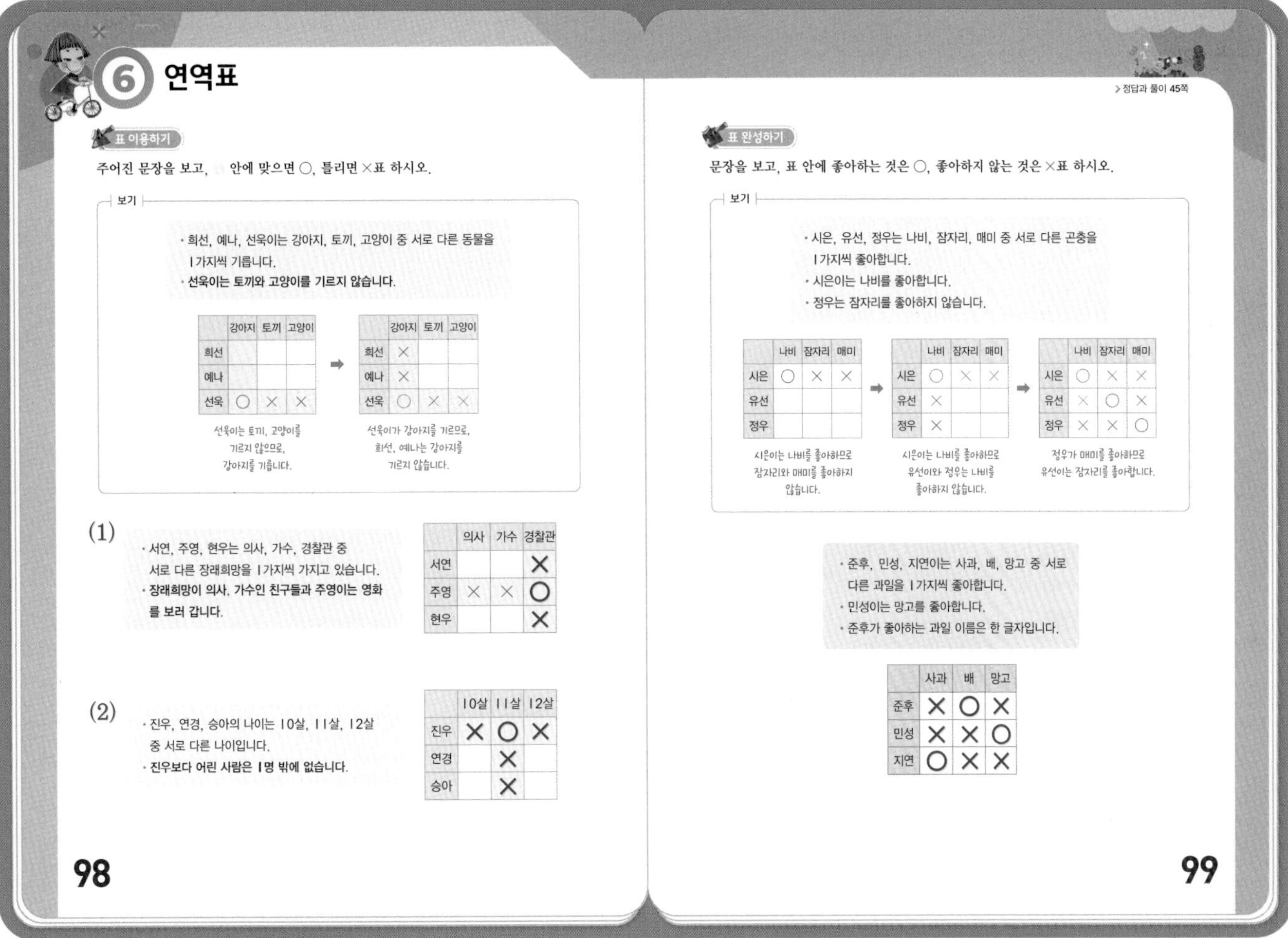

표 이용하기

(1) 주영이는 장래희망이 의사, 가수인 친구들과 영화를 보러 가므로 주영이의 장래희망은 경찰관입니다.
그리고 서연, 현우의 장래희망은 경찰관이 아닙니다.

(2) 진우보다 어린 사람은 1명 밖에 없으므로, 진우는 11살입니다.
그리고 연경, 승아는 11살이 아닙니다.

표 완성하기

민성이는 망고를 좋아합니다.

	사과	배	망고
준후			×
민성	×	×	○
지연			×

준후가 좋아하는 과일 이름은 한 글자 입니다.
➡ 준후는 배를 좋아합니다.

	사과	배	망고
준후	×	○	×
민성	×	×	○
지연			×

민성이는 망고, 준후는 배를 좋아하므로, 지연이는 사과를 좋아합니다.

	사과	배	망고
준후	×	○	×
민성	×	×	○
지연	○	×	×

⑥ 연역표

대표문제

은서, 민재, 수아, 시우는 강아지, 병아리, 앵무새, 토끼 중 서로 다른 동물을 1마리씩 기릅니다. 문장을 보고, 친구들이 기르는 동물을 알아보시오.

- 수아는 다리가 4개인 동물을 기릅니다.
- 시우가 기르는 동물은 3글자가 아닙니다.
- 민재는 앵무새를 기르는 친구와 이웃입니다.

은서: 앵무새
민재: 병아리
수아: 강아지
시우: 토끼

STEP ① 문장을 보고 알 수 있는 사실을 완성하고, 표 안에 기르는 것은 ○, 기르지 않는 것은 ×표 하시오.

	강아지	병아리	앵무새	토끼
은서				×
민재			×	×
수아		×	×	×
시우	×	×	×	○

1 표의 □ 안에 ○ 또는 ×표 하기

수아는 다리가 4개인 동물을 기릅니다.

알 수 있는 사실
수아는 (강아지 , 병아리 , 앵무새 , 토끼)를 기르지 않습니다.

2 표의 □ 안에 ○ 또는 ×표 하기

시우가 기르는 동물은 3글자가 아닙니다.

알 수 있는 사실
시우는 (강아지 , 병아리 , 앵무새 , 토끼)를 기르지 않습니다.

3 표의 □ 안에 ○ 또는 ×표 하기

민재는 앵무새를 기르는 친구와 이웃입니다.

알 수 있는 사실
민재는 (강아지 , 병아리 , 앵무새 , 토끼)를 기르지 않습니다.

STEP ② STEP ①의 표의 남은 칸을 완성하여 친구들이 기르는 동물을 알아보시오.

은서: 앵무새, 민재: 병아리,
수아: 강아지, 시우: 토끼

100

> 정답과 풀이 46쪽

01 수현, 민우, 채원, 혜지는 동화책, 과학책, 위인전, 만화책 중 서로 다른 책을 1가지씩 읽었습니다. 문장을 보고, 표를 이용하여 수현이가 읽은 책을 알아보시오.

위인전

- 혜지는 과학책을 읽었습니다.
- 민우는 동화책, 위인전을 읽지 않았습니다.
- 채원이는 위인전을 읽은 친구와 친합니다.

	동화책	과학책	위인전	만화책
수현	×	×	○	×
민우	×	×	×	○
채원	○	×	×	×
혜지	×	○	×	×

02 정민, 주안, 서아, 유주는 장미, 무궁화, 개나리, 해바라기 중 서로 다른 꽃을 1가지씩 좋아합니다. 문장을 보고, 표를 이용하여 친구들이 좋아하는 꽃을 알아보시오.

- 주안이가 좋아하는 꽃 이름은 2글자입니다.
- 서아는 해바라기를 좋아하는 사람과 짝꿍입니다.
- 유주는 개나리를 좋아합니다.

정민: 해바라기
주안: 장미
서아: 무궁화
유주: 개나리

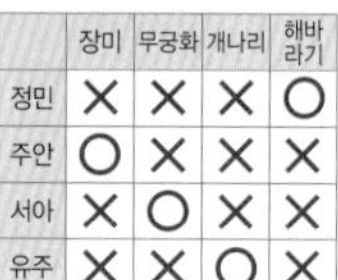

	장미	무궁화	개나리	해바라기
정민	×	×	×	○
주안	○	×	×	×
서아	×	○	×	×
유주	×	×	○	×

101

대표문제

STEP ① 1 수아는 병아리, 앵무새를 기르지 않습니다.

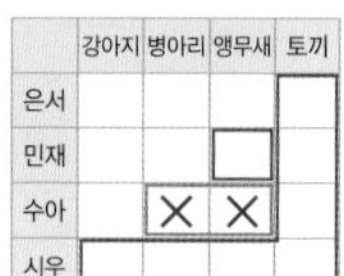

	강아지	병아리	앵무새	토끼
은서				
민재				
수아		×	×	
시우				

2 시우는 토끼를 기릅니다.

	강아지	병아리	앵무새	토끼
은서				×
민재				×
수아		×	×	×
시우	×	×	×	○

3 민재는 앵무새를 기르지 않습니다.

	강아지	병아리	앵무새	토끼
은서				×
민재			×	×
수아		×	×	×
시우	×	×	×	○

STEP ② 수아는 강아지를 기르고, 앵무새를 기르는 사람은 은서입니다. 따라서 민재가 기르는 동물은 병아리입니다.

	강아지	병아리	앵무새	토끼
은서	×	×	○	×
민재			×	×
수아		×	×	×
시우	×	×	×	○

➡

	강아지	병아리	앵무새	토끼
은서	×	×	○	×
민재	×	○	×	×
수아	○	×	×	×
시우	×	×	×	○

01 1 혜지는 과학책을 읽었습니다.

	동화책	과학책	위인전	만화책
수현		×		
민우		×		
채원		×		
혜지	×	○	×	×

2 민우는 동화책, 위인전을 읽지 않았습니다.

	동화책	과학책	위인전	만화책
수현		×		×
민우	×	×	×	○
채원		×		×
혜지	×	○	×	×

3 채원이는 위인전을 읽지 않았습니다.

	동화책	과학책	위인전	만화책
수현	×	×		×
민우	×	×	×	○
채원	○	×	×	×
혜지	×	○	×	×

4 남은 칸을 완성합니다.

	동화책	과학책	위인전	만화책
수현	×	×	○	×
민우	×	×	×	○
채원	○	×	×	×
혜지	×	○	×	×

02 1 주안이는 장미를 좋아합니다.

	장미	무궁화	개나리	해바라기
정민	×			
주안	○	×	×	×
서아	×			
유주	×			

2 서아는 해바라기를 좋아하지 않습니다.

	장미	무궁화	개나리	해바라기
정민	×			
주안	○	×	×	×
서아	×			×
유주	×			

3 유주는 개나리를 좋아합니다.

	장미	무궁화	개나리	해바라기
정민	×		×	
주안	○	×	×	×
서아	×		×	×
유주	×	×	○	×

4 남은 칸을 완성합니다.

	장미	무궁화	개나리	해바라기
정민	×	×	×	○
주안	○	×	×	×
서아	×	○	×	×
유주	×	×	○	×

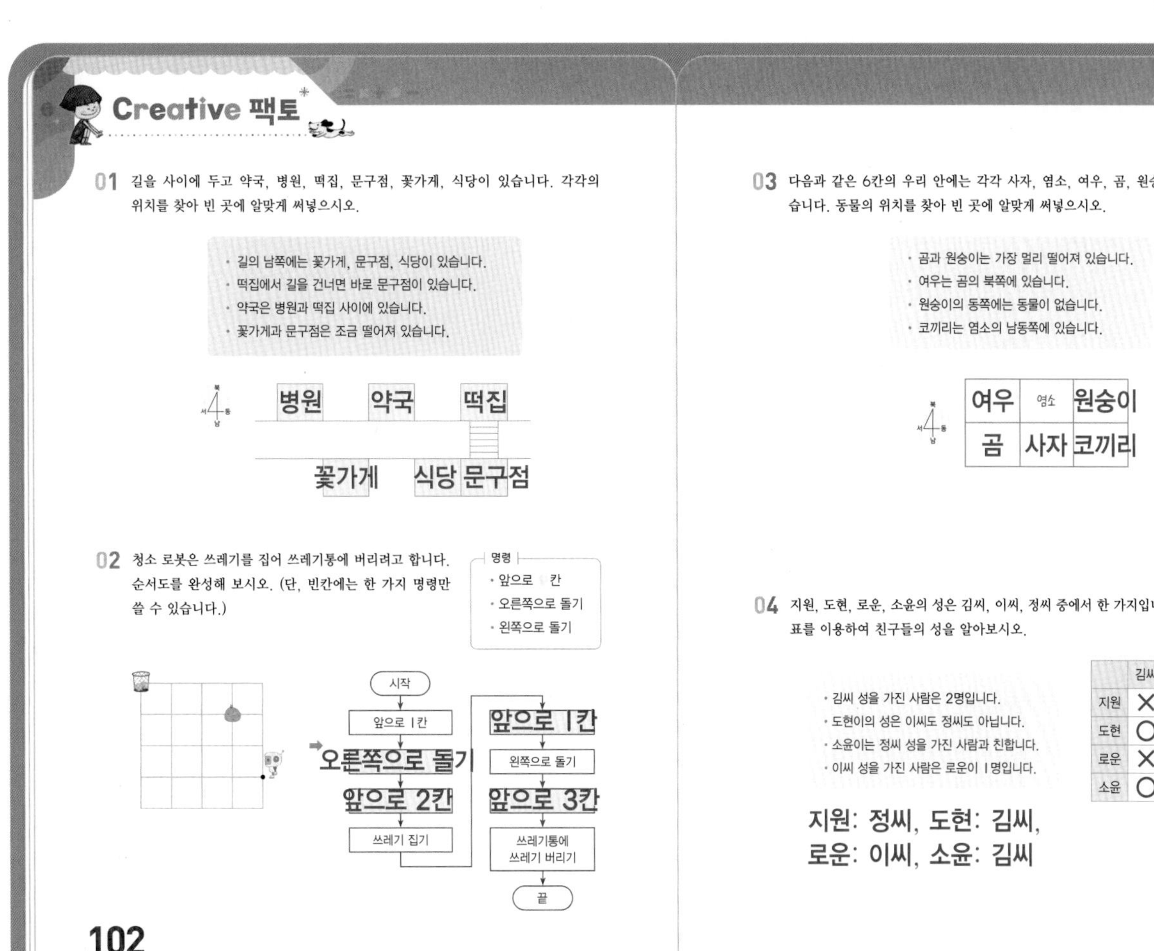

Creative 팩토

정답과 풀이 47쪽

01 길을 사이에 두고 약국, 병원, 떡집, 문구점, 꽃가게, 식당이 있습니다. 각각의 위치를 찾아 빈 곳에 알맞게 써넣으시오.

- 길의 남쪽에는 꽃가게, 문구점, 식당이 있습니다.
- 떡집에서 길을 건너면 바로 문구점이 있습니다.
- 약국은 병원과 떡집 사이에 있습니다.
- 꽃가게과 문구점은 조금 떨어져 있습니다.

병원 약국 떡집
꽃가게 식당 문구점

02 청소 로봇은 쓰레기를 집어 쓰레기통에 버리려고 합니다. 순서도를 완성해 보시오. (단, 빈칸에는 한 가지 명령만 쓸 수 있습니다.)

명령
- 앞으로 칸
- 오른쪽으로 돌기
- 왼쪽으로 돌기

시작 → 앞으로 1칸 → 오른쪽으로 돌기 → 앞으로 2칸 → 쓰레기 집기 → 앞으로 1칸 → 왼쪽으로 돌기 → 앞으로 3칸 → 쓰레기통에 쓰레기 버리기 → 끝

102

03 다음과 같은 6칸의 우리 안에는 각각 사자, 염소, 여우, 곰, 원숭이, 코끼리가 있습니다. 동물의 위치를 찾아 빈 곳에 알맞게 써넣으시오.

- 곰과 원숭이는 가장 멀리 떨어져 있습니다.
- 여우는 곰의 북쪽에 있습니다.
- 원숭이의 동쪽에는 동물이 없습니다.
- 코끼리는 염소의 남동쪽에 있습니다.

여우	염소	원숭이
곰	사자	코끼리

04 지원, 도현, 로운, 소윤의 성은 김씨, 이씨, 정씨 중에서 한 가지입니다. 문장을 보고, 표를 이용하여 친구들의 성을 알아보시오.

- 김씨 성을 가진 사람은 2명입니다.
- 도현이의 성은 이씨도 정씨도 아닙니다.
- 소윤이는 정씨 성을 가진 사람과 친합니다.
- 이씨 성을 가진 사람은 로운이 1명입니다.

	김씨	이씨	정씨
지원	X	X	O
도현	O	X	X
로운	X	O	X
소윤	O	X	X

지원: 정씨, 도현: 김씨, 로운: 이씨, 소윤: 김씨

103

01
- 떡집에서 길을 건너면 바로 문구점이 있습니다.
- 길의 남쪽에는 꽃가게, 문구점, 식당이 있습니다.

떡집
문구점

- 약국은 병원과 떡집 사이에 있습니다.

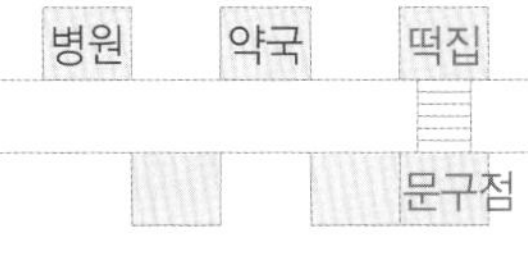

- 꽃가게과 문구점은 조금 떨어져 있습니다.

02

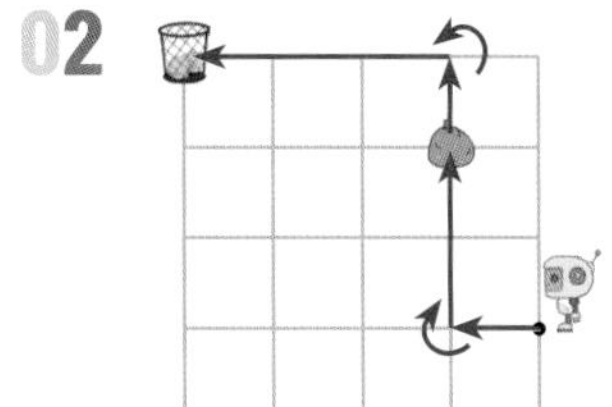

03
- 코끼리는 염소의 남동쪽에 있습니다.

	염소	
		코끼리

- 곰과 원숭이는 가장 멀리 떨어져 있습니다.
  ➡ 곰과 원숭이는 대각선으로 있습니다.
- 원숭이의 동쪽에는 동물이 없습니다.
  ➡ 원숭이는 동쪽 끝에 있습니다.

	염소	원숭이
곰		코끼리

- 여우는 곰의 북쪽에 있습니다.
  ➡ 곰은 아랫줄에 있습니다.
- 남은 칸에는 사자를 써넣습니다.

여우	염소	원숭이
곰	사자	코끼리

04
- 도현이의 성은 이씨도 정씨도 아닙니다.
  ➡ 도현이는 김씨입니다.
- 소윤이는 정씨 성을 가진 사람과 친합니다.
  ➡ 소윤이는 정씨가 아닙니다.
- 이씨 성을 가진 사람은 로운이 1명입니다.
  ➡ 로운이는 이씨입니다.

	김씨	이씨	정씨
지원		X	
도현	O	X	X
로운	X	O	X
소윤		X	X

- 김씨 성을 가진 사람은 2명입니다.
  ➡ 소윤이는 김씨입니다.
  ➡ 지원이는 정씨입니다.

	김씨	이씨	정씨
지원	X	X	O
도현	O	X	X
로운	X	O	X
소윤	O	X	X

Perfect 경시대회

> 정답과 풀이 48쪽

01 소울이는 집에서 할머니 댁까지 걸어 가려고 합니다. 그런데 공사 중이라 지나갈 수 없는 길이 있습니다. 소울이가 집에서 댁까지 가는 가장 짧은 길의 가짓수를 구해 보시오. **4가지**

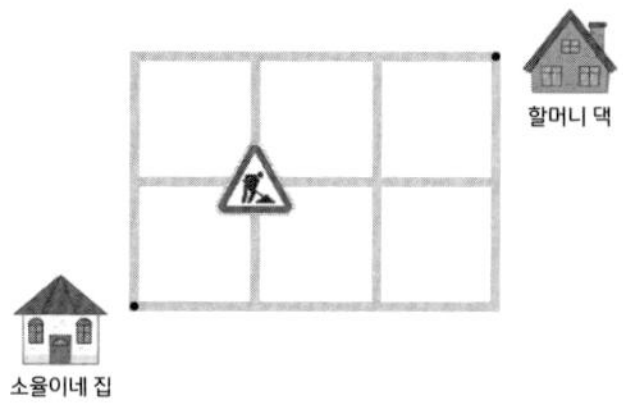

할머니 댁

소울이네 집

02 1, 2, 3, 4, 5의 번호가 붙은 다섯 명이 옆으로 한 줄로 서 있습니다. 문장을 보고, 가장 오른쪽에 서 있는 사람은 몇 번인지 구해 보시오. **3번**

- 5번의 왼쪽에는 2번밖에 없습니다.
- 2번과 4번 사이에는 두 명이 있습니다.
- 1번의 오른쪽과 왼쪽에는 같은 수의 사람이 서 있습니다.

104

03 길을 사이에 두고 은행, 미용실, 마트, 꽃집, 식당, 도서관이 있습니다. 각각의 위치를 찾아 빈 곳에 알맞게 써넣으시오.

- 은행은 식당에서 가장 멀리 떨어져 있습니다.
- 식당의 북쪽에는 마트가 있습니다.
- 꽃집과 미용실은 길을 기준으로 같은 쪽에 있습니다.
- 꽃집의 북동쪽에는 도서관이 있습니다.

북 / 서 / 동 / 남

은행 도서관 마트

꽃집 미용실 식당

04 1부터 5까지의 합 S를 구하는 순서도를 완성하고, 출력되는 S의 값을 구해 보시오. **15**

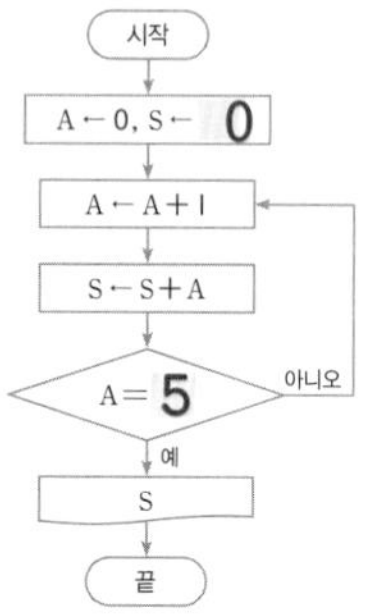

시작 → A←0, S←**0** → A←A+1 → S←S+A → A=**5** (아니오: A←A+1로) → 예 → S → 끝

105

01

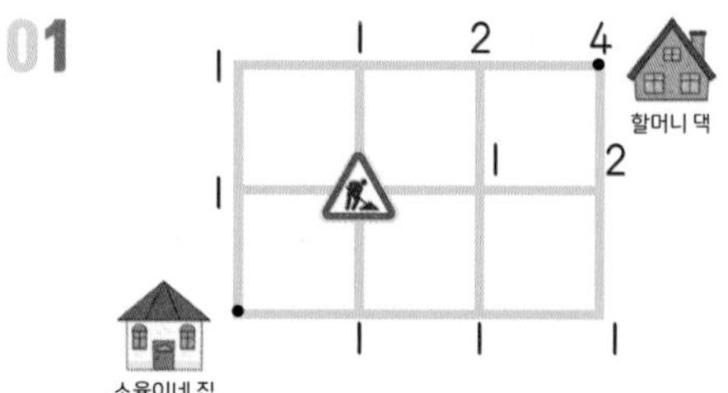

02 • 5번의 왼쪽에는 2번밖에 없습니다.

2	5			

• 2번과 4번 사이에는 두 명이 있습니다.

2	5		4	

• 1번의 오른쪽과 왼쪽에는 같은 수의 사람이 서 있습니다.

2	5	1	4	

따라서 가장 오른쪽에 서 있는 사람은 3번입니다.

03 • 은행은 식당에서 가장 멀리 떨어져 있습니다.
➡ 은행과 식당은 대각선에 있습니다.

• 식당의 북쪽에는 마트가 있습니다.
➡ 식당은 아래줄에 있습니다.

따라서 2가지 경우가 있습니다.

• 그런데 꽃집의 북동쪽에는 도서관이 있으려면 꽃집과 도서관이 대각선으로 있어야 합니다.
➡ 따라서 경우1 이 맞습니다.

• 꽃집과 미용실은 길을 기준으로 같은 쪽에 있습니다.
➡ 미용실은 꽃집의 오른쪽에 있습니다.

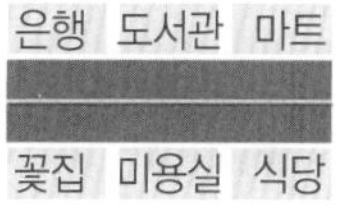

은행 도서관 마트

꽃집 미용실 식당

04 S에는 A가 1일 때부터 더하기 시작하므로, 처음에는 0이어야 합니다.
A가 1일 때부터 S에 A를 계속 더해 가서 2, 3, 4, 5까지 계속 더합니다.
A=5일 때는 이미 S에 5를 더한 상태이므로, 더 이상 더하지 않고 끝나야 합니다.
따라서 출력되는 값은 1부터 5까지의 합인 15입니다.

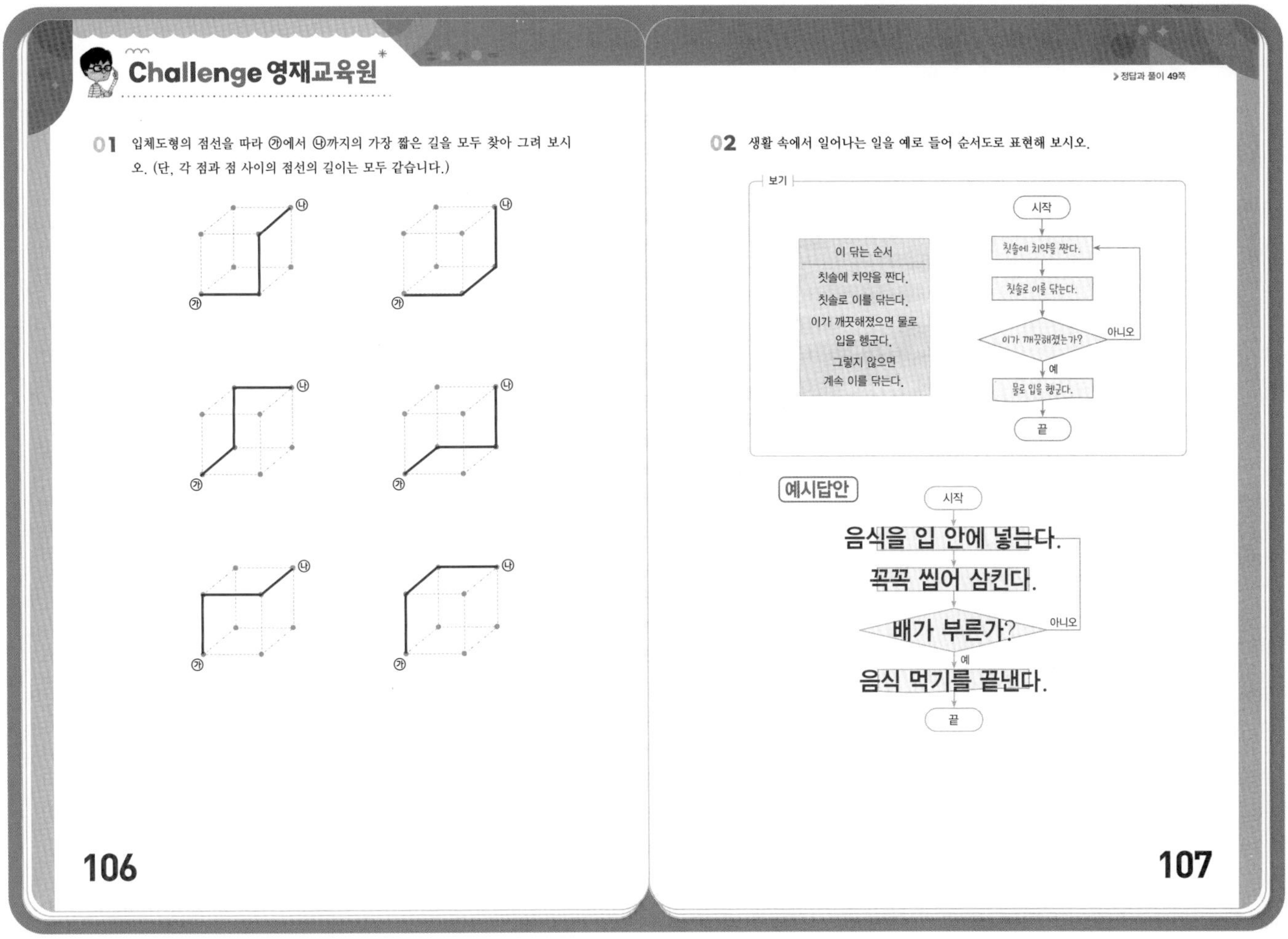

Challenge 영재교육원

01 입체도형의 점선을 따라 ㉮에서 ㉯까지의 가장 짧은 길을 모두 찾아 그려 보시오. (단, 각 점과 점 사이의 점선의 길이는 모두 같습니다.)

㉯ ㉮ ㉯ ㉮

㉯ ㉮ ㉯ ㉮

㉯ ㉮ ㉯ ㉮

> 정답과 풀이 49쪽

02 생활 속에서 일어나는 일을 예로 들어 순서도로 표현해 보시오.

보기

이 닦는 순서
칫솔에 치약을 짠다.
칫솔로 이를 닦는다.
이가 깨끗해졌으면 물로 입을 헹군다.
그렇지 않으면 계속 이를 닦는다.

시작
칫솔에 치약을 짠다.
칫솔로 이를 닦는다.
이가 깨끗해졌는가?
아니오
예
물로 입을 헹군다.
끝

예시답안

시작
음식을 입 안에 넣는다.
꼭꼭 씹어 삼킨다.
배가 부른가?
아니오
예
음식 먹기를 끝낸다.
끝

01 출발하는 방향별로 그리면 헷갈리지 않고 모두 그릴 수 있습니다. 아래의 3가지 경우로 나누어 생각해 봅니다.

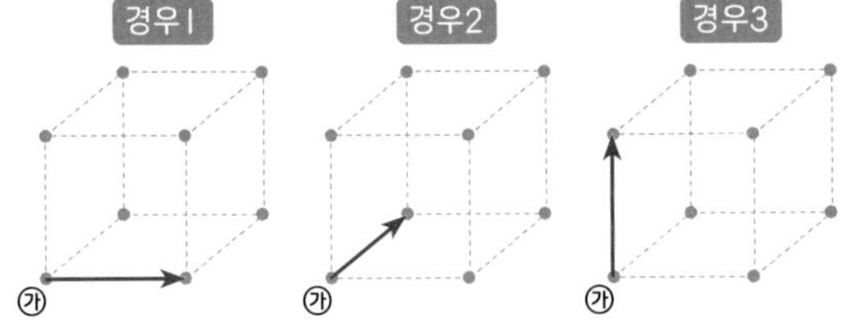

02 어떤 조건이 이루어질 때까지 반복하여 확인하는 일을 판단 기호 안에 씁니다.

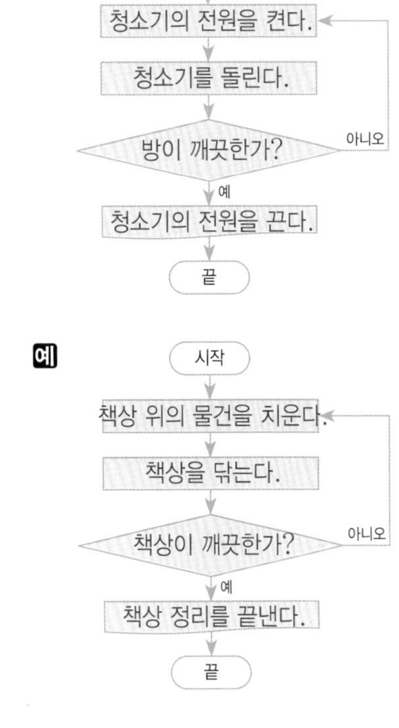

형성평가 연산 영역

01 4장의 숫자 카드 중에서 3장을 사용하여 (두 자리 수)×(한 자리 수)의 식을 만들 때, 계산 결과가 가장 클 때의 값을 구해 보시오. 432

1 4 5 8

□□
× □

02 4장의 숫자 카드를 모두 사용하여 다음과 같이 2가지 방법으로 곱셈식을 만들려고 합니다. 2가지 방법 중 계산 결과가 가장 클 때의 값을 구해 보시오. 5913

3 8
1 7

□□□
× □

□□
× □□

2

03 다음 덧셈식에서 A+B+C의 값을 구해 보시오. (단, A, B, C는 0이 아닌 서로 다른 숫자를 나타냅니다.) 12

$$\begin{array}{r} B\ A \\ +\ C\ B \\ \hline A\ A\ C \end{array}$$

04 다음 곱셈식에서 각각의 모양이 나타내는 숫자를 구해 보시오. (단, 같은 모양은 같은 숫자를, 다른 모양은 다른 숫자를 나타내고, ♥, ▲, ★은 1이 아닙니다.) ♥=4, ▲=6, ★=8

♥▲▲
× ♥
1★▲♥

3

01 곱이 가장 클 때의 값을 구해야 하므로 가장 작은 수 1은 사용하지 않습니다.
4, 5, 8 중에서 가장 작은 수 4를 곱해지는 수의 일의 자리에 넣고 남은 수를 넣어 계산 후 비교합니다.

$$\begin{array}{r} 5\ 4 \\ \times\ \ 8 \\ \hline 4\ 3\ 2 \end{array} \qquad \begin{array}{r} 8\ 4 \\ \times\ \ 5 \\ \hline 4\ 2\ 0 \end{array}$$

02 숫자 4개를 사용하여 (세 자리 수)×(한 자리 수)와 (두 자리 수)×(두 자리 수)를 만들 수 있습니다.
2가지 곱셈식 중 계산 결과를 더 크게 만들 수 있는 것은 (두 자리 수)×(두 자리 수)입니다.

$$\begin{array}{r} 7\ 3\ 1 \\ \times\ \ \ 8 \\ \hline 5\ 8\ 4\ 8 \end{array} \qquad \begin{array}{r} 8\ 1 \\ \times\ 7\ 3 \\ \hline 5\ 9\ 1\ 3 \end{array}$$

03 십의 자리 계산에서 받아올림이 있으므로 A=1입니다.
그런데 일의 자리를 보면 1+B는 C이므로 B가 9이면 C는 0이 되어 맞지 않습니다.
십의 자리를 보면 B, C 두 수의 합 B+C=11이므로 B+C는 9+2, 8+3, 7+4, 6+5입니다.
B와 C는 1만큼 차이나므로 B=5, C=6입니다.
따라서 A+B+C=1+5+6=12입니다.

04 ♥과 ♥의 곱의 십의 자리 숫자가 1이므로 ♥은 3 또는 4입니다.
♥=3일 때, ▲과 3의 곱의 일의 자리 숫자가 3이려면 ▲은 1이어야 하는데 이 경우 곱셈 결과가 네 자리 수가 아닙니다.
따라서 ♥=4입니다.
▲과 4의 곱의 일의 자리 숫자는 4이어야 하는데 ▲은 1이 아니므로 6입니다.
466×4=1864이므로 ★=8입니다.

형성평가 연산 영역

05 주어진 숫자 카드를 모두 사용하여 세 자리 수끼리의 뺄셈식을 만들려고 합니다. 계산 결과가 가장 클 때와 가장 작을 때의 값을 각각 구해 보시오. 771, 14

➡ 뺄셈식 □□□-□□□

06 라윤이와 주하는 각자 엄마의 휴대폰 번호의 끝 네 자리에 있는 숫자를 모두 사용하여 두 수를 만든 후, 두 수의 곱이 가장 큰 식을 만들려고 합니다. 라윤이와 주하가 사용하려는 숫자가 다음과 같을 때, 계산 결과가 더 큰 식을 만들 수 있는 사람의 이름을 써 보시오. 주하

8 6 3 4 (라윤) 5 2 6 8 (주하)

4

07 다음 식에서 ♠+▲+●의 값을 구해 보시오. (단, 같은 모양은 같은 숫자를, 다른 모양은 다른 숫자를 나타냅니다.) 13

	1	♠	▲
+		▲	♠
	●	●	1

08 다음 식에서 각각의 모양이 나타내는 숫자를 구해 보시오. (단, 같은 모양은 같은 숫자를, 다른 모양은 다른 숫자를 나타냅니다.) ♥=9, ◆=1

♥×♥+♥+1=♥◆

5

05 • 계산 결과가 가장 클 때: 874−103=771
• 계산 결과가 가장 작을 때:
차가 가장 작은 두 수는 3과 4, 7과 8입니다.
백의 자리에 3과 4를 넣고 남은 수 0, 1, 7, 8로 만들 수 있는 계산 결과가 가장 작은 뺄셈식은 401−387=14입니다.
백의 자리에 7과 8을 넣고 남은 수 0, 1, 3, 4로 만들 수 있는 계산 결과가 가장 작은 뺄셈식은 801−743=58입니다.
따라서 계산 결과가 가장 작을 때의 값은 14입니다.

06 주어진 수 ㉮, ㉯, ㉰, ㉱의 크기가 ㉮>㉯>㉰>㉱일 때, 두 수의 곱이 가장 큰 식은 ㉮㉱×㉯㉰입니다.
라윤: 83×64=5312
주하: 82×65=5330
따라서 주하가 계산 결과가 더 큰 식을 만들 수 있습니다.

07 세 자리 수 1♠▲에 두 자리 수 ▲♠를 더했을 때, 백의 자리 수는 1 또는 2가 됩니다. 따라서 ●이 나타내는 수는 1 또는 2입니다.
그런데 ●=1이면 ♠+▲가 1이 되어야 하므로 맞지 않습니다. 따라서 ●=2입니다.

	1	♠	▲
+		▲	♠
	1	1	1

♠+▲=11이고, ●=2이므로
♠+▲+●=13입니다.

	1	♠	▲
+		▲	♠
	2	2	1

08 자신끼리 곱한 것에 자신과 1을 더한 것이 두 자리 수가 되어야 합니다.
3×3+3+1=13
4×4+4+1=21
5×5+5+1=31
6×6+6+1=43
7×7+7+1=57
8×8+8+1=73
9×9+9+1=91(○)

형성평가 연산 영역

09 오른쪽과 아래쪽에 있는 수는 각 줄의 모양이 나타내는 수들의 합입니다. ☐ 안에 알맞은 수를 써넣으시오. (단, 같은 모양은 같은 수를, 다른 모양은 다른 수를 나타냅니다.)

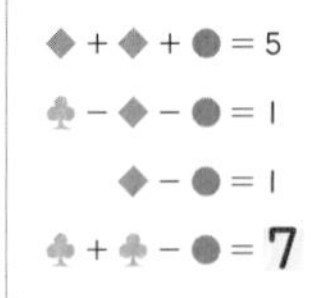

10 다음 식에서 ☐ 안에 알맞은 수를 써넣으시오. (단, 같은 모양은 같은 수를 나타내고, ◆, ●, ♣은 각각 0이 아닌 서로 다른 수입니다.)

◆ + ◆ + ● = 5
♣ − ◆ − ● = 1
◆ − ● = 1
♣ + ♣ − ● = 7

정답과 풀이 50쪽

09 ♥ + ● = 7, ★ + ● + ♥ = 9 ➡ ★ = 2
♥ + ★ + ★ = 7 ➡ ♥ = 3
♥ + ● = 7 ➡ ● = 4
따라서 ★ + ● = 2 + 4 = 6입니다.

10 ◆ + ◆ + ● = 5이므로
◆ = 1일 때 ● = 3이고,
◆ = 2일 때 ● = 1입니다.
그런데 ◆ − ● = 1이므로 ◆ = 2, ● = 1이 됩니다.
♣ − ◆ − ● = 1이므로 ♣ = 4입니다.
따라서 ♣ + ♣ − ● = 4 + 4 − 1 = 7입니다.

형성평가 공간 영역

01 주어진 삼각형과 원을 여러 방향으로 돌려 가며 서로 겹쳤을 때, 겹쳐진 부분의 모양이 될 수 없는 것을 찾아 기호를 써 보시오. ㉯

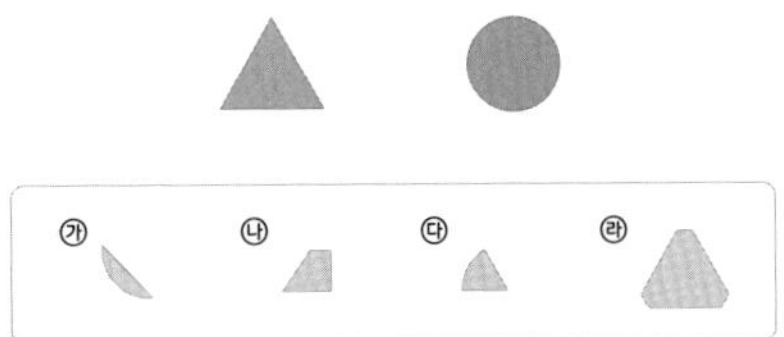

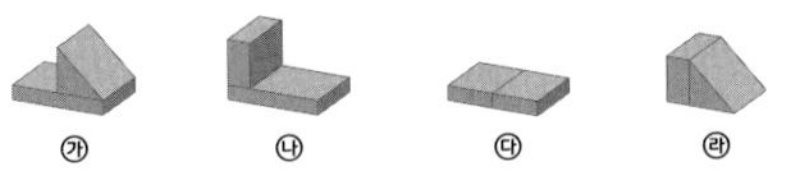

02 다음 중 위에서 본 모양이 같은 모양 2개를 찾아 기호를 써 보시오. ㉮, ㉰

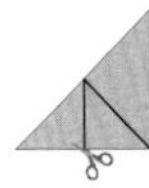

8

03 주어진 주사위를 맞닿은 두 면의 눈의 수의 합이 5가 되도록 이어 붙였을 때, 분홍색으로 칠한 면의 눈의 수를 구해 보시오. (단, 주사위의 마주 보는 두 면의 눈의 수의 합은 7입니다.) 6

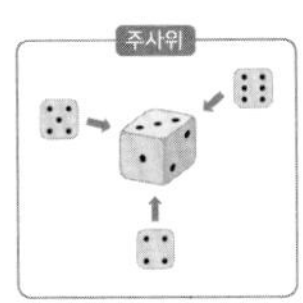

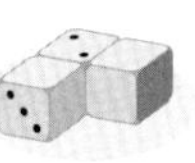

04 다음과 같이 색종이를 접어 검은색 선을 따라 자른 후 펼쳤을 때 나오는 삼각형과 사각형은 각각 몇 개인지 구해 보시오. 삼각형: 3개, 사각형: 1개

접기 펼치기

펼친 모양

9

01 삼각형 안에 겹쳐진 부분을 그리고, 나머지 부분을 이어서 원을 완성해 봅니다.

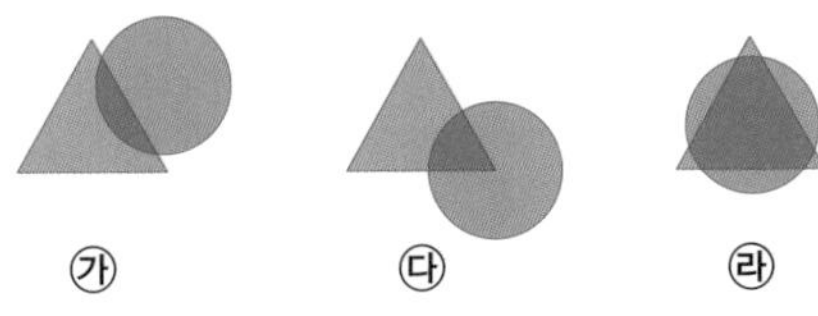

02 위에서 보았을 때, 경계선의 모양을 비교하여 위에서 본 모양을 그리면 다음과 같고, 위에서 본 모양이 같은 모양은 ㉮와 ㉰입니다.

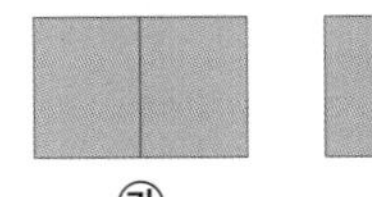
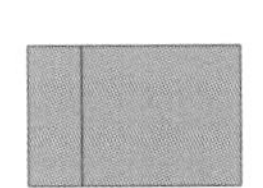
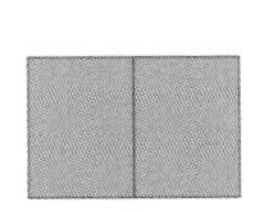
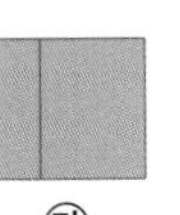

03

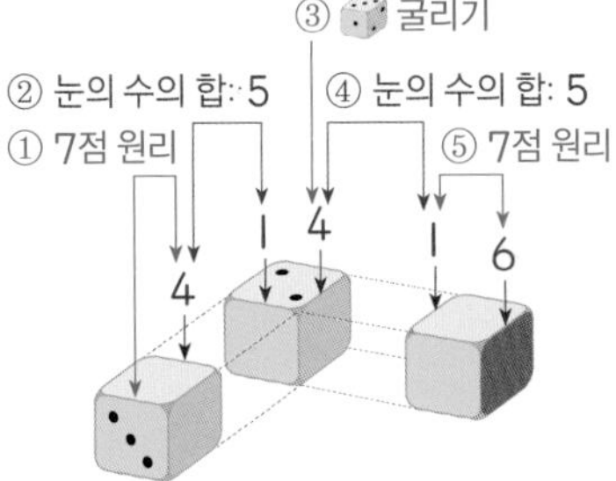

04 접은 선을 기준으로 양쪽이 대칭이 되도록 잘려진 선을 그려 삼각형과 사각형의 개수를 구합니다.

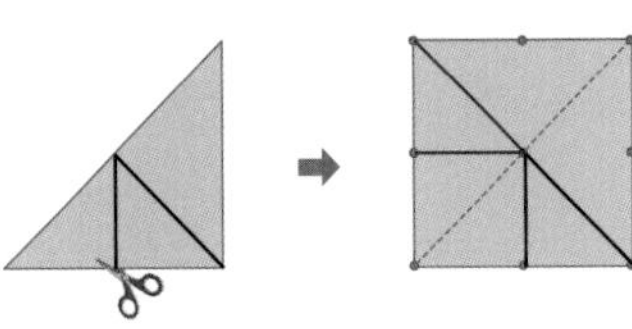

삼각형: 3개
사각형: 1개

형성평가 공간 영역

05 다음은 쌓기나무로 쌓은 모양을 위에서 본 모양에 각 자리에 쌓여 있는 쌓기나무의 개수를 나타낸 것입니다. 앞에서 본 모양을 그려 보시오.

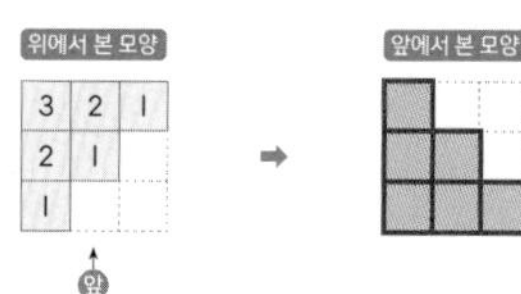

06 다음 종이를 숫자 '5'가 가장 위에 올라오도록 선을 따라 접은 후, 검은색 부분을 자르고 펼쳤습니다. 펼친 모양에 잘려진 부분을 색칠해 보시오. (단, 종이 뒷면에는 아무것도 쓰여 있지 않습니다.)

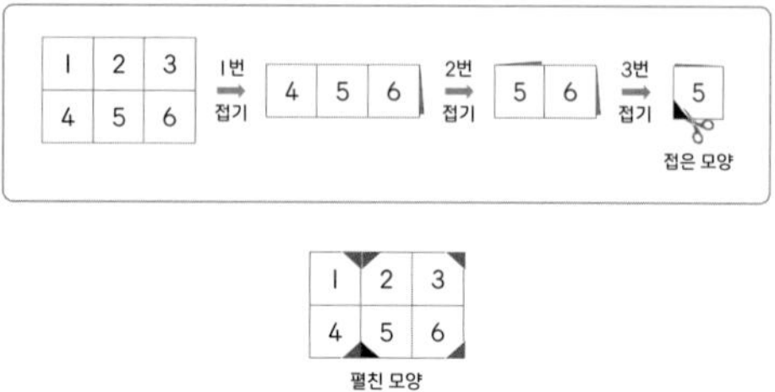

10

07 다음과 같이 색종이를 접어 검은색 선을 따라 자른 후 펼쳤을 때 나오는 삼각형과 사각형은 각각 몇 개인지 구해 보시오. 삼각형: 7개, 사각형: 1개

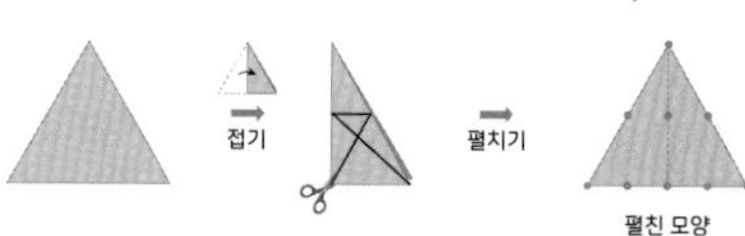

08 주어진 주사위를 맞닿은 두 면의 눈의 수의 합이 6이 되도록 이어 붙였을 때, 분홍색으로 칠한 면의 눈의 수를 구해 보시오. (단, 주사위의 마주 보는 두 면의 눈의 수의 합은 7입니다.) 3

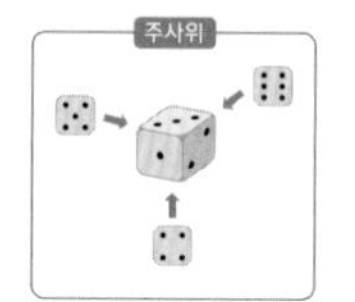

11

05 위에서 본 모양의 앞 각 줄에서 보이는 가장 큰 쌓기나무의 수를 찾아 앞에서 본 모양을 그립니다.

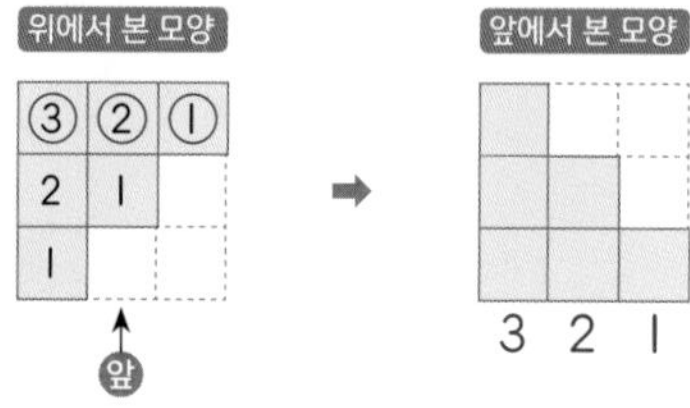

06 차례로 펼쳐가며 잘려진 부분을 색칠합니다.

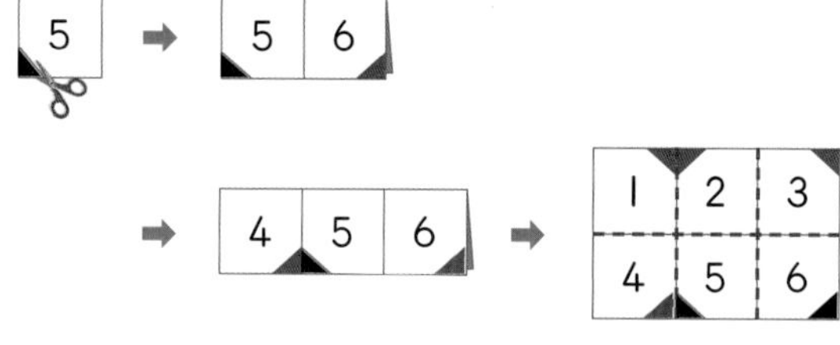

07 접은 선을 기준으로 양쪽이 대칭이 되도록 잘려진 선을 그려 삼각형과 사각형의 개수를 구합니다.

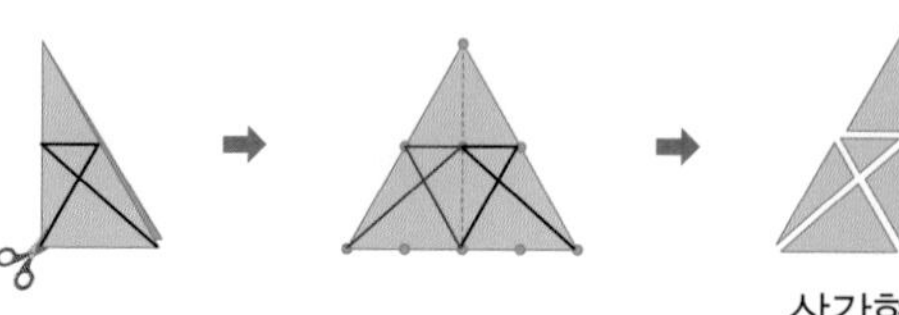

삼각형: 7개
사각형: 1개

08

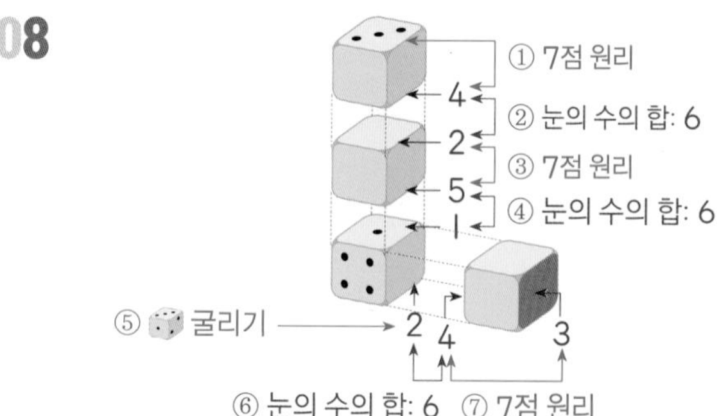

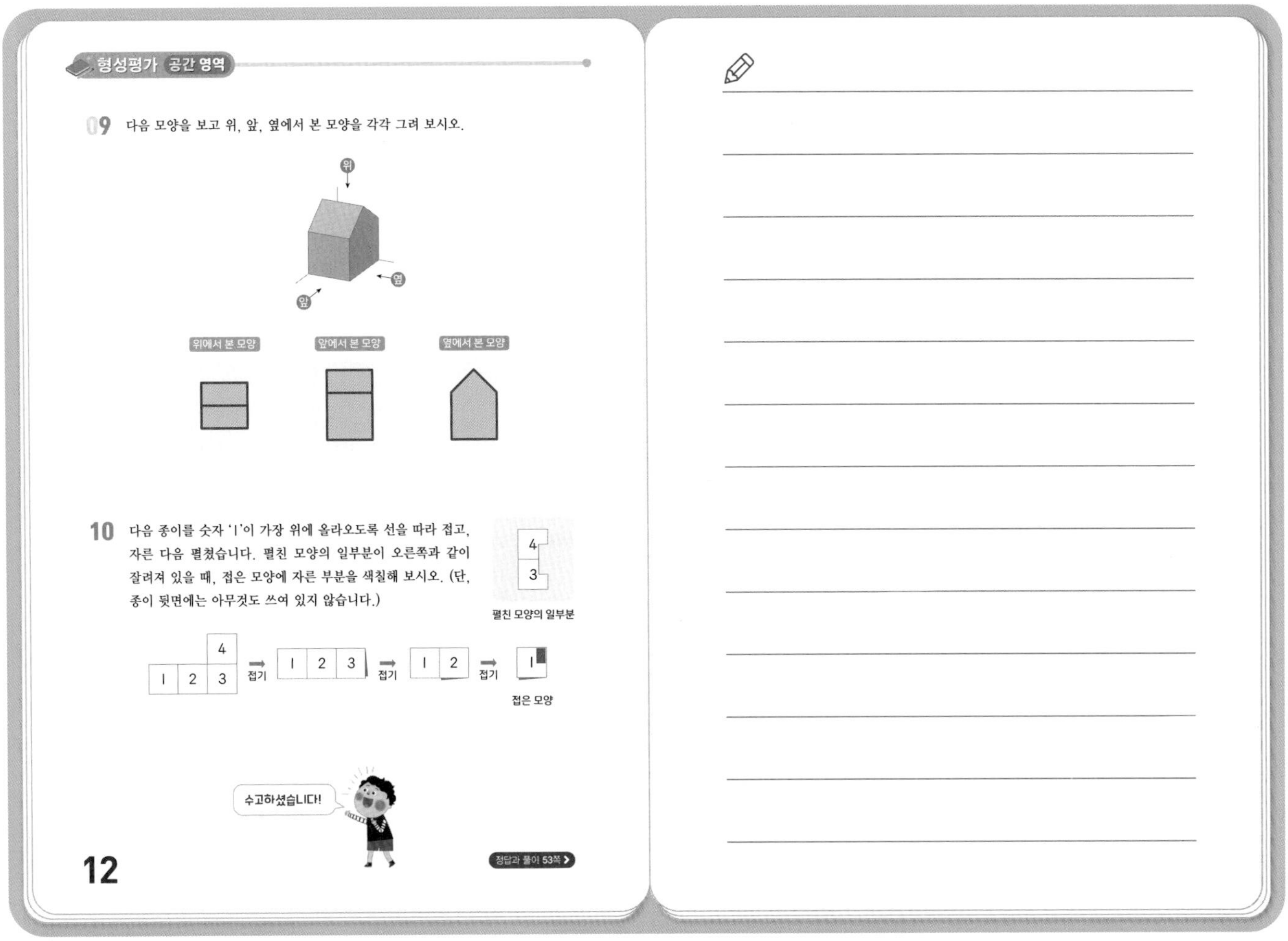

형성평가 공간 영역

09 다음 모양을 보고 위, 앞, 옆에서 본 모양을 각각 그려 보시오.

위 앞 옆

위에서 본 모양 앞에서 본 모양 옆에서 본 모양

10 다음 종이를 숫자 'l'이 가장 위에 올라오도록 선을 따라 접고, 자른 다음 펼쳤습니다. 펼친 모양의 일부분이 오른쪽과 같이 잘려져 있을 때, 접은 모양에 자른 부분을 색칠해 보시오. (단, 종이 뒷면에는 아무것도 쓰여 있지 않습니다.)

펼친 모양의 일부분

접기 접기 접기

접은 모양

수고하셨습니다!

12

정답과 풀이 53쪽

09 위, 앞, 옆에서 보이는 부분에 색칠하고, 위, 앞, 옆에서 본 모양을 그려 봅니다.

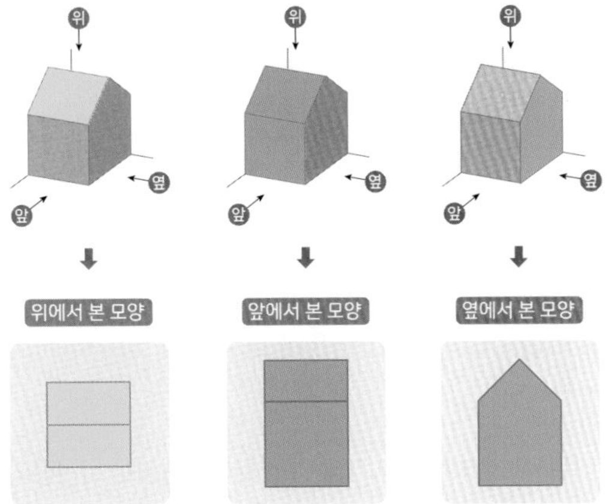

10 펼친 모양의 일부분에서 잘려진 모습을 보고 차례로 접어 가며 잘려진 부분을 색칠합니다.

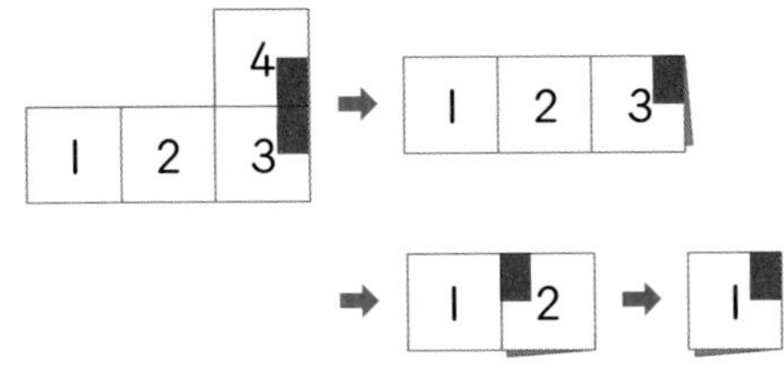

형성평가 논리추론 영역

01 출발에서 도착까지 가는 가장 짧은 길의 가짓수를 구해 보시오. 18가지

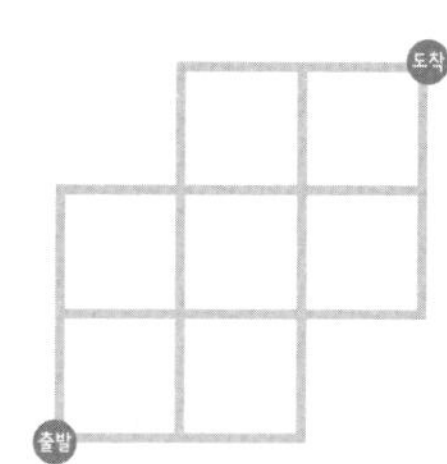

02 3남매 중 1명만 진실을 이야기하고 나머지 2명은 거짓을 이야기했습니다. 숙제를 안 한 사람은 1명일 때, 누구인지 찾아보시오. 누나

나는 숙제를 했어.
숙제를 안 한 사람은 동생이야.
아니야. 나도 숙제를 했어.
누나
민준
동생

03 순서도에서 출력되는 S의 값을 구해 보시오. 13

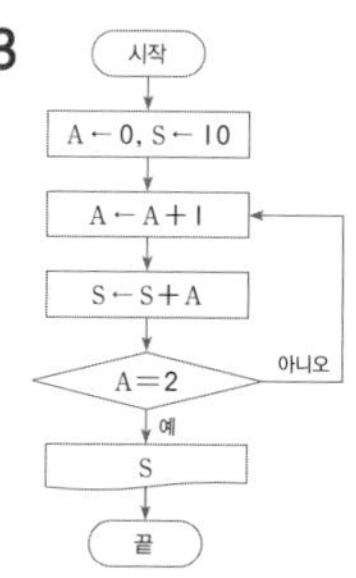

04 도서관에 책들이 꽂혀 있습니다. 책의 위치를 찾아 빈 곳에 알맞게 써넣으시오.

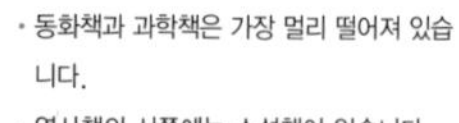

- 동화책과 과학책은 가장 멀리 떨어져 있습니다.
- 역사책의 서쪽에는 소설책이 있습니다.
- 위인전의 북쪽에는 동화책이 있습니다.
- 소설책과 수학책은 마주 보는 자리에 있습니다.

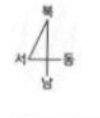

동화책	소설책	역사책
위인전	수학책	과학책

01

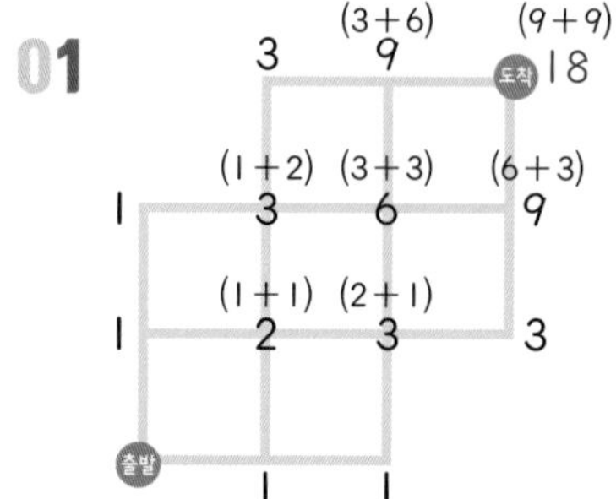

02
- 누나의 말이 진실인 경우
  누나: 진실 ➡ 누나는 숙제를 했습니다.
  민준: 거짓 ➡ 동생은 숙제를 했습니다.
  동생: 거짓 ➡ 동생은 숙제를 안 했습니다.
  ➡ 민준이와 동생의 말이 서로 맞지 않습니다.
- 민준의 말이 진실인 경우
  누나: 거짓 ➡ 누나는 숙제를 안 했습니다.
  민준: 진실 ➡ 동생은 숙제를 안 했습니다.
  동생: 거짓 ➡ 동생은 숙제를 안 했습니다.
  ➡ 숙제를 안 한 사람은 2명이 되므로 맞지 않습니다.
- 동생의 말이 진실인 경우
  누나: 거짓 ➡ 누나는 숙제를 안 했습니다.
  민준: 거짓 ➡ 동생은 숙제를 했습니다.
  동생: 진실 ➡ 동생은 숙제를 했습니다.
  ➡ 숙제를 안 한 사람은 누나입니다.

따라서 동생의 말이 진실이고, 숙제를 안 한 사람은 누나입니다.

03

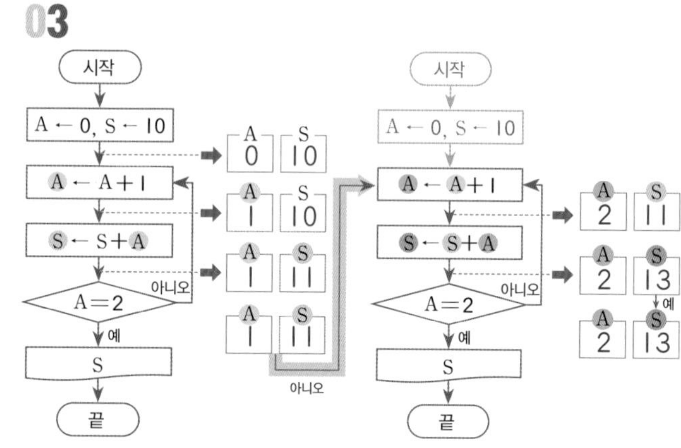

04 동화책과 과학책은 가장 멀리 떨어져 있고, 위인전의 북쪽에는 동화책이 있습니다.

경우1

동화책		
위인전		과학책

경우2

		동화책
과학책		위인전

소설책과 수학책이 마주 보는 자리에 있으려면 가운데 자리에 있어야 합니다. 그런데 역사책의 서쪽에 소설책이 있어야 하므로 소설책이 위쪽에 있어야 합니다.

동화책	소설책	역사책
위인전	수학책	과학책

형성평가 논리추론 영역

05 로봇이 빨간색 길을 따라 장애물(⊗)을 피해 깃발에 도착하도록 순서도를 완성해 보시오. (단, 빈칸에는 한 가지 명령만 쓸 수 있습니다.)

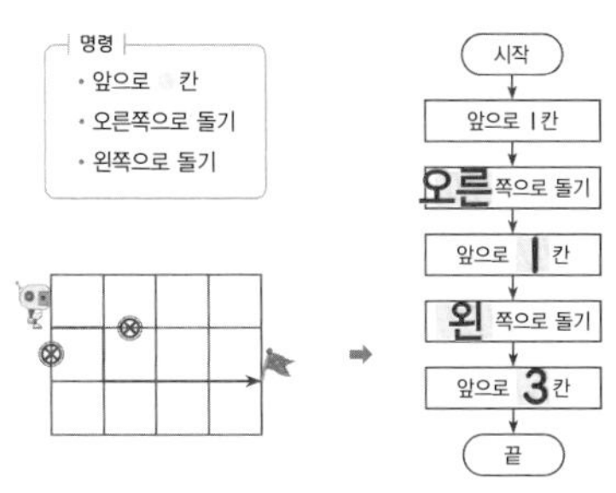

06 도연, 경서, 이현, 태오는 브라질, 네팔, 프랑스, 이탈리아 중 서로 다른 나라를 한 곳씩 가 보고 싶어합니다. 문장을 보고, 표를 이용하여 이현이가 가 보고 싶은 나라를 알아보시오. **브라질**

• 도연이가 가 보고 싶은 나라는 프랑스입니다.
• 경서가 가 보고 싶은 나라는 브라질, 네팔은 아닙니다.
• 태오는 브라질에 가 보고 싶은 친구와 친합니다.

	브라질	네팔	프랑스	이탈리아
도연	×	×	○	×
경서	×	×	×	○
이현	○	×	×	×
태오	×	○	×	×

16

07 출발에서 도착까지 가는 가장 짧은 길의 가짓수를 구해 보시오. **8가지**

08 3명의 친구 중 1명만 진실을 이야기하고 나머지 2명은 거짓을 이야기했습니다. 케이크를 먹은 사람은 1명일 때, 누구인지 찾아보시오. **아윤**

• 이안: 나는 케이크를 먹지 않았어.
• 은우: 아윤이는 케이크를 먹지 않았어.
• 아윤: 이안이가 케이크를 먹었어.

17

05 로봇의 오른쪽, 왼쪽은 로봇이 앞을 보고 서 있을 때를 기준으로 합니다.

06 • 도연이가 가 보고 싶은 나라는 프랑스입니다.

	브라질	네팔	프랑스	이탈리아
도연	×	×	○	×
경서			×	
이현			×	
태오			×	

• 경서가 가 보고 싶은 나라는 브라질, 네팔은 아닙니다.
➡ 경서가 가 보고 싶은 나라는 이탈리아입니다.

	브라질	네팔	프랑스	이탈리아
도연	×	×	○	×
경서	×	×	×	○
이현			×	
태오			×	

• 태오는 브라질에 가 보고 싶은 친구와 친합니다.
➡ 태오는 브라질에 가 보고 싶은 친구와 친하므로 태오가 가 보고 싶은 나라는 네팔입니다.
➡ 브라질에 가 보고 싶은 사람은 이현입니다.

	브라질	네팔	프랑스	이탈리아
도연	×	×	○	×
경서	×	×	×	○
이현	○	×	×	×
태오	×	○	×	×

07

1, (1+2) 3, (3+5) 도착 8
1, (1+1) 2, (2+3) 5
1, 1, (1+1) 2, (2+1) 3
출발, 1, 1

08 • 이안이의 말이 진실인 경우
이안: 진실 ➡ 이안이는 케이크를 먹지 않았습니다.
은우: 거짓 ➡ 아윤이가 케이크를 먹었습니다.
아윤: 거짓 ➡ 이안이는 케이크를 먹지 않았습니다.
➡ 케이크를 먹은 사람은 아윤이입니다.

• 은우의 말이 진실인 경우
이안: 거짓 ➡ 이안이가 케이크를 먹었습니다.
은우: 진실 ➡ 아윤이는 케이크를 먹지 않았습니다.
아윤: 거짓 ➡ 이안이는 케이크를 먹지 않았습니다.
➡ 이안이와 아윤이의 말이 서로 맞지 않습니다.

• 아윤이의 말이 진실인 경우
이안: 거짓 ➡ 이안이는 케이크를 먹었습니다.
은우: 거짓 ➡ 아윤이가 케이크를 먹었습니다.
아윤: 진실 ➡ 이안이가 케이크를 먹었습니다.
➡ 케이크를 먹은 사람이 1명이어야 하므로 맞지 않습니다.

따라서 이안이의 말이 진실이고, 케이크를 먹은 사람은 아윤이입니다.

평가

형성평가 논리추론 영역

09 건물 1층에 서점, 음식점, 편의점, 은행이 있습니다. 가게의 위치를 찾아 빈 곳에 알맞게 써넣으시오.

- 음식점과 편의점은 붙어 있지 않습니다.
- 서점은 음식점의 남쪽에 있습니다.
- 편의점은 서점의 서쪽에 있습니다.

은행	음식점
편의점	서점

10 도윤, 하준, 선우, 지호는 소방관, 경찰관, 조종사, 건축가 중 서로 다른 장래 희망을 1가지씩 가지고 있습니다. 문장을 보고, 표를 이용하여 친구들의 장래 희망을 알아보시오. 도윤: 건축가, 하준: 조종사, 선우: 소방관, 지호: 경찰관

- 하준이의 장래 희망은 비행기를 조종하는 것입니다.
- 지호의 장래 희망은 소방관과 건축가가 아닙니다.
- 선우의 장래 희망은 건물을 짓는 것과 관계 없습니다.

	소방관	경찰관	조종사	건축가
도윤	×	×	×	○
하준	×	×	○	×
선우	○	×	×	×
지호	×	○	×	×

수고하셨습니다!

18

정답과 풀이 56쪽

09 음식점과 편의점은 대각선으로 위치해야 하므로 4가지 경우가 있습니다.

음식점	
	편의점

	음식점
편의점	

편의점	
	음식점

	편의점
음식점	

음식점의 남쪽에 있는 서점의 서쪽에 편의점이 있어야 합니다.

은행	음식점
편의점	서점

10 • 하준이의 장래 희망은 비행기를 조종하는 것입니다.
➡ 장래 희망은 조종사입니다.

	소방관	경찰관	조종사	건축가
도윤			×	
하준	×	×	○	×
선우			×	
지호			×	

• 지호의 장래 희망은 소방관과 건축가가 아닙니다.
➡ 지호의 장래 희망은 경찰관입니다.

	소방관	경찰관	조종사	건축가
도윤		×	×	
하준	×	×	○	×
선우		×	×	
지호	×	○	×	×

• 선우의 장래 희망은 건물을 짓는 것과 관계 없습니다.
➡ 선우의 장래 희망은 소방관입니다.
➡ 도윤이의 장래 희망은 건축가입니다.

	소방관	경찰관	조종사	건축가
도윤	×	×	×	○
하준	×	×	○	×
선우	○	×	×	×
지호	×	○	×	×

총괄평가

Lv.3 기본 C

01 주어진 숫자 카드를 모두 사용하여 세 자리 수끼리의 뺄셈식을 만들려고 합니다. 계산 결과가 가장 작을 때의 값을 구해 보시오. 16

4 0 3
6 8 2 → 뺄셈식 □□□-□□□

02 6장의 숫자 카드 중 4장을 사용하여 두 수를 만든 후, 두 수의 곱을 구하려고 합니다. 계산 결과가 가장 클 때의 값을 구해 보시오. 8084

1 3 4 6 8 9

03 다음 곱셈식에서 ●, ★이 나타내는 숫자의 합을 구해 보시오. (단, 같은 모양은 같은 숫자를, 다른 모양은 다른 숫자를 나타냅니다.) 7

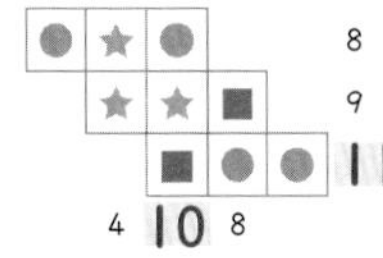

04 오른쪽과 아래쪽에 있는 수는 각 줄의 모양이 나타내는 수들의 합입니다. 안에 알맞은 수를 써넣으시오. (단, 같은 모양은 같은 수를, 다른 모양은 다른 수를 나타냅니다.)

01 차가 가장 작은 두 수는 4와 3 또는 3과 2입니다.

- 백의 자리에 4와 3을 넣을 때:
  남은 수 0, 2, 6, 8로 만들 수 있는 가장 작은 수 02를 빼어지는 수에, 가장 큰 수 86을 빼는 수에 넣습니다.
  ➡ 402－386＝16
- 백의 자리에 3과 2를 넣을 때:
  남은 수 0, 4, 6, 8로 만들 수 있는 가장 작은 수 04를 빼어지는 수에, 가장 큰 수 86을 빼는 수에 넣습니다.
  ➡ 304－286＝18

따라서 계산 결과가 가장 작을 때의 값은 16입니다.

02

- 곱이 가장 큰 (세 자리 수)×(한 자리 수)를 만들려면 한 자리 수에 가장 큰 수가 들어가고, 나머지 세 수로 가장 큰 세 자리 수를 만들어야 합니다.

$$\begin{array}{r} 864 \\ \times \quad 9 \\ \hline 7776 \end{array}$$

- 곱이 가장 큰 (두 자리 수)×(두 자리 수)를 만들려면 십의 자리에 가장 큰 두 수가 들어가야 합니다.

$$\begin{array}{r} 94 \\ \times \ 86 \\ \hline 8084 \end{array}$$

따라서 계산 결과가 가장 큰 곱은 8084입니다.

03 ★×★의 일의 자리 숫자가 ★이므로 ★이 될 수 있는 수는 1, 5, 6입니다.

$$\begin{array}{r} ●★ \\ \times \quad ★ \\ \hline 12★ \end{array} \Rightarrow \begin{array}{r} 25 \\ \times \quad 5 \\ \hline 125 \end{array}$$

따라서 ●＝2, ★＝5이므로 ●, ★이 나타내는 숫자의 합은 2＋5＝7입니다.

04 둘째 세로줄에서 ★＋★＝4 ➡ ★＝2
첫째 가로줄에서 ●＋★＋●＝●＋2＋●＝8
➡ ●＝3
둘째 가로줄에서 ★＋★＋■＝2＋2＋■＝9
➡ ■＝5

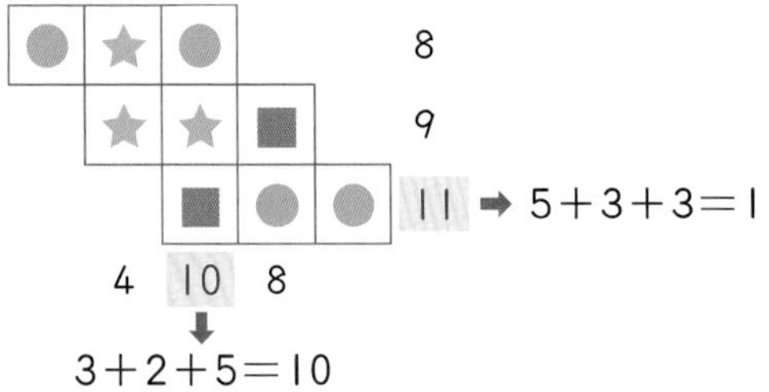

평가

05 다음 모양을 보고 위에서 본 모양을 찾아 기호를 써 보시오. ㉣

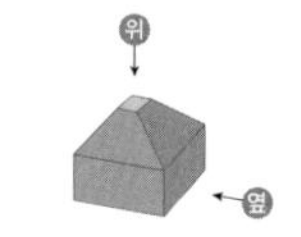

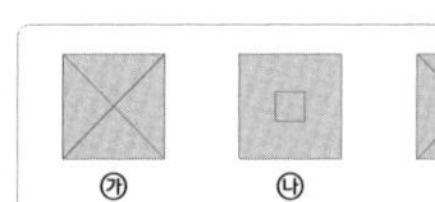

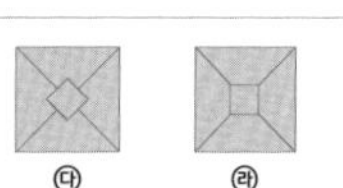

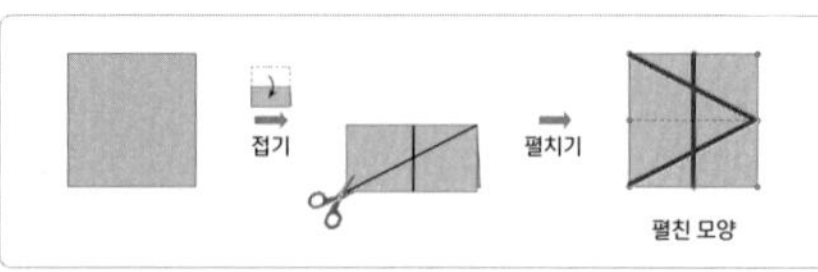

06 다음과 같이 색종이를 접어 검은색 선을 따라 자른 후 펼쳤을 때 나오는 삼각형과 사각형은 각각 몇 개인지 구해 보시오. 삼각형: 3개, 사각형: 3개

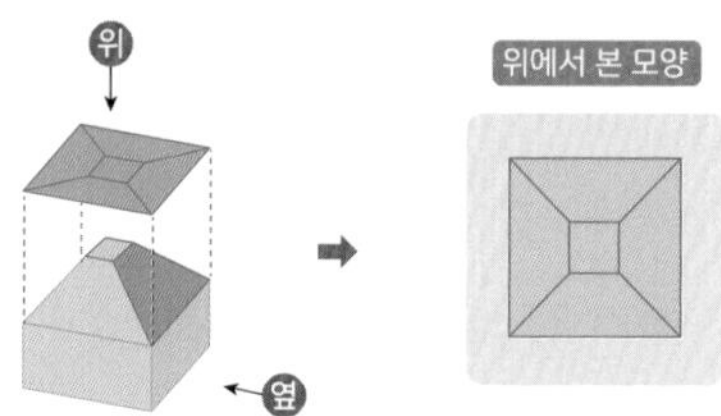

07 다음은 쌓기나무로 쌓은 모양을 위에서 본 모양에 각 자리에 쌓여 있는 쌓기나무의 개수를 나타낸 것입니다. 옆에서 본 모양을 그려 보시오.

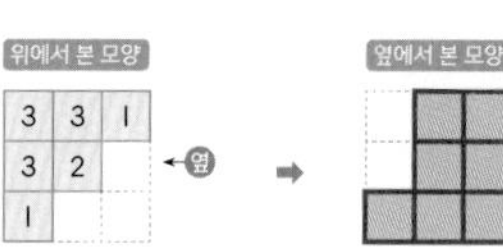

08 그림과 같이 길이 나 있는 도로를 따라 집에서 병원까지 가려고 합니다. 공사 중인 곳은 지날 수 없을 때, 집에서 병원까지 가는 가장 짧은 길의 가짓수를 구해 보시오. 4가지

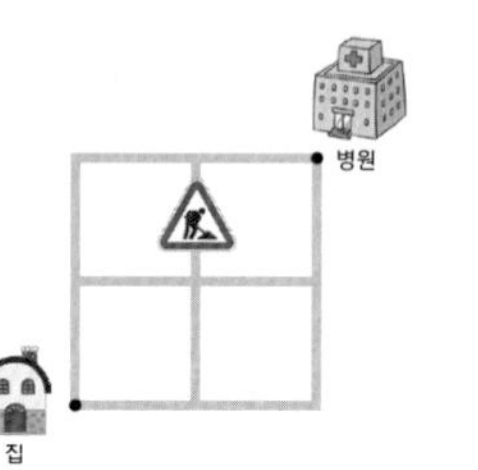

22

23

05 위에서 보았을 때, 경계선의 모양을 생각하며 위에서 본 모양을 찾습니다.

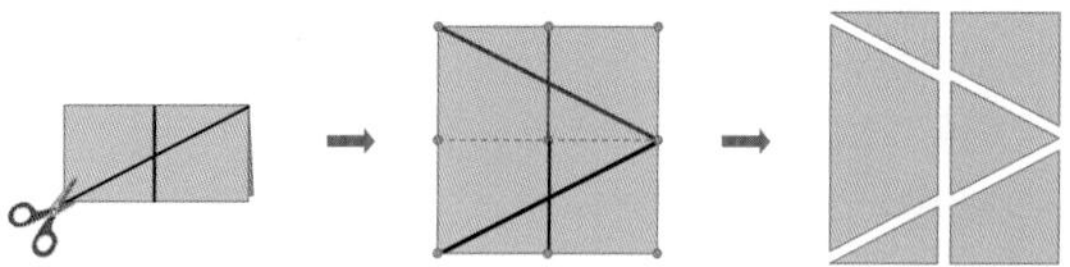

06 접은 선을 기준으로 양쪽으로 대칭이 되도록 잘려진 선을 그려 삼각형과 사각형의 개수를 구합니다.

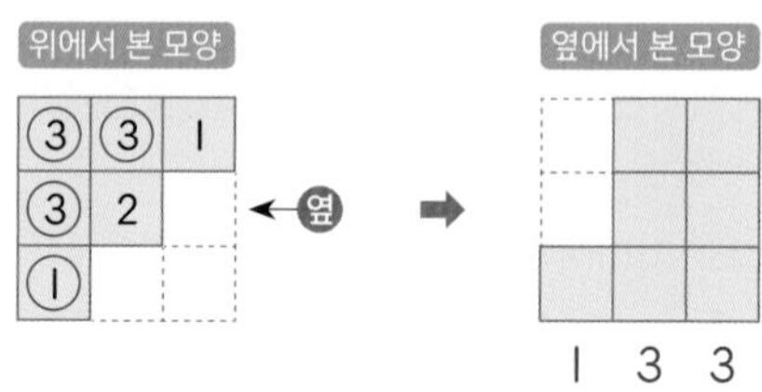

삼각형: 3개
사각형: 3개

07 위에서 본 모양의 오른쪽 옆 각 줄에서 보이는 가장 큰 쌓기나무의 수를 찾아 옆에서 본 모양을 그립니다.

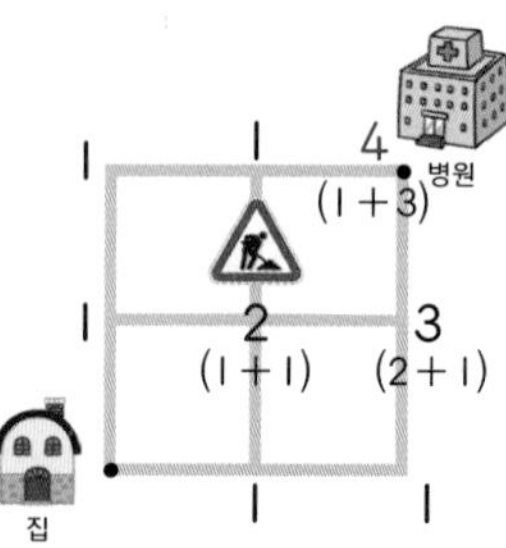

08 장애물을 피해 출발에서 갈림길에 이르는 가장 짧은 길의 가짓수를 구해 더해 나갑니다.

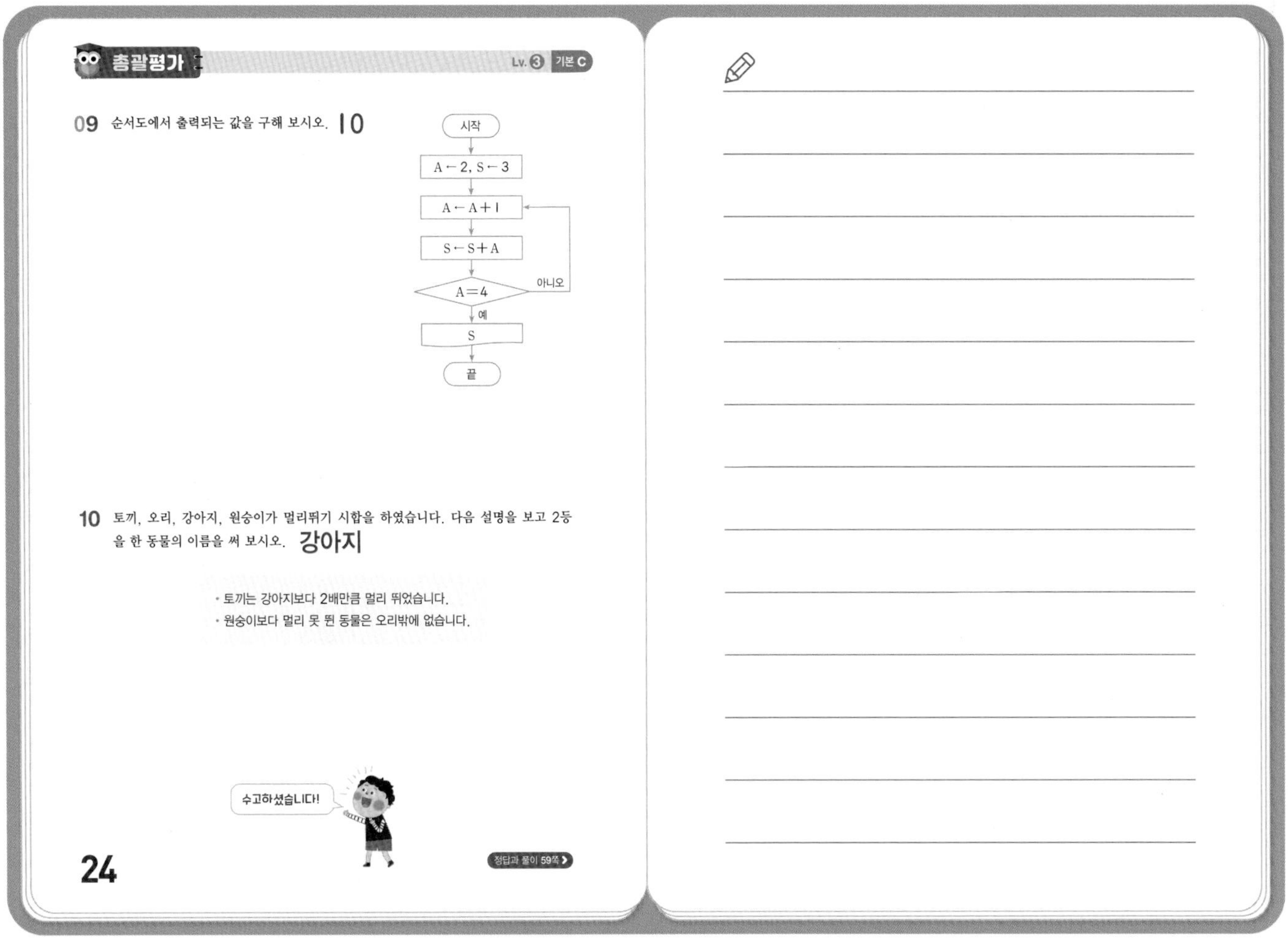

총괄평가 Lv. 3 기본 C

09 순서도에서 출력되는 값을 구해 보시오. 10

시작
A ← 2, S ← 3
A ← A+1
S ← S+A
A=4
아니오
예
S
끝

10 토끼, 오리, 강아지, 원숭이가 멀리뛰기 시합을 하였습니다. 다음 설명을 보고 2등을 한 동물의 이름을 써 보시오. 강아지

- 토끼는 강아지보다 2배만큼 멀리 뛰었습니다.
- 원숭이보다 멀리 못 뛴 동물은 오리밖에 없습니다.

수고하셨습니다!

24

정답과 풀이 59쪽

09

시작
A ← 2, S ← 3
A ← A+1
S ← S+A
A=4
아니오
예
S
끝
A 2 S 3
A 3 S 3
A 3 S 6
A 3 S 6
아니오
A 4 S 6
A 4 S 10
예
A 4 S 10

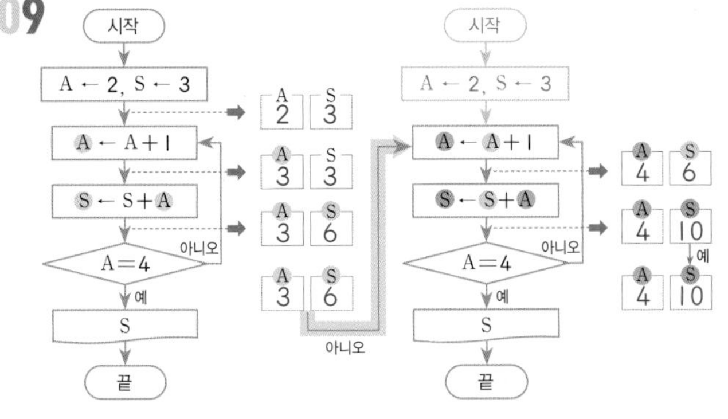

10
- 둘째 단서에서 오리가 4등, 원숭이가 3등입니다.
- 첫째 단서에서 토끼가 강아지보다 멀리 뛰었으므로 토끼가 1등, 강아지가 2등입니다.

MEMO

MEMO

MEMO

팩토는 자유롭게 자신감있게 창의적으로 생각하는 주·니·어·수·학·자입니다.

Free Active Creative Thinking O. Junior mathtian

논리적 사고력과 창의적 문제해결력을 키워 주는

매스티안 교재 활용법!

대상	창의사고력 교재			연산 교재
	팩토슐레 시리즈	팩토 시리즈		원리 연산 소마셈
4~5세	 팩토슐레 Math Lv.1 (6권)			
5~6세	 팩토슐레 Math Lv.2 (6권)			소마셈 K시리즈 K1~K8
6~7세	 팩토슐레 Math Lv.3 (6권)	 팩토 킨더 A,  팩토 킨더 B 	팩토 킨더 C,  팩토 킨더 D	
7세~초1		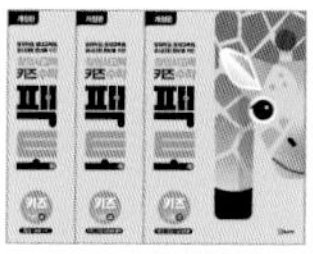 팩토 키즈 기본 A, B, C 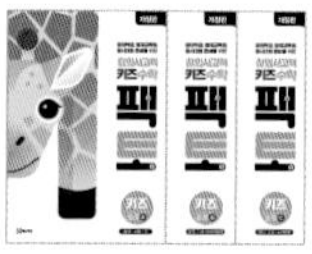	팩토 키즈 응용 A, B, C	 소마셈 P시리즈 P1~P8
초1~2		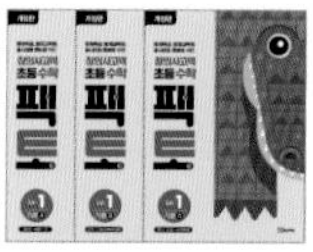 팩토 Lv.1 기본 A, B, C 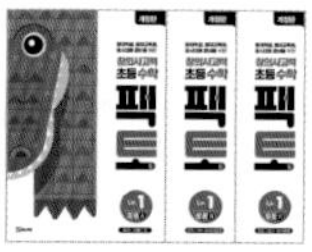	팩토 Lv.1 응용 A, B, C	 소마셈 A시리즈 A1~A8
초2~3		 팩토 Lv.2 기본 A, B, C 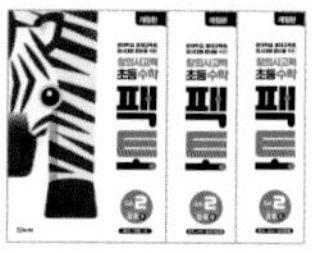	팩토 Lv.2 응용 A, B, C	 소마셈 B시리즈 B1~B8
초3~4		 팩토 Lv.3 기본 A, B, C 	팩토 Lv.3 응용 A, B, C	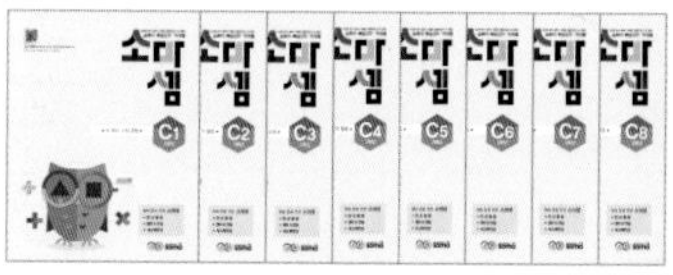 소마셈 C시리즈 C1~C8
초4~5		 팩토 Lv.4 기본 A, B 	팩토 Lv.4 응용 A, B	 소마셈 D시리즈 D1~D6
초5~6		 팩토 Lv.5 기본 A, B 	팩토 Lv.5 응용 A, B	
초6~		 팩토 Lv.6 기본 A, B 	팩토 Lv.6 응용 A, B	